Fahrzeug-Getriebe

Beschreibung, kritische Betrachtung und wirtschaftlicher Vergleich der bei Maschinen verwendeten Getriebe mit fester und veränderlicher Übersetzung und ihre Anwendung auf Gleis- und gleislose Fahrzeuge

von

Max Süberkrüb

Regierungsbaumeister

Mit 137 Abbildungen im Text
16 Abbildungen im Anhang und 15 Zahlentafeln

Springer-Verlag Berlin Heidelberg GmbH

ISBN 978-3-662-01833-0 ISBN 978-3-662-02128-6 (eBook)
DOI 10.1007/978-3-662-02128-6

Ursprünglich erschienen bei Julius Springer, Berlin 1929
Softcover reprint of the hardcover 1st edition 1929

Vorwort.

Getriebe finden auf vielen Gebieten der Technik zur Änderung von Übersetzungen und Drehmomenten Anwendung, wie im Werkzeugmaschinenbau, bei Hebezeugen, Fördermaschinen, Antrieb von Papiermaschinen und im Automobilbau. Außerdem werden Getriebe hauptsächlich nach Einführung der Ölmaschinen für den Fahrzeugbetrieb zur Änderung der Drehmomentverhältnisse der Ölmaschinen verwendet.

An der Entwicklung dieser Getriebe ist, insbesondere nach dem Kriege, sehr stark gearbeitet worden, wie aus zahlreichen Patentschriften und einem umfangreichen Schrifttum über die einzelnen Getriebe, wie Flüssigkeitsgetriebe, Zahnräder-Wechselgetriebe, elektrische Getriebe usw., hervorgeht.

Bei den meisten der diesbezüglichen Aufsätze und größeren Arbeiten wurden einzelne Getriebe beschrieben und auf ihren Wert untersucht. Die außerdem veröffentlichten Versuchswerte einzelner Getriebe waren reine Laboratoriumswerte, die für die Fahrtverhältnisse nicht ohne weiteres Gültigkeit haben. Um einen vergleichsmäßigen Überblick über sämtliche Getriebe zu bekommen, mußten die in vielen Zeitschriften verstreut liegenden Versuchswerte und Beschreibungen einander gegenübergestellt werden.

Für die Anwendung der Getriebe, insbesondere für den Fahrzeugbetrieb, kommt es jedoch gerade auf den Vergleich der Getriebe an: welches Getriebe für den vorliegenden Fall sowohl wirtschaftlich als auch technisch am günstigsten ist, ob es außer den schon vorhandenen Möglichkeiten vielleicht noch andere gibt, oder ob schließlich das ganze Gebiet prinzipiell erschöpft ist. Aus diesem Grunde soll nachfolgend versucht werden, zuerst die allgemeinen Grundsätze für Fahrzeuggetriebe aufzustellen, die einzelnen Getriebe zu beschreiben und schließlich ihre Brauchbarkeit für den Fahrzeugbetrieb mit Rücksicht auf Betriebssicherheit, Raumbedarf, Gewichte, Preise und Wirkungsgrad zu prüfen.

Die nachfolgende Abhandlung ist daher hauptsächlich für Fahrzeuggetriebe gedacht. Da jedoch für die in der Industrie gebrauchten Getriebe ähnliche Drehmoment- und Leistungsverhältnisse in Frage kommen, wie bei den Fahrzeuggetrieben, und außerdem die gleichen Getriebe verwendet werden, wie beim Fahrzeugantrieb, können die nachfolgend gemachten Betrachtungen ohne weiteres auf die Getriebe für die Industrie angewandt werden.

Berlin-Cöpenick, im Mai 1929.

Max Süberkrüb.

Inhaltsverzeichnis.

Erster Teil.

Die vom Fahrbetrieb an die Getriebe gestellten allgemeinen Anforderungen.

Zweiter Teil.

Die Getriebe-Elemente.

Dritter Teil.

Die Getriebe.

Vierter Teil.

Vergleich der Getriebe untereinander.

Anhang.

Ausgeführte Getriebe-Fahrzeuge.

Erster Teil.

Die vom Fahrbetrieb an die Getriebe gestellten allgemeinen Anforderungen.

I. Der Begriff „Fahrzeuggetriebe".

Unter Getriebe verstand man bis vor kurzem Maschinenteile, die zur Änderung der Drehzahl einer Maschinenwelle wie beim Zahnradgetriebe, oder Richtungsänderung einer Kraft wie beim Kurbelgetriebe und Umkehrgetriebe usw. verwendet wurden. Im Werkzeugmaschinenbau und im Automobilbau gab es außerdem noch Wechselgetriebe, die verschiedene Übersetzungen gestatten. Damit war im großen und ganzen der Begriff „Getriebe" umgrenzt; ganze Maschinen, wie Pumpen, Kompressoren oder gar elektrische Maschinen pflegte man nicht als Getriebe zu bezeichnen. Dies wurde jedoch von dem Zeitpunkt an anders, als die Technik zur Verbesserung der Wärmewirtschaft versuchte, die Dieselmaschine zum Antrieb von Fahrzeugen zu benutzen. Bei größeren Leistungen genügte bei dem seinerzeitigen Stand des Zahnradbaues das Zahnradgetriebe nicht mehr, und man mußte daher ganze Maschinen, wie Pumpen, an Stelle des Zahnradwechselgetriebes einführen. Je nach dem Füllstoff wurde dann von Flüssigkeits- oder auch Gasgetrieben gesprochen, so daß der alte Begriff „Getriebe" bedeutend erweitert worden war. Als dann die dieselelektrische Lokomotive von Lomonossoff gebaut war, mußte man sinngemäß vom elektrischen Generatormotorgetriebe sprechen, um so mehr, als gleichzeitig Magnetkupplungen und Magnetgetriebe bekannt wurden. Schließlich brauchte man nur einen kleinen Schritt weiterzugehen und den Dieselmotor durch einen Elektromotor zu ersetzen, um so die elektrischen Umformerlokomotiven vom Generatorteil des Umformers bis zum Treibrad zum elektrischen Fahrzeuggetriebe zu rechnen. Damit sind aber die Grenzen für den Begriff „Fahrzeuggetriebe" zu weit gezogen; und es ist für die folgende Arbeit zweckmäßig den Begriff „Fahrzeuggetriebe" fest zu umgrenzen. Um das Gebiet weitgehendst zu erschöpfen, sei daher folgendes als Fahrzeuggetriebe bezeichnet:

a) bei Dampf- und Turbinenlokomotiven, was zwischen Zylinder bzw. Turbine und Treibrad liegt,

b) bei Öl- und Vergasermotorlokomotiven, Triebwagen und Omnibussen, was zwischen Ölmotor und Treibrad geschaltet ist und schließlich

c) bei elektrischen Umformerlokomotiven, Triebwagen und Straßenbahnwagen, was sich zwischen Umformer bzw. Elektromotor und Treibrad befindet.

Alle Fahrzeuggetriebe sind demnach Umformergetriebe, welche die Eigenschaften der Antriebsmaschine in die für den Fahrvorgang notwendigen umwandeln sollen; die Art und Ausführung der Getriebe ist daher grundlegend abhängig von den Eigenschaften der Antriebsmaschine, dem geforderten Leistungsprogramm, dem praktischen Fahrbetrieb und schließlich von der Art des Fahrzeuges. Bevor daher die einzelnen Getriebe beschrieben und verglichen werden können, müssen die an die Fahrzeuggetriebe zu stellenden Anforderungen aufgeführt werden.

II. Das allgemeine Anfahrschaubild.

Das geforderte Leistungsprogramm legt für jedes Fahrzeug bestimmte Leistungs- und Zugkraftseigenschaften fest, die im allgemeinen Anfahrschaubild Abb. 1 ihre bildliche Darstellung finden. Die zur Beschleunigung und Aufrechterhaltung der Geschwindigkeit notwendigen Zugkräfte und Leistungen sind hier abhängig von der Geschwindigkeit in Prozenten aufgezeichnet.

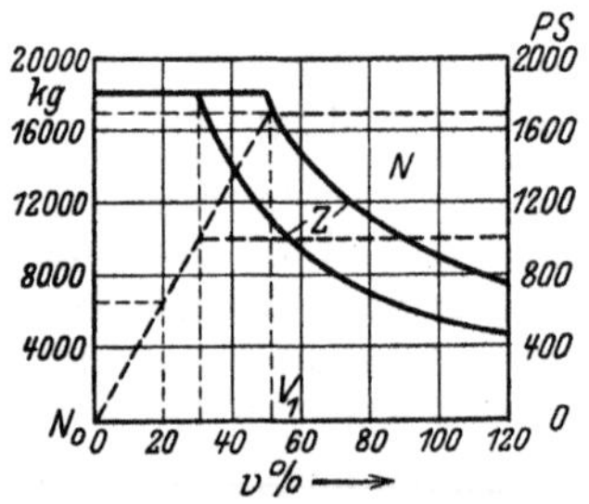

Abb. 1. Allgemeines Anfahrschaubild. N = Leistung; Z = Zugkräfte; v = Geschwindigkeit %.

Allgemein kann man annehmen, daß die Zugkraft vom Stillstand bis etwa 0,3—0,5 der Höchstgeschwindigkeit gleichbleiben, während sie im weiteren Verlaufe bis zur Höchstgeschwindigkeit nach der Zugkrafthyperbel $\frac{N}{n}$ 0,974 abfallen soll. Die entsprechende Leistung (Abb. 1, N) steigt vom Stillstand bis etwa 0,3—0,5 der Höchstgeschwindigkeit linear an und bleibt dann bis zur Höchstgeschwindigkeit gleich. Die Fahrzeuggetriebe müssen daher die Eigenschaften der Antriebsmaschine so ändern, daß das Fahrzeug folgendes abgeben kann:

1. in der Zeit von der Anfahrt bis Beendigung der Anfahrt (30 bis 50% v_{max}) eine gleichbleibende Zugkraft, welche ein vielfaches derjenigen der Dauerfahrt ist und dementsprechend eine Leistung, welche linear mit der Geschwindigkeit steigt, und

2. in der Dauerfahrt (von 30—50% v_{max} bis zur Höchstgeschwindigkeit) eine gleichbleibende Leistung und dementsprechend eine Zugkraft, welche nach der Zugkrafthyperbel

$$Z = \frac{270\,N}{V} \quad \text{bzw.} \quad M_d = 716\,N/n$$

abfällt, wobei N in PS, V in km/Std zu wählen sind.

Diese Forderungen können von den Fahrzeuggetrieben nur dann vollkommen erfüllt werden, wenn sie eine kontinuierliche, stoßfreie Steuerung während der ganzen Fahrt gestatten.

III. Die Forderungen des praktischen Fahrbetriebes.

Neben diesen allgemeinen, an die Fahrzeuggetriebe zu stellenden Anforderungen kommen für den Bau eines Fahrzeuggetriebes noch die Forderungen des praktischen Fahrbetriebes in Betracht. Diese lassen sich wie folgt aufstellen:

1. große Betriebssicherheit,
2. kleines Gewicht, kleiner Raumbedarf, niedriger Preis,
3. keine Verschlechterung der Kurvenläufigkeit des Fahrzeuges durch den Getriebeeinbau,
4. hohe Schwerpunktslage des Fahrzeuges,
5. leichte einfache Bedienung des Getriebes, Umsteuerung auf Rückwärtslauf ohne besondere Hilfsmittel und schließlich
6. in einzelnen Fällen Umkehrung des Leistungsflusses zur Rückgewinnung von Energie (Nutzbremsung).

IV. Die Schaubilder der einzelnen Triebmaschinen.

Nachdem die Aufgaben der Fahrzeuggetriebe ganz allgemein festgelegt worden sind, müssen die Schaulinien der verschiedenen Antriebsmaschinen untersucht werden, damit erkannt wird, welche Abweichungen gegenüber dem Anfahrschaubild vorhanden sind, und welche Aufgaben sich hieraus für das Fahrzeuggetriebe bei jeder Antriebsmaschine ergeben. Die Reihenfolge der zu untersuchenden Antriebsmaschinen sei:

1. Dampfmaschinen,
2. Ölmaschinen und
3. elektrische Maschinen.

1. Die Dampfmaschine.

In Abb. 2[1] ist das indizierte Anfahrschaubild der 2 *C* Heißdampfpersonenzuglokomotive, Gattung P 8 der Deutschen Reichsbahn wiedergegeben. Um die Anpassung an das ideelle Anfahrschaubild erkenntlich zu machen, ist in dieses punktiert die Zugkrafthyperbel eingezeichnet. Es ist also ersichtlich, daß die geforderte Zugkraftlinie genügend durch Änderung der Füllung der Dampfzylinder erreicht werden kann. Die

[1] Kruppsche Monatshefte Nov. 1924; Eisenbahnwesen S. 32.

Leistung der Lokomotive überschreitet die Linie des allgemeinen Anfahrschaubildes bei mittleren Geschwindigkeiten, genügt aber im Mittel vollkommen. Sie steigt linear während der Anfahrt und ist über den ganzen Geschwindigkeitsbereich der Dauerfahrt fast ein Festwert bei günstig verlaufender Dampfverbrauchslinie (s. Abb. 4). Das Abfallen der Leistung bei höherer Geschwindigkeit ergibt sich dabei aus der Überanstrengung des Kessels. Mit Bezug auf das ideelle Anfahrschaubild läßt sich daher feststellen, daß die Dampflokomotive das ideelle Anfahrschaubild gut erfüllt und daß, abgesehen vom Kurbelgetriebe, keine besonderen Getriebe notwendig sind.

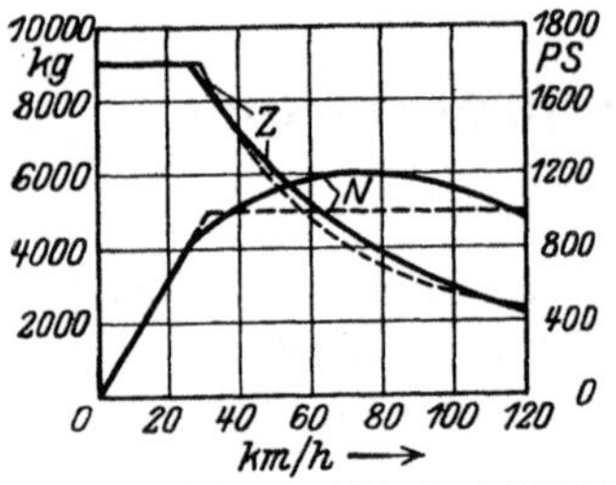

Abb. 2. Anfahrschaubild der 2 C Heißdampfpersonenzuglokomotive P 8. N = Leistung; Z = Zugkraft.

2. Die Dampfturbine.

Abb. 3 zeigt die Verhältnisse der Kruppschen Turbinenlokomotive[1], und es ist ersichtlich, daß die Schaulinie der Turbinenlokomotive bedeutend größere Abweichungen von der ideellen Zugkraft- und Leistungslinie aufweist, als diejenige der Dampflokomotive.

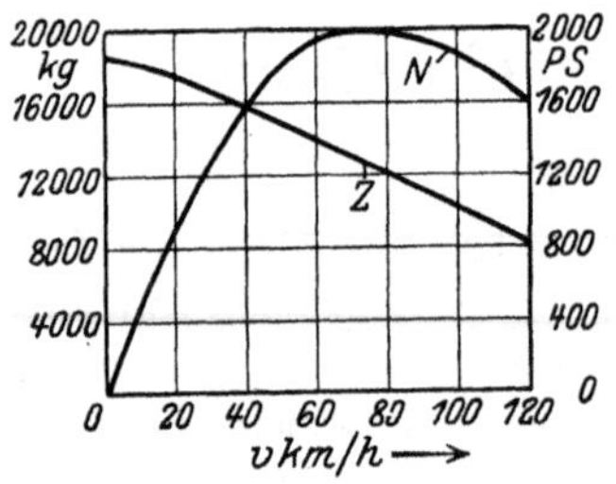

Abb. 3. Anfahrschaubild der Kruppschen Turbinenlokomotive. N = Leistung; Z = Zugkraft.

Die Zugkraftlinie der Turbine wird entsprechend der zwischengeschalteten Zahnräder geändert, doch die Eigenart der Turbine läßt sich einwandfrei erkennen, weil die zwischengeschalteten Zahnräder im Schaubild nur als Maßstabänderung wirken.

Aus dem Schaubild ergibt sich, daß die Zugkraft der Turbinenlokomotive nach etwa 10 km/Std Geschwindigkeit angenähert nach einer Geraden abfällt und die Dauerleistung entsprechend größere Abweichungen gegenüber der Dauerleistung des allgemeinen Anfahrschaubildes aufweist. Im Geschwindigkeitsbereich von $v = 45$ km/Std bis $v = o$ steigt der Dampfverbrauch ganz bedeutend an (s. Abb. 4). Die Turbine arbeitet daher nur in einem bestimmten, kleinen Drehzahlbereich günstig. Jedes Getriebe, welches die Drehzahl der Turbine aus diesem Bereich verlegt, muß daher die Wirtschaftlichkeit der Turbinenlokomotive stark beeinträchtigen, weil der Dampfverbrauch ungünstig wird.

[1] Nach den Kruppschen Monatsheften Nov. 1924, S. 240 und Eisenbahnwesen S. 31.

Neben dieser, aus Abb. 4 sich ergebenden Eigenart verlangt die Turbine Drehzahlen von 6000—8000/min; und ist nicht umsteuerbar, so daß für ein gutes Fahrzeuggetriebe einer Turbinenlokomotive sehr viele Bedingungen zu erfüllen sind, wie:

Herabsetzung der hohen Drehzahl von 6000—8000 durch ein Übersetzungsverhältnis von 1:20 bis 1:30,

Umsteuerung der Treibachse ohne Rückwärtsturbine,

Umwandlung der Zugkraftlinie in die ideelle Zugkrafthyperbel bei der günstigsten Drehzahl der Turbine,

kleines Gewicht und kleiner Raumbedarf, und schließlich

Verlegen der Turbinendrehzahl in den günstigsten Bereich bei allen Fahrgeschwindigkeiten.

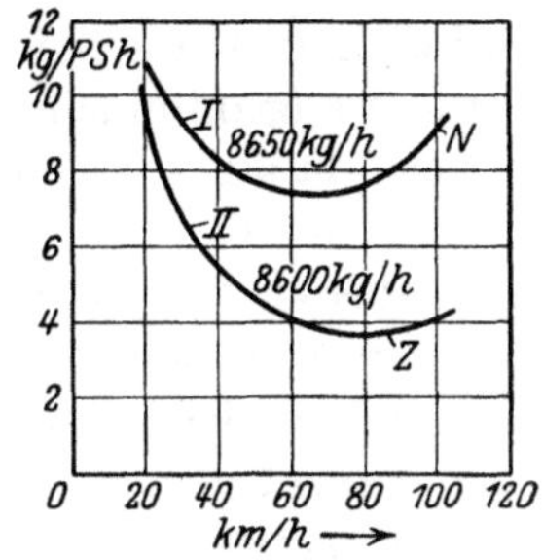

Abb. 4. Dampfverbrauchskurven. *I* Dampflokomotive; *II* Turbinenlokomotive.

3. Die Ölmaschine.

Im Fahrzeugbetrieb entscheidet bei Motorlokomotiven nur die Wirtschaftlichkeit. Da der Brennstoff für Benzin- und Benzolmotoren 3—4mal[1] so teuer ist, als für Dieselmotoren, kommt praktisch nur der Dieselmotor in Frage. Für Lokomotiven muß der Dieselmotor schon wegen der Größe der geforderten Leistungen gewählt werden. Für Triebwagen und Omnibusse gibt es nach dem jetzigen Stand[2] schon Dieselmotoren mit hohen Tourenzahlen, kleinen Gewichten und guten Wirkungsgraden, so daß auch hier die Dieselmaschine bald das Feld beherrschen wird; daher soll nachfolgend nur die Dieselmaschine behandelt werden.

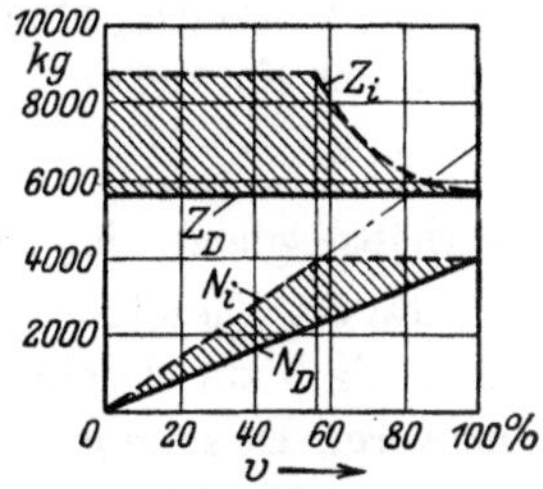

Abb. 5. Zugkraft und Leistungsverhältnis eines Dieselmotors. Z_i = ideelle Zugkraftlinie; Z_D = Zugkraft des Dieselmotors; N_i = ideelle Leistungslinie; N_D = Leistung des Dieselmotors.

Das Schaubild der Ölmaschine ist in Abb. 5 dem ideellen Anfahrschaubild gegenübergestellt. Ohne weiteres ist zu ersehen, daß die Eigenschaften des Dieselmotors ohne besondere Getriebe nicht mit dem Anfahrschaubild zu vereinigen sind. Auch Abb. 124 läßt dies erkennen. Es ist daher zur Erläuterung notwendig, die Eigenschaften des Dieselmotors als Antriebsmaschine kurz zu betrachten.

---

[1] Pforr: „Die Aussichten der elektr. Zugförderung auf der Eisenbahn", AEG-Sonderheft, Tafel 1 u. 2; VDI-Sonderheft, Dieselmaschinen II, S. 68.

[2] Riehm: „Der Motorwagen" 1918, S. 91.

a) Unter einer bestimmten Drehzahl des Dieselmotors, der Zünddrehzahl, die bei einem nach dem Kompressorverfahren arbeitenden Dieselmotor (Höchstdrehzahl etwa 450/min) etwa 100/min beträgt, treten Zündschwierigkeiten auf, weil die Zylinderwandung zu kalt wird. Erst über diese Drehzahl hinaus ist genügend hohe Zündtemperatur vorhanden. Doch läßt sich die Zünddrehzahl durch Vorwärmung herabdrücken. Der Motor muß danach ohne eigene Kraftleistung angelassen werden; ein unmittelbarer Antrieb des Zuges mit einem Dieselmotor ist daher ohne besondere Zwischenglieder, wie z. B. Reibungskupplungen, nicht möglich.

b) Von einer bestimmten Höchstdrehzahl ab kann die Zylinderwand nicht genügend Wärme ableiten, sie wird zu heiß und begrenzt die Höchstleistung des Dieselmotors auf ungefähr 20% Überlast.

c) Bei gleichmäßiger Brennstoffzufuhr ist das Drehmoment des Dieselmotors über dem ganzen Drehzahlbereich oberhalb der Zünddrehzahl unveränderlich, wie aus der Formel für das Drehmoment hervorgeht:

$$M_d = 3{,}18 \cdot \beta \cdot V \cdot \frac{p_m}{t},$$

wobei

$$\beta = \text{Zylinderzahl},$$
$$V = \text{Volumen},$$
$$p_m = \text{mittlerer Zylinderdruck und}$$
$$t = \text{Taktzahl bei 4-Takt} = 4 \text{ ist.}$$

Die Leistung steigt dabei, wie auch aus Abb. 5 und 124 hervorgeht, nach der Formel

$$N = \frac{M_d \cdot n}{716}\ \text{PS}$$

verhältnisgleich der Drehzahl.

Da der Dieselmotor nur um etwa 20% überlastet werden kann, ergibt sich, daß zur Deckung der schraffierten Flächen (Abb. 5) ein weit größerer Dieselmotor notwendig ist, als von der Dauerfahrt verlangt wird, wenn kein Umformergetriebe zwischen Dieselmotorwelle und Treibrad geschaltet wird. Der Dieselmotor wird daher sehr groß (je nach Leistungsprogramm etwa 2—3mal zu groß) und arbeitet unwirtschaftlich (s. Abb. 7).

d) Da bei einem Dieselmotor entsprechend der Zahl seines Taktes (z. B. bei Viertakt) auf 4 Hube für jeden einzelnen Zylinder nur ein Arbeitshub vorhanden ist, muß eine Mindestzahl von Zylindern gewählt werden, wenn immer ein Arbeitshub/Umdr wirken soll. Das ungleichförmige Drehmoment (Abb. 6) verlangt jedoch eine noch größere Zylinderzahl, z. B. bei 4-Takt schon 5—6 Zylinder, wenn das Schwungrad klein gehalten werden soll. Dann ist das Drehmoment aber immer noch so ungleichmäßig, daß nachgiebige Kupplungen im Getriebe notwendig werden.

e) Die Regelung des Dieselmotors kann entweder durch Drehzahländerung bei konstantem Drehmoment von etwa $^1/_4$—$^4/_5$ Last erfolgen oder bei konstanter Drehzahl durch Änderung des Momentes erreicht werden. Der Einfluß der Drehzahl des Verbrennungsmotors auf den Brennstoffverbrauch ist bedeutend und geht aus den Wirkungsgradschaulinien des Dieselmotors (Abb. 7) hervor, die sich aus dem Brennstoffverbrauch bei verschiedenen Drehzahlen und Momenten berechnen lassen.

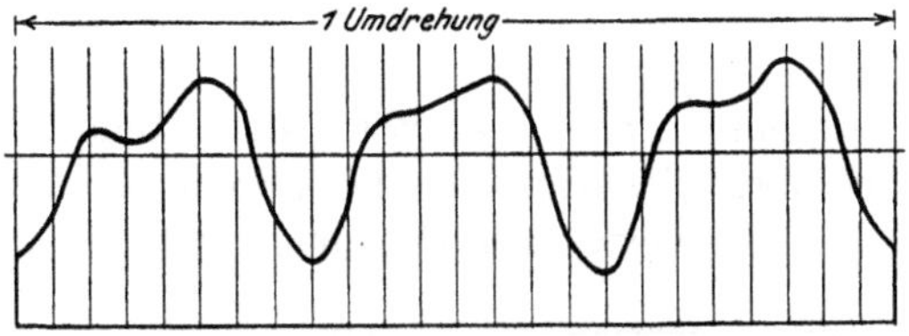

Abb. 6. Drehmomentenverlauf eines 6-Zylinder 4-Takt Dieselmotors bei $n = 450$ Uml./min. (Dieselmaschinen II, S. 53.)

Derartige Werte sind z. B. von Dr.-Ing. Brown[1] berechnet worden; bei diesen wurde jedoch nicht angegeben, welche Versuchswerte für den Brennstoffverbrauch zugrunde gelegt worden sind. Die entsprechenden Wirkungsgrade sind für die Höchstdrehzahl 450 in Abb. 7 berechnet und ausgezogen dargestellt, und es ist notwendig, den Verlauf der Schaulinien nachzuprüfen. Dies ist nach den Versuchen von Professor Lomonossoff[2] möglich. Aus den entsprechenden Schaulinien des Buches von Lomonossoff (Abb. 71, 72,

Zahlentafel 1[3].
Wirkungsgrade des Dieselmotors bei verschiedenen Umlaufzahlen.

	z	2	2,5	3	4	5	7	7,5	Uml/s
	n	120	150	180	240	300	420	450	Uml/min
$e = 6$	C	72	88	106	139	174	—	264	kg
	N	395	490	580	740	885	—	1230	PS
	B	182	180	183	188	196	—	215	g/PSeh
	η	34,8	35	34,6	33,7	32,3	—	29,4	%
$e = 5$	C	58	72	86,5	117	146,5	209	226	kg
	N	310	400	465	610	735	960	1030	PS
	B	186	180	186	192	199	218	221	g/PSeh
	η	34	34,3	34,0	32,9	31,8	29	28,6	%
$e = 4$	C	46	58	70,5	95	120	196	182	kg
	N	240	305	360	460	575	745	785	PS
	B	192	191	196	207	209	229	232	g/PSeh
	η	32,9	33,0	32,3	31,3	30,3	27,6	27,2	%
$e = 3$	C	37	45	55	73	925	132	142	kg
	N	180	215	255	320	380	480	500	PS
	B	206	209	215	228	242	275	284	g/PSeh
	η	30,7	30,3	29,4	27,7	26,2	23,0	22,3	%

[1] Dieselelektr. Lok. im Vollbahnbetrieb. Zürich 1924, S. 48.
[2] Dieselelektr. Lok. Berlin 1924, S. 81 u. 115.
[3] In dieser Tafel ist C = Gesamtbrennstoff, N = Leistung, B = Brennstoff in g/PSeh, η = Wirkungsgrad.

109 u. 110) sind die Werte der Zahlentafel 1 entnommen, die keinen Anhalt über die tatsächliche Höhe des Brennstoffverbrauches und Wirkungsgrades geben, aber gut zur Nachprüfung der Wirkungsgradschaulinien von Dr. Brown dienen können.

Die Wirkungsgrade sind dabei aus der Formel

$$\eta = \frac{632}{10\,000\, b}$$

berechnet, wobei b (g/PSeh) den Brennstoffverbrauch bezeichnet und 10000 kcal/kg als Heizwert des Brennstoffes zugrunde gelegt worden sind.

Diese Werte sind zusammen mit den Werten von Dr. Ing. Brown (ausgezogen) in Abb. 7 gestrichelt dargestellt. Außerdem sind strichpunktiert die Wirkungsgrade bei fester Drehzahl und veränderlichem Drehmoment eingetragen. Wie ersichtlich, unterscheiden sich die von Lomonossoff angegebenen Werte von denen Browns nur in der Höhe und nicht in dem Verlauf, so daß beide Linien für die Betrachtung zugrunde gelegt werden können. Ähnliches Verhalten zeigen auch die Abb. 118 und 125.

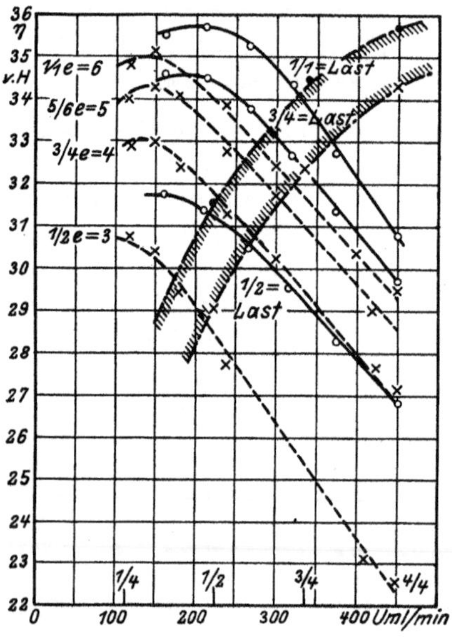

Abb. 7. Dieselmotor-Wirkungsgrade.
——— $\eta = f(n)$, $M_d =$ const nach Dr. Brown;
– – – $\eta = f(n)$, $M_d =$ const n. Lomonossoff;
▥▥ $\eta = f(M'_d)$, $n =$ const $= 200$: höhere Werte nach Dr. Brown; niedrigere Werte nach Lomonossoff.

Wenn so z. B. ein Dieselmotor von etwa 1000 PS und 450 Uml/min mit gleichbleibender Höchstdrehzahl und nur halber Leistung fährt, ergibt sich aus Abb. 7 ein annähernder Wirkungsgrad von 26,5%, während der Wirkungsgrad bei doppelt so hohem Drehmoment aber bei 225 Uml/min etwa 36,6% beträgt.

Man bekommt also eine bedeutende Verbesserung des Wirkungsgrades bei Hinzuziehung der Dieselmotordrehzahl zur Steuerung. Da etwa 35,6% der höchste erreichbare Wirkungsgrad ist, so entsprechen 35,6% der im Brennstoff enthaltenen Energie 100% der in die elektrische Übertragung hineingesteckten Leistung. Der Wirkungsgrad der Übertragung kann daher durch Heranziehung der Dieselmotordrehzahl zur Steuerung im angenommenen Beispiel um

$$\frac{35{,}6 - 26{,}5}{35{,}6} = 26\%$$

verbessert werden. Bei den Werten nach Lomonossoff ergibt sich unter gleichen Verhältnissen eine Verbesserung um

$$\frac{29{,}2-22}{29{,}2} = 24{,}6\%$$

Aus diesem Grunde darf man bei der Beurteilung der Steuerungen nicht nur den Übertragungswirkungsgrad, sondern muß den Lokomotivwirkungsgrad zugrunde legen, und zwar nicht den technischen, sondern den wirtschaftlichen Wirkungsgrad. Dieser hängt aber in einer bestimmten Zeit, z. B. einem Jahr, bei den verschiedenen Steuerungsarten stark von der Betriebsart ab, nämlich davon, ob Schnell-, Personen- oder Güterzugdienst, also ob wenige oder viele Anfahrten vorhanden sind.

Die Steuerungen, die mit Herabsetzung der Dieselmotordrehzahl zur Erzielung des günstigsten, mittleren Druckes arbeiten, bringen also um so mehr wirtschaftliche Vorteile, als Anfahrten oder Zugkraft- und Geschwindigkeitsschwankungen vorliegen.

f) Beim kompressorlosen Dieselverfahren wird die Zerstäubung des Brennstoffes nicht mehr mit Luft, sondern durch mechanische Mittel erreicht (Vorkammereinspritzung, Strahlzerstäubung). Hierdurch ergeben sich gegenüber dem Kompressorverfahren folgende Vorteile[1]:

1. kleinerer Brennstoffverbrauch/PSeh, weil die Verbrauchskurve zwischen $^1/_3$—$^1/_5$ Last wagerecht verläuft.

2. Drehzahlregelung von $n = 300$ bis auf $n = 30$—40, also von n_{max} bis auf $^1/_{7,5}$—$^1/_{10}\,n_{max}$,

3. sichere Zündung auch bei kleinen Drehzahlen (siehe unter 2) und schließlich

4. kurzzeitige Überlastungsmöglichkeit bis auf 45%.

g) Für den Fahrzeugbau ist ein kleines Gewicht des Dieselmotors notwendig. Dieses ist jedoch nur bei hohen Drehzahlen zu erreichen. Obwohl man aber bestrebt ist, Schnelläufer zu bauen, sind bei Leistungen von etwa 1000—2000 PS erst Drehzahlen von 400 bis 500/min erreicht worden. Nur bei Kleinleistungen (für Triebwagen) sind MAN, Dorner und Maybach[2] auf $n = 1000$—1300, bei 110 bis 120 PS und 150 PS gekommen, doch sind bei Kleinstmotoren Drehzahlen bis zu 4000/min und mehr möglich.

Die MAN liefert folgende 4—6 zylinderkompressorlose Dieselmotoren 45/68, 100/150, 50 und 100 PS bei 1000, 1000, 700 und 700 Um-

[1] Dr. Ing. Riehm: Der Motorwagen. 1928, S. 90 u. ff.; V. D. I. H. 41, S. 1289—1292. 1925.

[2] Der Motorwagen. 1928, S. 89; VDI-Sonderheft, Dieselmaschinen II. S. 63; V. D. I. S. 520, 1927; Dallwitz Wegener 1926, S. 411 (Kreisprozeßkunde); Organ 1928, S. 240.

drehungen und einem Gewicht von 10 kg/PS. William Beardmore Co. baut 4—12zylindrige kompressorlose Dieselmotoren in V-Form mit 200, 300, 420, 630, 840 und 1200 PS bei 4, 6, 8 und 12 Zylindern, 750 Umdrehungen/min 1170, 2180, 2950 und 3900 kg Gewicht, d. h. 5,2 bis 5,9 kg/PS.

Der einzige Nachteil dieser schnellaufenden Motoren ist der hohe Preis, der jedoch bald sinken dürfte.

Aus den so beschriebenen Eigenschaften des Dieselmotors ergeben sich für das zwischen Dieselwelle und Treibrad geschaltete Umformergetriebe folgende Anforderungen:

1. das Drehmoment des Dieselmotors während der Anfahrt um das 1,5—2fache zu erhöhen,
2. Die Zugkraft in der Dauerfahrt nach der Zugkrafthyperbel verlaufen zu lassen,
3. die Drehzahl des Dieselmotors während der Anfahrt möglichst auf den günstigsten mittleren Zylinderdruck einzuregeln,
4. das Anlassen des Motors im Leerlauf mit geeigneten Hilfsmitteln zu ermöglichen,
5. ein kleines Getriebegewicht und ein kleiner Getriebepreis,
6. bei Triebwagen etwa Drehzahlen von 1000—1500/min zu bewältigen,
7. die Lokomotive ohne Umsteuerung des Dieselmotors rückwärts fahren zu lassen und schließlich
8. die Kurvenläufigkeit der schon durch den Dieselmotor lang werdenden Lokomotive nicht durch das Getriebe zu erschweren.

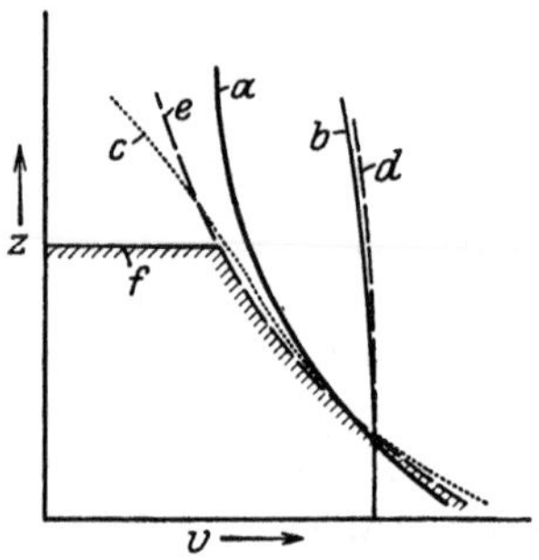

Abb. 8. Zugkraft-Geschwindigkeitslinien der Elektromotoren.
a = Gleichstrom-Reihenschluß;
b = Gleichstrom-Nebenschluß;
c = Wechselstrom-Reihenschluß;
d = Induktions-Motor;
e = Zugkrafthyperbel;
f = ideelle Anfahrschaulinie;
z = Zugkraft;
v = Geschwindigkeit.

4. Die elektrische Maschine.

Wie schon ausgeführt worden ist, sind auch elektrische Maschinen als Teile des Fahrzeuggetriebes zu betrachten; deshalb soll auch hier kurz auf die Schaubilder der elektrischen Maschinen eingegangen werden:

In Abb. 8 sind die Schaulinien der verschiedenen elektrischen Maschinen zusammen mit der ideellen Zugkraftlinie dargestellt. Wie ersichtlich, weisen alle Hauptschlußmotoren eine der Zugkrafthyperbel mehr oder weniger entsprechende Zugkraftlinie auf. Dagegen zeigen Nebenschluß- und Induktionsmaschinen eine veränderliche Zugkraft bei fast gleichbleibender Geschwindigkeit.

Die Zugkraft des Hauptstrommotors ist bei der Geschwindigkeit

Null theoretisch unendlich, während gleichbleibende Zugkraft mit Rücksicht auf das Reibungsgewicht der Lokomotive gefordert wird. Die Zugkraft des Hauptstrommotors muß daher vom Stillstand bis zur Normalgeschwindigkeit des Fahrzeuges einem Festwert angepaßt werden. Von da ab verläuft die Zugkraftlinie ähnlich der Abb. 8.

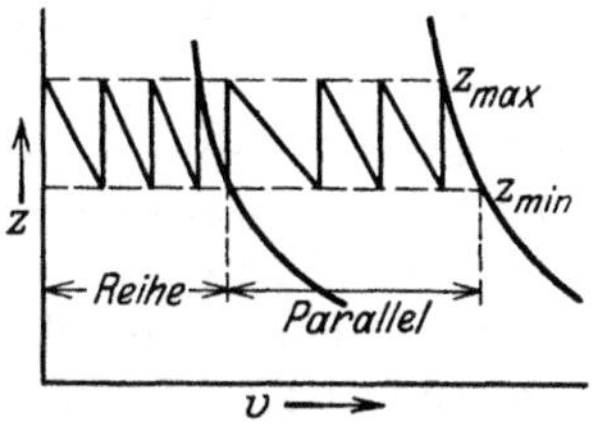

Abb. 9. Anpassung der Kennlinien des Reihenschlußmotors an die ideelle Anfahrschaulinie durch die Steuerung.

Die Zugkraft des Nebenschlußmotors ist bei gleichbleibender Drehzahl veränderlich. Daraus ergibt sich, daß beim Nebenschlußmotor die Drehzahl der veränderlichen Geschwindigkeit angepaßt werden muß. Man kommt daher zu folgendem Ergebnis:

1. Als Stromerzeuger eines elektrischen Getriebes verwendet, muß die elektrische Maschine eine gleichmäßige Spannungsregelung möglichst verlustlos zulassen.

2. Als Antriebsmaschine des Treibrades kommen nur Hauptstrom oder auch asynchrone Induktionsmotoren in Betracht, weil sich bei diesen eine günstige Erfüllung der geforderten Anfahrzugkraftlinie ziemlich einfach erreichen läßt.

3. Als Antriebsmaschine eines Getriebes können Nebenschluß- und synchrone Induktionsmotoren verwendet werden, wenn das Getriebe die Änderung der Drehzahl gestattet.

4. Die Anpassung der Charakteristik der Hauptstrommotoren an die Fahrschaulinie wird zum verlustlosen Anfahren nach Abb. 9 vor dem Motor durch die Steuerung, die Anpassung des Nebenschlußmotors an die Fahrschaulinie hinter dem Motor mit einem Umformergetriebe erreicht.

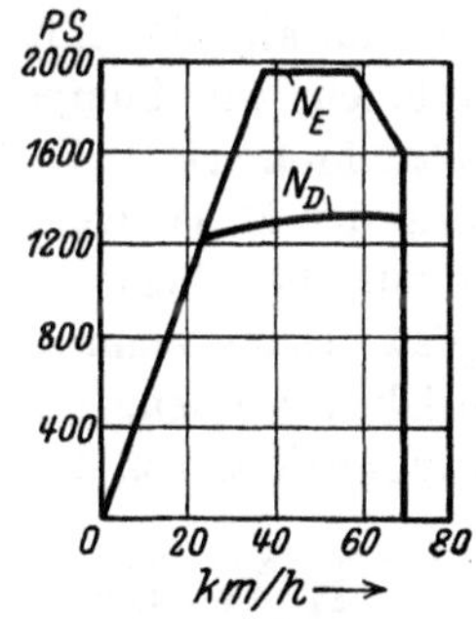

Abb. 10.

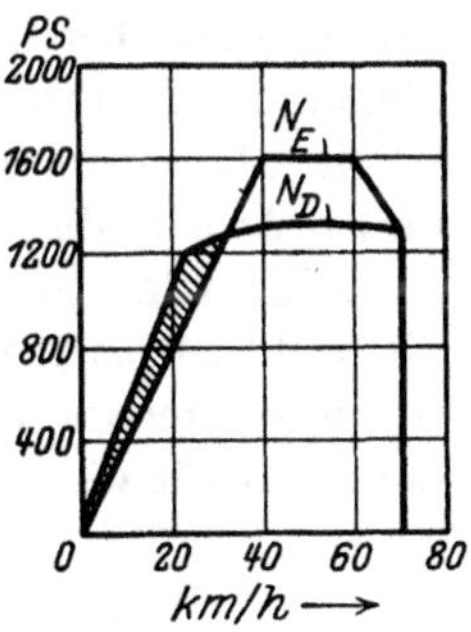

Abb. 11.

Abb. 10 und 11. Anfahrschaubilder einer Dampf- und Elektrischen Lokomotive. N_E Leistung der Elektrischen Lokomotive; N_D Leistung der Dampflokomotive. (Eisenbahnwesen. S. 32.)

5. Sind Strom der Oberleitung und der von den Lokomotivmotoren geforderte Strom verschiedener Art, so muß ein elektrischer Umformer den Strom umformen.

Damit sind die zum Fahrzeuggetriebe bezüglichen Eigenschaften der elektrischen Maschinen genügend erschöpft. Im Anschluß an diese kleine Betrachtung ist es jedoch der Vollständigkeit wegen noch notwendig, zu untersuchen, wie die elektrische Wechselstromlokomotive das ideelle Anfahrschaubild erfüllt.

Abb. 10 und 11 zeigen zwei entsprechende Anfahrschaubilder.

In Abb. 10 und 11 bedeuten N_E die Leistung der elektrischen Lokomotive und N_D die Leistung der Dampflokomotive. Um einerseits das Programm der Dampflokomotive zu erfüllen, andererseits nicht zu große Elektromotoren zu bekommen, muß nach Abb. 11 eine Überlastung erfolgen (schraffiert). Dies ist ohne weiteres zulässig, weil die Überlastbarkeit des Elektromotors nur von der Erwärmung abhängt. Weil die Kühlung gleichzeitig bei künstlicher Lüftung unabhängig von der Motordrehzahl ist, ist die elektrische Lokomotive eine Maschine konstanter Dauerzugkraft. Vermittels der Steuerung ist es also möglich, das geforderte Leistungsprogramm des ideellen Anfahrschaubildes gut zu erfüllen.

Zweiter Teil.

Die Getriebe-Elemente.

Bei der Umgrenzung des Begriffes „Fahrzeuggetriebe" wurde festgesetzt, daß alles als Getriebe gelten möge, was zwischen Antriebsmotorwelle und Treibrad liegt. Dabei wurde der Begriff so weit gefaßt, daß als Getriebeteile nicht nur alle Maschinenelemente, sondern darüber hinaus auch ganze Maschinen, wie Pumpen, Kompressoren und elektrische Maschinen zu betrachten seien. Es liegt jedoch nicht im Sinne dieser Arbeit, die Theorie der Maschinenelemente und der Maschinen zu behandeln, sondern nur die Möglichkeiten des Fahrzeuggetriebes übersichtlich zu erschöpfen. Daher können nur die besonders wichtigen Getriebeelemente beschrieben werden, und zwar nur so weit, als sie praktisch für die Fahrzeuggetriebe von Bedeutung sind.

I. Wellen.

In jedem Getriebe sind Wellen vorhanden. Im Fahrzeugbau kommen sie zur Übertragung der Energie vom Motor auf die Triebachse mit Kardangelenk (Triebwagen), als Blindwelle zur Übertragung der Kräfte auf das Parallelkurbelgetriebe und schließlich als Verdrehungswelle beim Einzelachsantrieb in Frage.

Da bei Lokomotiven große Drehmomente zu übertragen sind, ergeben sich bei Verwendung gewöhnlichen Materials für Blindwellen und Übertragungswellen große Querschnitte und große Gewichte. Es wird aus diesem Grunde nur bestes Material von 50—60 kg/qmm Festigkeit verwendet, und man ist möglichst bestrebt, Blind- und Übertragungswellen zu vermeiden, wo es irgend geht.

Für Torsionswellen, die eingehend bei den Kupplungen behandelt werden, kommen bester Federstahl und Sonderstahl bei entsprechend bemessenen und geformten Querschnitten der Torsionswelle in Frage.

II. Stangen.

Für das Fahrzeug sind Stangen als Schubstangen im Parallelkurbelgetriebe von Wichtigkeit. Das Parallelkurbelgetriebe kann aber hier nur kurz behandelt werden. Auf die Ermittelung der Stangenkräfte soll nicht eingegangen werden. Als Literatur kommt hierfür in Betracht Seefehlner: „Elektrische Zugförderung“, vierter Teil VI, Abschnitt 6 und 7 und Kleinow: „Elektrische Kraftbetriebe und Bahnen“ 1913, Heft 17.

1. Das Parallel-Kurbelgetriebe, allgemein.

Das Parallelkurbelgetriebe ist vom Dampflokomotivbau übernommen und soll die Kräfte der Antriebsmaschinen auf eine bestimmte Anzahl Treibräder übertragen. Meistens wird daher eine Schubstange zur Übertragung der Leistung auf eine Treibachse und eine weitere Stange zur Kupplung der Räder untereinander zur Erhöhung des Reibungsgewichtes angeordnet.

Die Schwierigkeit der Anwendung der Parallelkurbelgetriebe liegt in den schlechten, kinematischen Verhältnissen, insbesondere aller Lokomotiven, die nicht mit Lokomotivzylindern versehen sind, wie Dampflokomotiven und Lokomotiven mit Gasgetrieben.

Für das Auftreten zusätzlicher Spannungen in den Stangen gilt allgemein folgendes:

Der gefederte und der ungefederte Teil der Lokomotive wird durch die zwischengeschaltete Achsfederung zu einer beweglichen Kupplung. Die Mittelpunkte der Treibräder werden beim Federspiel in senkrechter Richtung zum Rahmen gradlinig geführt, der Kurbelzapfen folgt daher dieser Bewegung ebenfalls zwangsweise auf einer Geraden. Der Kurbelzapfen ist aber gleichzeitig mit der Treibstange verbunden, die sich nur um ihren zweiten Drehzapfen drehen kann. Wenn also einer der beiden Drehzapfen festliegt, der andere senkrecht gehoben wird, muß er sich beim Federspiel zwischen dem Treibrad und dem Lokomotivrahmen auf einer Kreisbahn bewegen. Damit wird aber der Drehzapfen des Treibrades einmal zwangsweise auf einer Geraden im Lokomotivrahmen geführt, zum anderen auf den Bewegungskreis der Treibstange gezwungen. Weicht also die Krümmung des Bewegungskreises viel von der Geraden ab, dann müssen Längenänderungen in der Stange entstehen, die starke Zwängungen in den Wellenlagern hervorrufen können. Zusammen mit den periodisch wechselnden Stangenkräften können dadurch starke Kräfte und große zusätzliche Beanspruchungen der Lager entstehen.

Bei Dampflokomotiven werden diese durch die gute Dampfpolster-

Federung des Kolbens im Zylinder unschädlich gemacht. Bei elektrischen Lokomotiven ist jedoch eine starre Kupplung zwischen Motorwelle und Triebstange und Blindwelle und Treibrad vorhanden, so daß alle Zerrungen und Zwängungen in Form von Stößen auf das Getriebe und die Lager übertragen werden. Es ist daher notwendig, besondere Anordnungen zu treffen, die diese Stöße unschädlich machen.

2. Das Parallel-Kurbelgetriebe ohne Überhöhung.

Die einfachste Übertragungsform für das Parallelkurbelgetriebe elektrischer Lokomotiven ist die Anordnung der deutschen Personen-

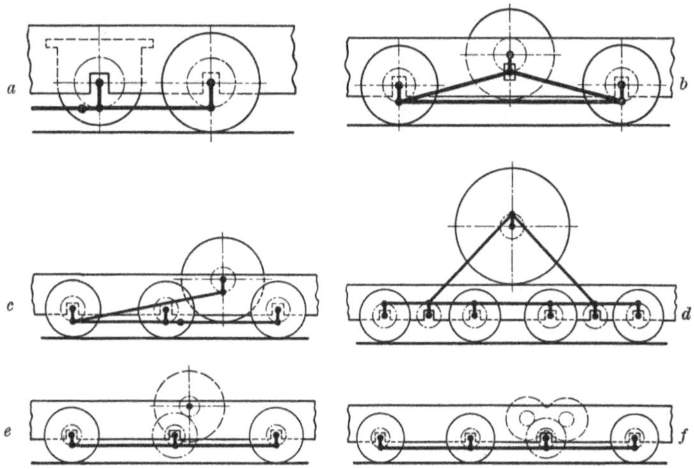

Abb. 12 *a—f*. Anwendungsarten des Parallel-Kurbelgetriebes.

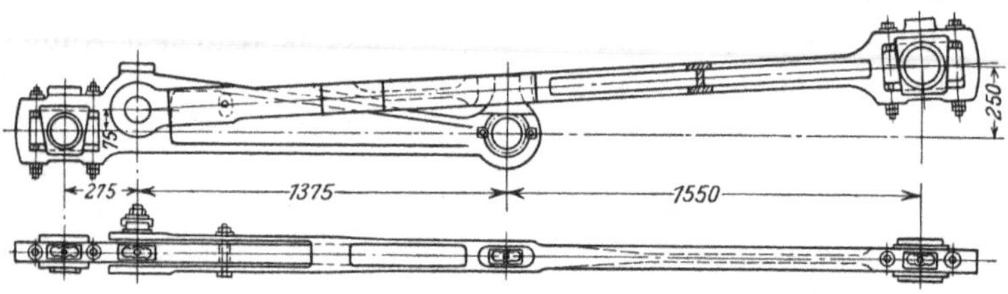

Abb. 12*g*. Triebwerks-Anordnung der 1 *B* + *B* 1-Lokomotive der Deutschen Reichsbahn. (El. Bahnen 1925 S. 416.)

und Güterzuglokomotive *B—B*, Abb. 12a. Bei dieser wird die Zahnradmitte in Höhe Achsmitte der Treibräder gelegt. Die entstehenden Zerrungen und Zwängungen haben hier keinen bedeutenden Einfluß mehr, weil das Federspiel klein ist im Verhältnis zur Stangenlänge. Diese Anordnung kann aber nur gewählt werden, wenn keine hohe Schwerpunktslage der Lokomotive notwendig wird. Bei erforderlicher Schwerpunktserhöhung muß zum Parallelkurbelgetriebe mit Schlitzkuppelstangen übergegangen werden.

3. Das Parallel-Kurbelgetriebe mit Schlitzkuppelstange.

Diese Ausführung (Abb. 12b) läßt nur kleine Überhöhungen der Motorwellen zu. Bei kleinen Beträgen bietet sie aber eine gute Übertragungsform. Der Vorteil der Kulisse besteht darin, daß sie nur Kräfte in Richtung der Kuppelstange übertragen und dem Federspiel zwischen Treibrad und Rahmen zwanglos folgen kann. Die Überhöhung kann so bis etwa 120 mm ausgeführt werden.

4. Parallel-Kurbelgetriebe mit Schrägstange.

Bei größerer Überhöhung als 120 mm muß die Übertragung mit einer langen, an die Kuppelstangen angelenkten Triebstange gewählt werden. Je länger diese Stange ist, desto größer kann die Überhöhung gewählt werden. Die Stangenlänge selbst begrenzt jedoch die Anwendung dieses Mittels. In Abb. 12c ist als Beispiel die $C+C$-Lokomotive mit 253 mm Überhöhung gewählt. Abb. 12g zeigt eine ausgeführte Triebwerksanordnung. Die $1B+B1$-Lokomotive der Deutschen Reichsbahn ist mit 250 mm Überhöhung und Schrägstange ausgeführt worden.

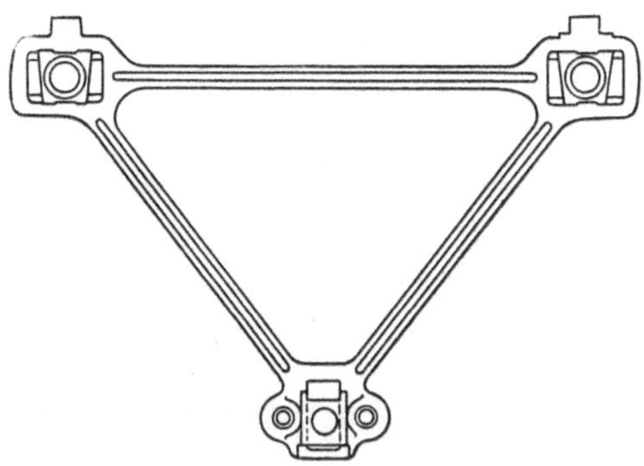

Abb. 13. Kandorahmen mit Kulisse. (El. Kraftbetr. u. Bahnen 1913 S. 339.)

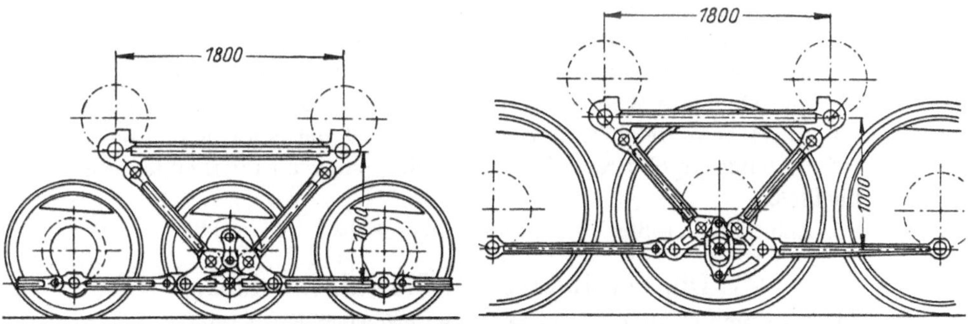

Abb. 14. Kandorahmen mit Kulissenersatz. (Seefehlner, El. Zugförderung, 2. Aufl. S. 287[1].)

5. Kandorahmen.

Sollen noch höhere Schwerpunktslagen erzielt werden, so muß man entweder zur Anwendung einer Blindwelle mit Schrägstange (Abb. 12d) übergehen oder den Kandorahmen anwenden.

[1] Berlin: Julius Springer. 1924.

Der ursprüngliche Kandorahmen (Abb. 13) ist ein einfacher Dreiecksrahmen mit Kulisse. Nach Abb. 14 wird der Kandorahmen zur Vermeidung der Kulissenanordnung aufgelöst. In der neuesten Ausführung des Kandorahmens (Abb. 15) wird an Stelle der Kulissenanordnung ein zweiter Dreiecksrahmen verwendet, welcher den Kandorahmen kinematisch einwandfrei macht und sämtliche Bewegungen des Mittelpunktes des Treibrades relativ zum Lokomotivrahmen in Drehbewegungen der Treibstangen A und B um die Mittelpunkte $M1$ und $M2$ verwandelt.

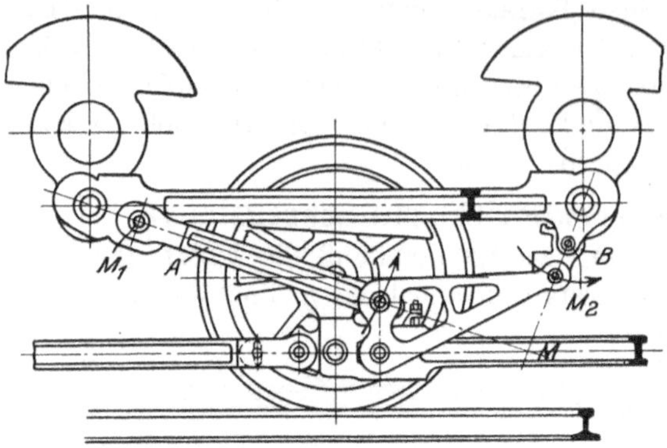

Abb. 15. Aufgelöster Kandorahmen.
(Organ Fortschr. Eisenbahnw. 1924 S. 218.)

III. Kupplungen und Federungen.

Neben Wellen und Stangen ist die Kenntnis der verbindenden Teile: der Kupplungen und der Federungen für die Fahrzeuggetriebe von größter Wichtigkeit. Der Zweck dieser Maschinenelemente im Fahrzeugbau ist ein sehr verschiedener; Kupplungen und Federungen können nämlich notwendig werden, um

1. Maschinenteile fest miteinander zu verbinden,
2. die Welle des Antriebsmotors mit dem Getriebe zu verbinden,
3. die sekundäre Welle des Getriebes mit dem Treibrad zu kuppeln,
4. Stöße vom Getriebe fern zu halten und die Schwingungsarbeit durch Reibungskupplungen oder Lamellenkupplungen zu vernichten und schließlich
5. Zahnräder stoßfrei ein- oder auszuschalten.

1. Die Verbindung von Maschinenteilen.

Die Verbindung von Maschinenteilen erfordert Kupplungen, die als einfache Maschinenelemente bekannt sind und die hier nicht weiter behandelt zu werden brauchen.

2. Die Verbindung von Antriebswelle und Getriebe.

Bei der Verbindung zwischen Antriebsmaschine und Getriebe müssen folgende Kupplungen unterschieden werden:

F e d e r k u p p l u n g e n, die dazu dienen das ungleichmäßige Drehmoment des Antriebsmotors (Abb. 6) gleichmäßig an das Getriebe weiter zu geben und

Reibungskupplungen, welche zum Abschalten des Antriebsmotors vom Getriebe (Hauptkupplung) oder Umschalten der Stufen (Stufenkupplung) dienen.

Eine sehr gute Federkupplung ist die Falk-Bibby-Kupplung

Abb. 16a. Falk-Bibby-Kupplung. (Dieselmaschinen II. S. 22.)

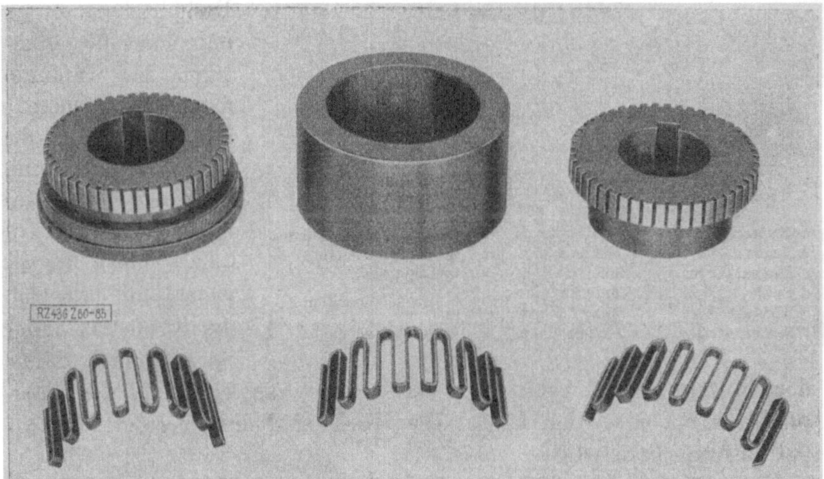

Abb. 16b. Einzelteile zur Falk-Bibby-Kupplung. (Dieselmaschinen II. S. 23.)

(Abb. 16a, b). Bei dieser ist auf jeder der zu verbindenden Wellen ein mit Zähnen versehener Ring befestigt. Eine in die einzelnen Zahnlücken hineingelegte Schlangenfeder stellt die federnde Verbindung der Wellen her. Diese Kupplung hat sich gut bewährt und ist für größte Leistungen (über 15000 PS) brauchbar[1].

[1] Dieselmaschinen II, S 21; und Scholz: Schiffsölmaschinen.

Eine andere Ausführungsart verwendet **Krupp** bei der Dieselgetriebelokomotive von 1200 PS[1] (Abb. 17), wobei die **Federkupplung** *k* zugleich mit der **Reibungskupplung** (*n*, *p*, *i*) und der Schwungmasse *f* zur Hauptkupplung zusammengefaßt ist. Die Kupplungskraft wird elektromagnetisch[2] erzeugt. Die Wirkungsweise der Hauptkupplung ist folgende:

Beim Einschalten des Stromes wird die Spule *d* erregt und erzeugt ein magnetisches Feld im Magnetkörper *c*. Dadurch wird die Ankerscheibe *n* mit den Reibbelägen *p* entsprechend der magnetmotorischen Kraft an den Schwungteil *f* angepreßt (mit Höchstdruck 130 t.).

Durch Drehung der Zwischenwelle *a* wird vom Schwungteil *n* infolge der Reibungskraft mitgenommen und überträgt das Drehmoment mit Zähnen *o* und Scheibe *i* auf die Federkupplung *k* und von dort weiter auf die Getriebewelle *l*. Durch einen Regelwiderstand läßt sich die Stromstärke der Spule *d* und damit der Reibungsdruck verändern, wodurch ein sanfter Anlauf der Lokomotive erreicht werden kann. Die Höchstspannung beträgt 110 Volt bei 10 Amp. Stromstärke.

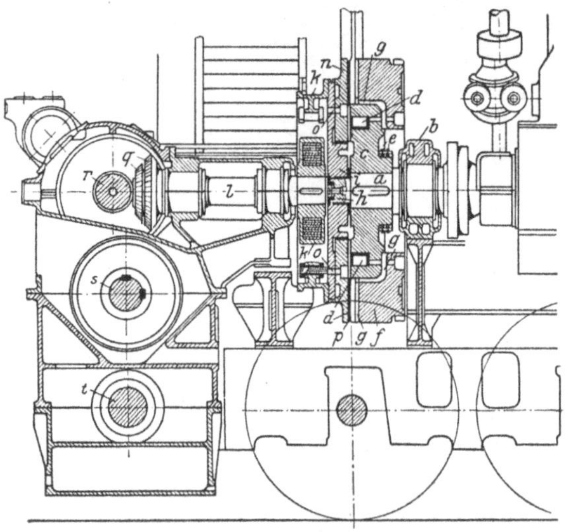

Abb. 17. Elektromagnetische Hauptkupplung.
(Z. V. d. I. 1927, S. 874.)

a Zwischenwelle	*g* Kühlluftkanal	*o* Zapfen zwischen *n* u. *i*
b Lager	*h* Wellenzapfen	*p* Reibungsbelag
c Magnetkörper	*i* Scheibe	*q* Kegelrad
d Spule	*k* Federkupplung	*r* } Zwischenwellen
e Kontaktringe	*l* obere Längswelle	*s* }
f Schwungteil	*n* Ankerscheibe	*t* Blindwelle

Von dieser elektromagnetischen Reibungskupplung unterscheiden sich die übrigen Reibungskupplungen nur durch die Erzeugung der Reibungskraft; Mittel hierzu sind, abgesehen vom Material, große Reibflächen und große Druckkraft. Als Druckmittel kommen in Frage: Kniehebelwirkung, gepreßte Luft, Drucköl und magnetische Kraft. Von diesen Mitteln hat Preßluft den Vorteil, da sie auf jedem Fahrzeug zur Bremsung vorhanden ist.

[1] Z. V. d. I. 1927, S. 874 und Kruppsche Monatshefte.
[2] Ausführung des Magnetwerks Eisenach.

Abb. 18 zeigt eine Reibungskupplung der Firma Lohmann[1] und Stolterfoht für die mechanisch angetriebene Diesellokomotive mit abschaltbaren Motoren, bei welcher die Reibungskraft durch Kniehebel- und Federwirkung erzeugt wird; der Preßdruck beträgt etwa 3 kg/qcm.

Die Kupplung ist zwischen Kurbelwelle und Parallelkurbelgetriebe geschaltet und überträgt 1640 PS. Der eine Teil der Kupplung, die Mitnehmerscheibe *a*, ist auf der Kurbelwelle *b* befestigt. Der andere Teil ist mit der Kurbelscheibe *c* in Lagern *d* und dem Kurbelarm *g* drehbar gelagert. Mit der Kurbelscheibe *c* ist der Ring *n* verbunden. Die Reibungskraft wird durch Anpressung der Reibbeläge der Ringe *i* durch Federn *h* und Ring *k*, bzw. Federn *h* und Hebel *e* und *f* auf den Ring *l* bewirkt. In der Endstellung liegt die Nase *p* des Hebels *f* an Ring *k* an; soll die Kupplungskraft vermindert werden, wird der Mutterring *qu* durch eine Schnecke gedreht und die Ringscheibe *r* mit den Kniehebeln *s* und dem Stützring *t* in Richtung der Kurbelwelle hineingezogen, wodurch der Hebel *e* gedreht, und die Reibbeläge schließlich ganz gelöst werden.

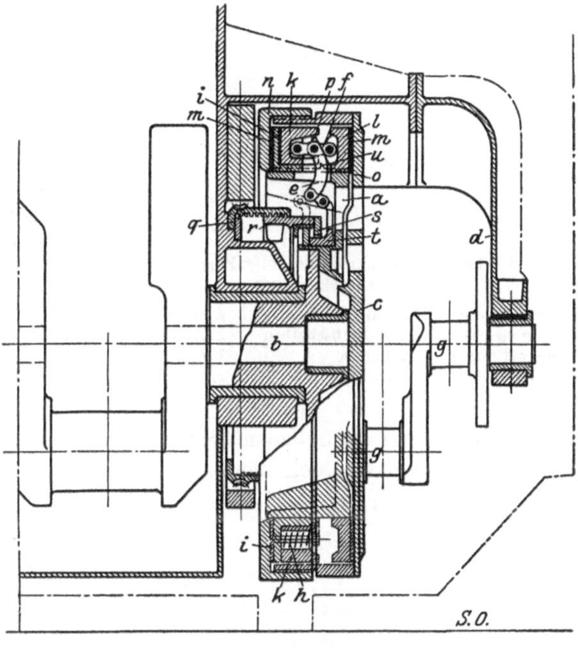

Abb. 18. Reibungskupplung Lohmann und Stolterfoht. (Organ f. d. Fortschritte des Eisenbahnwesens 1927, S. 41.)

Die Reibbeläge lassen 2 mm Abnutzung zu.

Wenn diese Kupplung auch größere Leistungen zu übertragen vermag, erscheint sie gegenüber der elektromagnetischen Kupplung des Magnetwerks Eisenach reichlich kompliziert. Diese ist in Abb. 17 (Hauptkupplung) und Abb. 19 (Stufenkupplung) dargestellt und arbeitet folgendermaßen (Abb. 19):

Der Strom fließt über Kontakt *a* zur Spule *b*, die erregt wird und

[1] Organ Fortschr. Eisenbahnwes. 1927, S. 39.

magnetisiert den auf der Welle *d* befestigten Magnetkörper *c*. Hierdurch wird die Ankerscheibe *e* gegen die lamellierten Reibscheiben *f* am Magnetkörper *c* und f_1 an der äußeren Hülse *h*, die auf der Zahnradnabe sitzt, gepreßt. Die Ankerscheibe *e* wird an der Büchse *g* und *i* geführt und beim Entkuppeln durch die vier Federn *l* mit einer Gesamtkraft von 680 kg zurückgezogen. Die Längsverschiebung der Ankerscheibe beträgt 8 mm. Die Kupplung läßt wegen der schlechten Kühlung keine Reibung, mit der immer eine Wärmeentwicklung verbunden ist, zu. Sie ist daher so gebaut, daß sie gleich fest anpackt; die Reibungsarbeit muß von der Hauptkupplung geleistet werden.

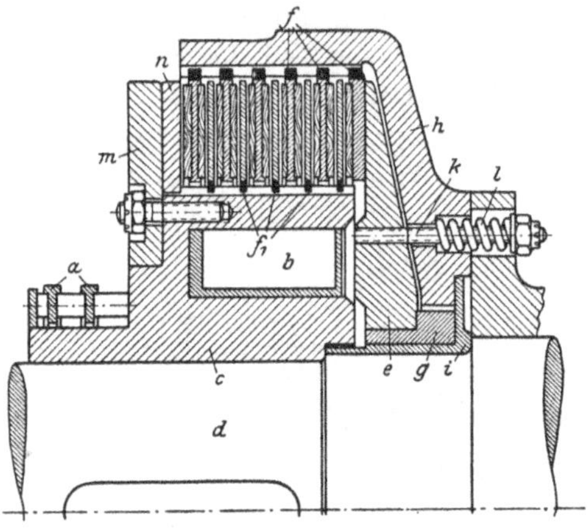

Abb. 19. Elektromagnetische Stufenkupplung. (Z. d. VDI 1927, S. 876.)

a Kontaktringe
b Magnetspule
c Magnetkörper
d Welle
e Ankerscheibe
f, f_1 Reibscheiben
g Büchse
h äußere Hülse
i Büchse
k Bolzen
l Feder
m, *n* Ringe

Die elektromagnetischen Kupplungen sind verhältnismäßig einfach und für große Kraftübertragungen geeignet. Doch bietet auch die Verwendung von Preßöl und Luft gute Ausführungsmöglichkeiten, wie Abb. 20 und 62—74 zeigen.

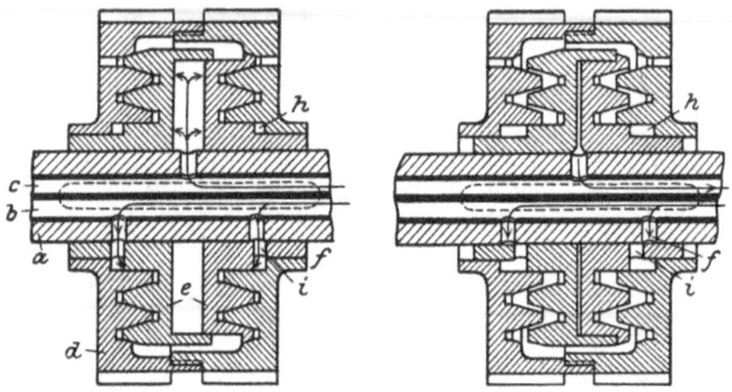

Abb. 20. Öldruckreibungskupplung der Schweizer Bundesbahnen.

a Getriebewelle
b, *c*, *f* Ölkanäle
d Zahnrad mit Kupplungshälfte
e Kupplungshälften
h Zylinderbohrung

Abb. 20 stellt die Öldruckreibungskupplung der Schweizer Bundesbahnen[1] dar und zwar links in gekuppelter und rechts in entkuppelter Stellung.

[1] Schweiz. Bauzg. 1924, S. 86.

Auf der Welle a sind die beiden Kupplungsteile e in Längsrichtung beweglich angeordnet. Der eine Kupplungsteil hat einen zylinderförmigen Ansatz, in welchen der andere Kupplungsteil als Kolben hineinpaßt. Durch die Kanäle b, c und f kann das Drucköl in den Kupplungszylinder geführt werden und auf den Querschnitt der Kupplungshälften wirken. Bei der Längsbewegung wirken die Kupplungsteile selbst als Steuerung dadurch, daß die Kanäle abgedrosselt bzw. geöffnet werden. Zur Vergrößerung der Reibungskraft hat die Oberfläche der Kupplungsteile ringförmige Aussparungen, in die gleiche Erhöhungen der Innenflächen der Zahnräder hineingreifen. Die Ausführung dieser Druckölkupplung ist wegen des kleinen Raumbedarfes bemerkenswert.

Eine gute bewährte Reibungskupplung ist schließlich die mit Druckluft betriebene Reibungskupplung des AEG-Getriebes Abb. 62 links, welche die Kupplungskraft noch durch starke Kniehebelwirkung erhöht. Diese Kupplung ist von großem Vorteil, weil sie dieselbe Luft wie für die Bremszylinder benutzt.

3. Die Verbindung zwischen Treibrad und Getriebe.

Für die Kupplung zwischen Antriebswelle des Getriebes und Treibrad der Lokomotive zum direkten Antrieb kommen besondere Kupplungen in Frage. Diese Kupplungen sind von Bedeutung, weil man einerseits hohe Schwerpunktslage des Motors erzielen, andererseits das Drehmoment fast gleichmäßig auf die Treibachsen übertragen kann.

Die bei diesen Antriebsarten zu überwindenden Schwierigkeiten bestehen darin, daß das Treibrad und der Lokomotivrahmen, wie schon erwähnt, ein zu einander ständig bewegliches System bilden, denn der Antriebsmotor ist fest im gefederten Teil gelagert, während die anzutreibenden Treibräder ihre Lage zum Motor entsprechend dem Federspiele ständig ändern; die Kupplungen müssen daher die Bewegungen der Treibräder vom Zahnrad fernhalten. Für die Lösung dieser Aufgabe sind viele Ausführungen erdacht. Um einen Überblick hierüber zu bekommen, sollen diese Kupplungen danach unterschieden werden, ob zwischen Treibrad und Getriebe entweder a) Spiralfedern tangential, b) Blattfedern radial oder c) Hebelsysteme geschaltet sind.

Bei einer ganz anderen Lösung der Aufgabe wird schließlich die Getriebewelle selbst federnd ausgeführt, so daß auch hier die Bewegungen des Treibrades nicht auf das Getriebe übertragen werden.

a) Kupplungen mit tangentialen Spiralfedern.

Eine bestbewährte Ausführung dieser Kupplungsart ist die in Abb. 21 dargestellte Westinghouse-Federkupplung. Diese sieht Spiralfedern zwischen Vorgelegezahnrad und Triebrad vor, die sowohl in tangentialer als auch radialer Richtung den Bewegungen des Triebrades folgen können, ohne sie an das Getriebe weiterzugeben. Zur Lagerung des Vorgelegezahnrades ist eine Blindwelle vorgesehen, welche die

Abb. 21. Westinghouse-Antrieb. (Engelbert Wist, S. 47.)

Triebradachse umhüllt. Der Rahmen der Lokomotiven ist als Außenrahmen ausgeführt.

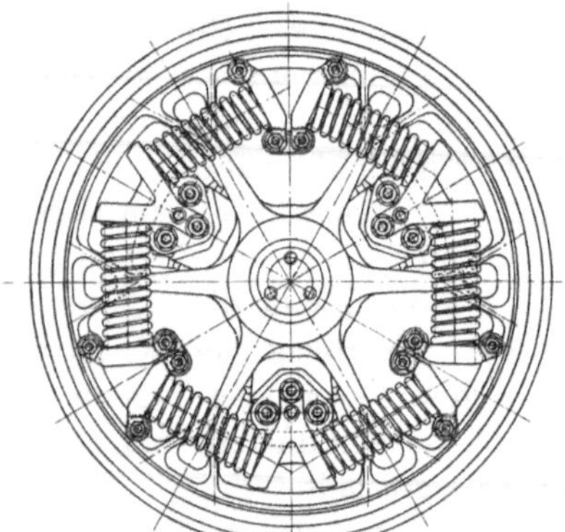

Abb. 22. Hohlwellen-Federkupplung Bauart Sécheron. (Sachs: Elektrische Vollbahnlokomotiven S. 104[1].)

Diese Kupplung erfüllt in vorzüglicher Weise die an sie gestellten Bedingungen, hohe Motorlage mit hoher Drehzahl bei großer Leistung zu gestatten. Eine bemerkenswerte Ausführung dieser Federkupplung ist die Hohlwellen-Federkupplung, Bauart Sécheron (Abb. 22), welche sehr kleine Raddurchmesser zuläßt.

Der viel hervorgehobene Mangel der Kupplung, daß die mechanische Beanspruchung der Spiralfedern (Zug, Druck, Biegung und Verdrehung) zu verwickelt sei und Federbrüche nach sich ziehe, ist auf verschiedene Art beseitigt worden.

Die AEG bietet eine solche Kupplung (Abb. 23 und 24) z. B. in ihrem Kleinow-Westinghouse-Antrieb, bei welchem die Federn nur

[1] Berlin: Julius Springer. 1928.

auf Druck beansprucht werden. Dazu wird die Feder in eine Hülse gelegt, die das Zusammendrücken der Feder gestattet, und die auf Gleitflächen im Treibrade in radialer Richtung gleiten kann. Die Kupplungsfedern fallen daher sehr klein aus, und ein Federbruch ist so gut wie ausgeschlossen. Die Einzelteile der Kupplung sind in Abb. 24 ersichtlich.

Abb. 23. Einzelachsantrieb der AEG mit Kleinow-Westinghouse-Antrieb.

b) Kupplung mit radialen Blattfedern.

Für die Kupplung mit radialen Blattfedern ist die Ausführung der AEG-Schnellbahn Marienfelde-Zossen ein Beispiel (Abb. 25).

c) Kupplung mit Hebelsystemen.

Die Kupplungen zwischen Treibrad und Vorgelegewelle mit Hebelsystemen sind zahlreich. Die älteste dieser Kupplungen ist die in Abb. 26 dargestellte Kupplung von Ganz & Co., aus der die anderen Kupplungen abgeleitet worden sind. Die Kupplungen unterscheiden sich daher im Prinzip nicht voneinander: jede Bewegung des Treibrades

Abb. 24. Einzelteile zum Kleinow-Westinghouse-Antrieb.

relativ zur Getriebewelle wird vom Hebelsystem in Hebeldrehung umgewandelt, und das Drehmoment wird als Zug- und Druckkräfte mit Stangen und Kurbelzapfen vom Zahnrad auf das Treibrad übertragen.

An der Kupplung nach System Oerlikon (Abb. 27) ist diese Drehmomentübertragung erkenntlich. Bewegen sich z. B. in Abb. 27 a die

Drehzapfen *a* des Treibrades *t* bei einem Schienenstoß nach oben, so drehen die Stangen *b* die Doppelhebel *c* um den im Zahnrad befestigten Bolzen *d*, so daß die Stoßbewegungen vom Bolzen *d* (Abbild. 27 b) und damit vom Getriebe ferngehalten werden. Hat

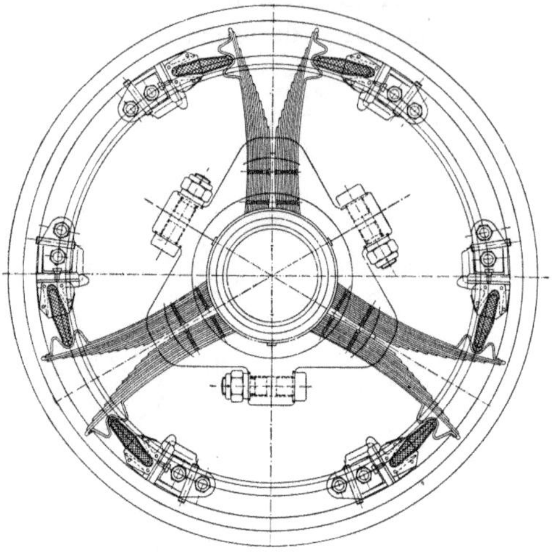

Abb. 25. Kupplung zwischen Treibrad und Zahnradwelle der AEG-Schnellbahn Marienfelde-Zossen. (Sachs: Elektrische Vollbahnlokomotiven, S. 78.)

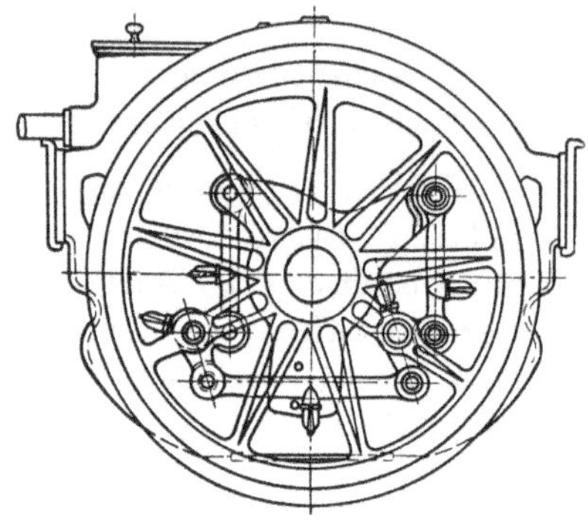

Abb. 26. Treibstangenkupplung von Ganz. (Seefehlner: Elektrische Zugförderung. 2. Aufl. S. 244.)

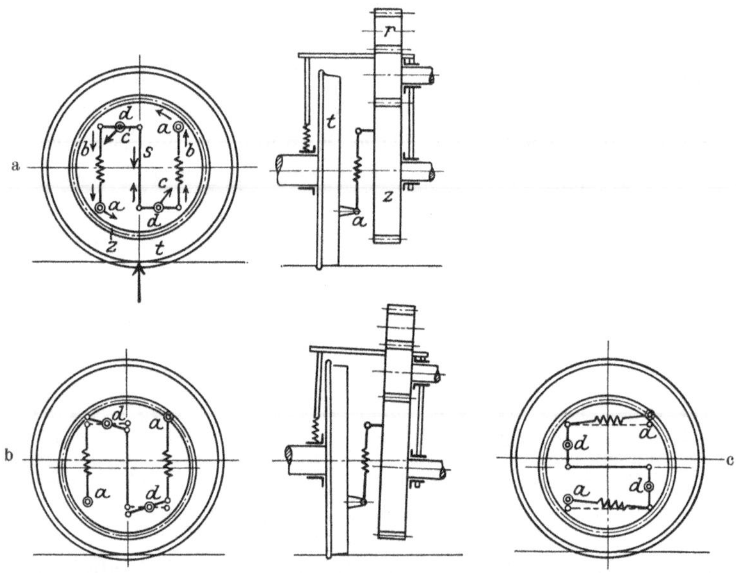

Abb. 27 a—c. Treibstangenkupplung der Maschinenfabrik Oerlikon.

sich das Treibrad um $^1/_4$ gedreht (Abb. 27 c), so werden um die Punkte *a* die Hebel *b* gedreht, so daß auch in dieser Lage die Stoßbewegungen des Treibrades nicht auf das Getriebe übergehen.

Die Übertragung des Drehmomentes ergibt sich nach Abb. 27 a wie folgt: Die Bolzen *d* versuchen die beiden Doppelhebel *c* in Pfeilrichtung mitzunehmen. Die an den einen Arm des Doppelhebels *c* angelenkten

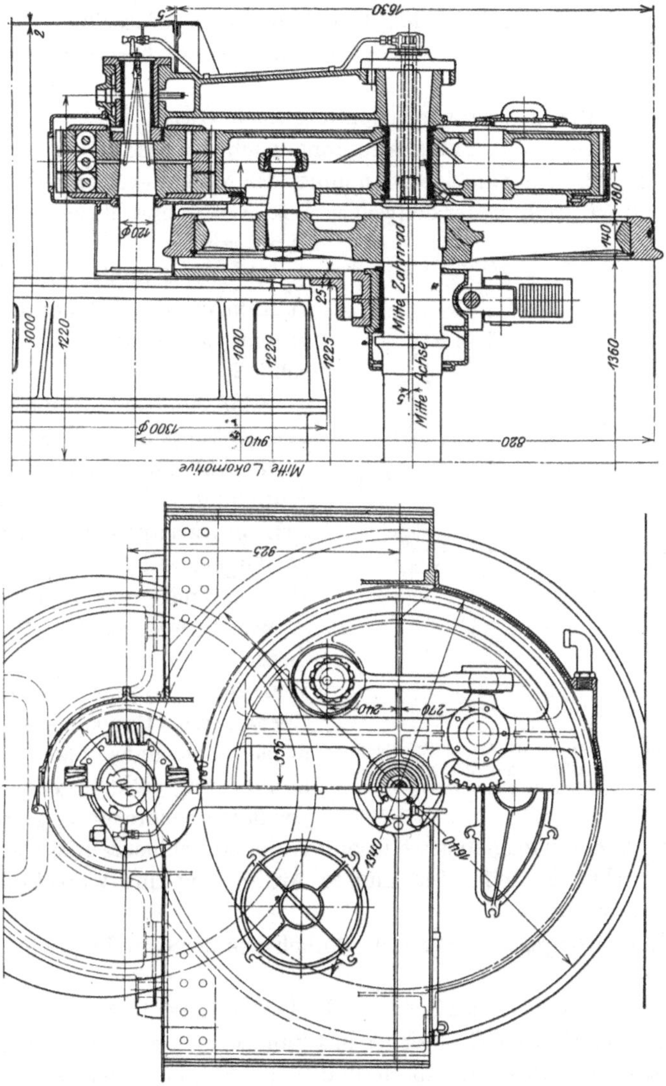

Abb. 28. Buchli-Kupplung. (Engelbert Wist, S. 53.)

Stangen *b* finden Widerstand in den Bolzen *a*, und damit versucht jeder Doppelhebel *c* sich um den Drehpunkt *d* zu drehen. Da nun aber beide Doppelhebel *c* an einer und derselben Stange *S* angelenkt sind und die Doppelhebel *c* sich in entgegengesetzter Richtung drehen, heben sich die Drehbewegungen auf oder können, besser gesagt, abgesehen von der Elastizität, nicht zustande kommen, wenn die Drehmomente der beiden Doppelhebel einander gleich sind. Damit wird aber die Kupplung zwischen Zahnrad *z* und Triebrad *t* starr.

Dieses Prinzip ist bei allen Hebelkupplungen dasselbe. Von den vielen Ausführungen sollen nur die Hauptvertreter besprochen werden und zwar:

Abb. 26. Die Treibstangenkupplung nach Ganz.

Abb. 28. Die Treibstangenkupplung nach Buchli.

Abb. 27, 32. Nachgiebige Kupplung der Maschinenfabrik Oerlikon.

Abb. 30. Kupplung der Schweizer. Lokomotiv- und Maschinenfabrik Winterthur.

Abb. 31. Kupplung der Forges et Ateliers de Construction Electriques de Jeumont,

schließlich

Abb. 29a und b: die Treibstangenkupplung nach Siemens.

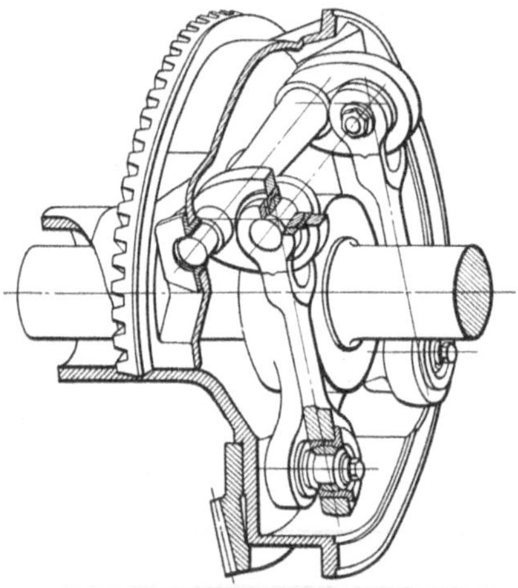

Abb. 29a. Schema der Siemens-Kupplung. (Organ f. d. Fortschritte des Eisenbahnwesens 1928, S. 387.)

In Abb. 26 ist die älteste der Kupplungen (1900), die Treibstangenkupplung von Ganz wiedergegeben, aus der die übrigen Treibstangenkupplungen entwickelt worden sind. Wird in dieser Abbildung z. B. jeder Winkelhebel durch Doppelhebel ersetzt, der Doppelhebel links unten nach links oben verlegt und die wagerecht liegende Kuppelstange senkrecht angeordnet, so entsteht die nachgiebige Kupplung der Maschinenfabrik Oerlikon Abb. 27. Abb. 32 stellt eine andere Ausführung mit Viereckrahmen und Kulissenführung dar.

Die Buchli-Kupplung läßt sich ähnlich aus der Kupplung von Ganz entwickeln.

Wie aus Abb. 28 ersichtlich ist, bildet die Buchli-Kupplung ein symmetrisches Hebelwerk, welches mit Zahnsegmenten ineinandergreift. Das Vorgelege ist fliegend außerhalb des Innenrahmens der Lokomotive angebracht. Der dabei erzielte Gewinn an Raum für Ankerbreite geht jedoch zum größten Teil mit dem Achslager wieder verloren. Eine Leistungssteigerung des unterzubringenden Motors durch Verlängerung des Ankers kann also fast nicht erzielt werden. Die Buchli-Kupplung arbeitet aber mit einer dauernden Mittelpunktsüberhöhung des Zahn-

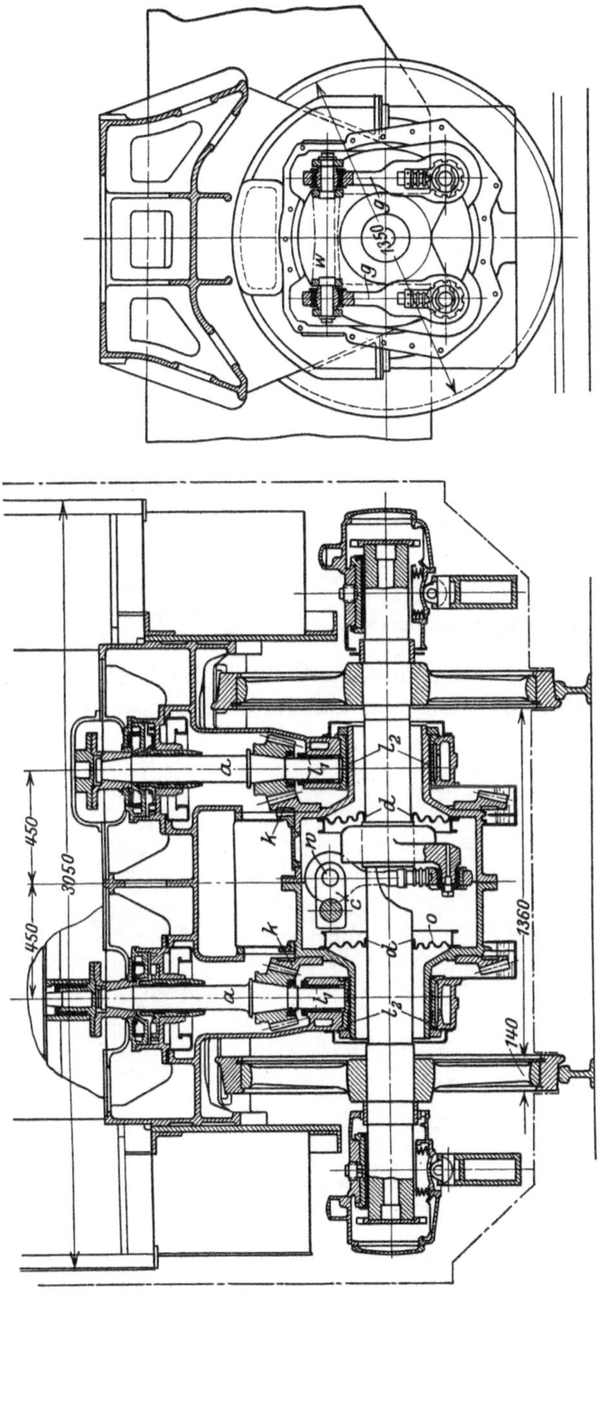

Abb. 29 b. Vertikalantrieb mit Treibstangenkupplung von Siemens. (Organ f. d. Fortschritte des Eisenbahnwesens 1927, S. 501.)
a Motorwelle. *c* Hebel der Gelenkkupplung. *d* Dichtungsstellen. *g* Stangen für Gelenkkupplung. *k* Kegelräder. *l* Lagerstellen. *o* Dichtungsblech. *w* Welle für Gelenkkupplung.

rades gegenüber dem Triebrade, so daß bei gegebener Zentrale ein größerer Ankerdurchmesser angewendet werden kann, wenn die höchste Ankerumfangsgeschwindigkeit (50—60 m/sek) noch nicht erreicht ist. Andererseits vergrößert jedoch die Mittelpunktserhöhung den Mindestdurchmesser des Ritzels. Dadurch ist nur eine kleinere Übersetzung für das Getriebe als bei der Westinghouse-Kupplung möglich; der Verwendungsbereich des Buchli-Antriebes wird daher hauptsächlich auf Schnellzuglokomotiven begrenzt.

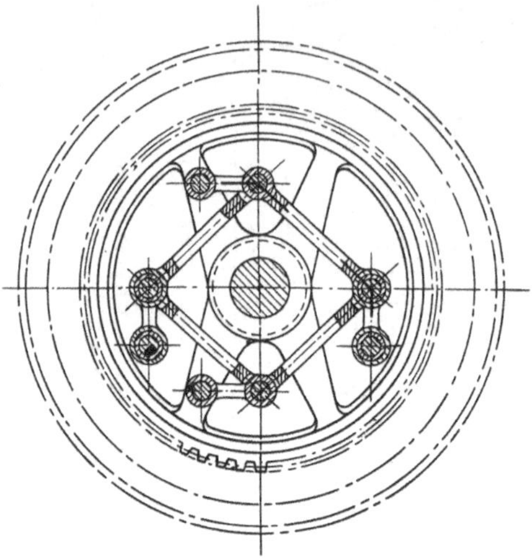

Abb. 30. Gelenkkupplung der Schweizer. Lokomotiv- und Maschinenfabrik Winterthur.
(Sachs: Elektr. Vollbahnlokomotiven, S. 106.)

Bei der Siemens-Kupplung (Abb. 29a, b) wird der Doppelhebel c der Buchli-Kupplung als einarmiger Hebel um 90° in die Radebene gedreht und die bei Buchli im Zahnrad befestigten Drehzapfen d werden zu einer Welle w vereinigt, welche bei der Übertragung des Drehmomentes auf Verdrehung beansprucht wird.

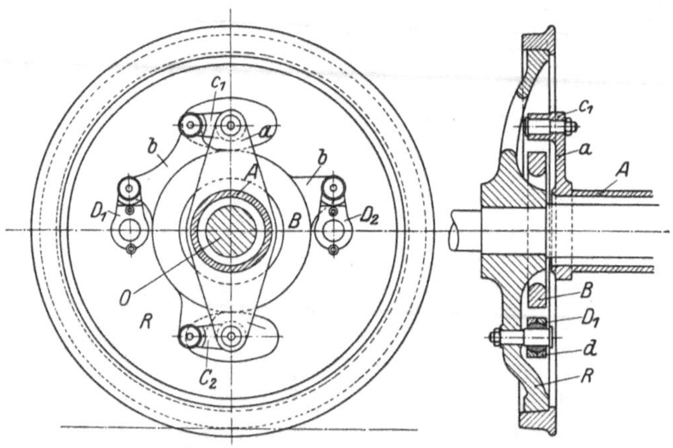

Abb. 31. Gelenkkupplung der Forges et Ateliers de Construction de Electriques de Jeumont.
(Sachs: Elektr. Vollbahnlokomotiven, S. 106.)

Die Kupplung der Schweizer. Lokomotiv- und Maschinenfabrik Winterthur (Abb. 30) und die Gelenkkupplung der „Forges et Ateliers de Constructions Electriques de Jeumont“ (Abb. 31) verwenden je zwei um 90° versetzte Hebelpaare, von denen ein Hebelpaar mit dem Zahnrad und das andere mit dem Treibrad verbunden ist. Die Verbindung der Hebel wird bei der Abb. 30 mit einem ge-

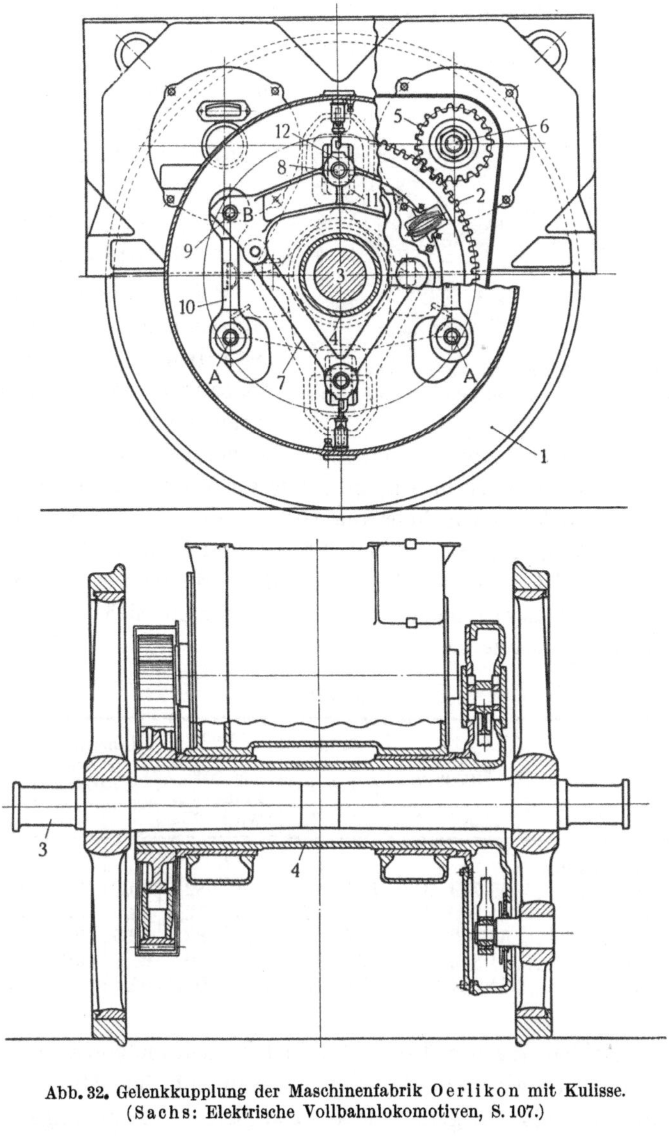

Abb. 32. Gelenkkupplung der Maschinenfabrik Oerlikon mit Kulisse. (Sachs: Elektrische Vollbahnlokomotiven, S. 107.)

lenkigen Vierecksrahmen und bei Abb. 31 durch eine mit 4 Lappen *b* versehene Scheibe *B* erreicht. Beide Firmen haben diese Kupplung auch mit Kulissenführung an Stelle der Hebelpaare durchgeführt. Bei einer anderen Ausführung der Universalkupplung[1] verwendet die Schweizerische Lokomotiv- und Maschinenfabrik Winterthur die Treibachse selbst als Kulisse für die eine Bewegungsrichtung.

d) Kupplung durch Torsionswelle.

Für die Ausbildung der Getriebewelle aus Federstahl als Verdrehungs- und Biegungsfeder sei schließlich die Ausführung nach Klien-Lindner (Abb. 33) angeführt.

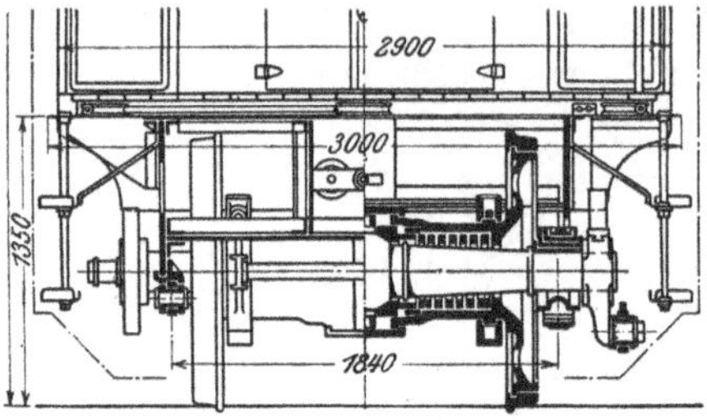

Abb. 33. Hohlachse Klien-Lindner. (Seefehlner, El. Zugförderung, 2. Aufl. S. 303.)

e) Vergleich der Kupplungen.

Bei der Beschreibung der einzelnen Antriebe, wie Parallelkurbelgetriebe und Einzelachsantrieb wurde auf die technischen Vor- und Nachteile der einzelnen Antriebe eingegangen. Da die beschriebenen Antriebe sich alle praktisch bewährt haben, gibt nur die Wirtschaftlichkeit der Anordnung einen Vergleich über die Güte. Über die Kilometerleistung, die Unterhaltungskosten und den Strom- und Schmierölverbrauch der Lokomotiven ist von der Schweizerischen Bundesbahn[2] statistisches Zahlenmaterial zusammengestellt, aus welchem sich für 1925 etwa folgende Prozentsätze errechnen lassen:

Zahlentafel 2.

	Jahreskilometer		Stromverbrauch je Lok.-km		Stromverbrauch je 1000 Brutto-tkm		Schmierölverbrauch je 1000 tkm		Unterhaltungskosten	
	km	%	kWh	%	kWh	%		%		%
Einzelachsantrieb:										
Westinghouse . . .	98 713	192	10,3	80	40,4	82	60,3	97,4	42,4	125
Sécheron	84 900	165	9,0	72	36,6	72,3	58,9	95,5	16,5	48,7
Buchli	53 400	104	10,6	82	41,7	83,7	62,5	102	24,9	73,7
Stangenantrieb . .	51 343	100	12,9	100	49,3	100	61,8	100	33,8	100
„	64 284	125	13,0	101	47,1	95,7	85,1		41,0	121

Diese Zahlen lassen selbstverständlich keinen endgültigen Vergleich zu, jedoch sicher erkennen, daß Einzelachsantriebe 30—50% wirtschaftlicher arbeiten als Stangenantriebe. Die gleichen Erfahrungen sind in Amerika gemacht worden.

---

[1] Organ Fortschr. Eisenbahnwes. 1928, S. 386, Abb. 2 u. 3.
[2] El. Bahnen, 1927, S. 200.

4. Kupplungen im Getriebe, um Stöße fernzuhalten und Schwingungsarbeit zu vernichten.

Die im Getriebe auftretenden Stöße können, wie schon ausgeführt, in der Längenänderung der Treib- und Kuppelstangen, im Wechsel der Stangenkräfte bei pulsierendem Drehmoment und schließlich im wechselnden Drehmoment selbst ihre Ursache haben. Zusammenfall der Wechselzahl der Eigenschwingung des Getriebes mit der Wechselzahl der Erregerschwingungen kann jedoch zu zerstörenden Schwingungskräften führen.

Um die Getriebeteile (z. B. Lager oder Zähne) vor derartigen Kräften zu schützen, werden deshalb Federungen und Rutschkupplungen eingebaut, die nachstehend kurz betrachtet werden sollen.

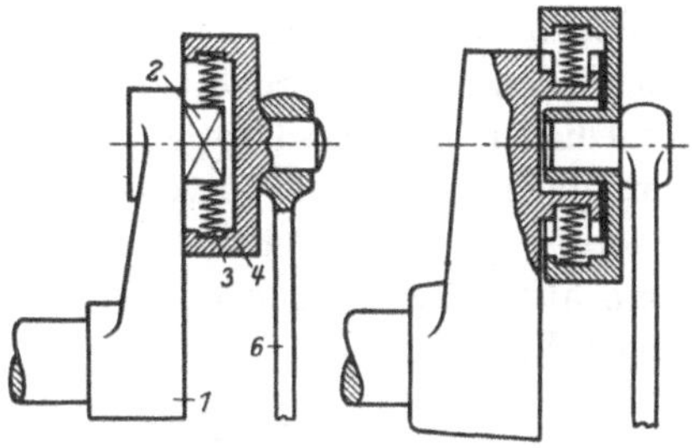

Abb. 34a u. b. Federung in der Treibstange Patent Klump. (D. R.-Patent 418677.) *1* Kurbelarm, *2* Kurbelzapfen, *3* Feder, *4* Federkasten, *6* Kuppelstange.

Nach Abb. 34 (Patent Klump Nr. 418677) wird die Federung in der Treibstange angeordnet, und die Zwängungen und Zerrungen der Treibstange können so vom Lager ferngehalten werden.

Abb. 35. Federung im großen Zahnrad.

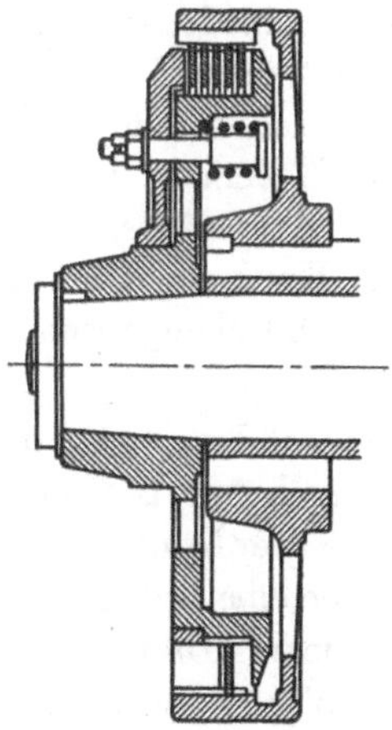

Abb. 36. Rutschkupplung im großen Zahnrad.

Nach Abb. 35 sind im großen Zahnrad Federungen vorgesehen, um die Wirkung des pulsierenden Drehmomentes zu mildern. Nach den gemachten Erfahrungen ist diese Anordnung jedoch ungünstig. Federungen im Ritzel nach Abb. 28 fallen bedeutend kleiner aus und sind erfahrungsgemäß besser geeignet, als Federungen im Zahnrad.

Während so Federungen das pulsierende Drehmoment, also die in die Federung hineingegebene Arbeit verlustlos weitergeben, ist dies bei Rutschkupplungen nicht der Fall. Die Rutschkupplung soll im Gegensatz zur Federung die hineingegebene Arbeit (z. B. Schüttelschwingung) vernichten, um die Lager vor Erschütterungen zu schützen. Ein Beispiel für eine Rutschkupplung ist in Abb. 36 dargestellt.

Sollen die Vorteile der Federungen und Rutschkupplungen miteinander vereinigt werden, so ist darauf zu achten, daß die Wirkungen der Glieder sich nicht gegenseitig hindern. Federungen und Rutschkupplungen sind daher in verschiedenen Getriebeteilen einzufügen, z. B. Federung im Ritzel, Kupplung im Anker. Nach den in letzter Zeit gemachten Erfahrungen ist jedoch den Rutschkupplungen nur ein geringer Wert beizulegen.

IV. Zahnräder.

1. Allgemeines.

Neben Wellen, Kupplungen und Stangen sind Zahnräder fast in jedem Fahrzeuggetriebe vorhanden. Die Theorie der Zahnräder kann hier naturgemäß nicht behandelt werden, aber ihre Anwendung im Fahrzeuggetriebe soll kurz durchgesprochen werden.

Zahnräder sind eines der wichtigsten Getriebeelemente und haben die verschiedensten Zwecke zu erfüllen, die sich ungefähr wie folgt einteilen lassen:

a) Herabsetzung hoher Drehzahlen durch Stirnradvorgelege,

b) Kreuzung von Achsen mit oder ohne Drehzahl-Herabsetzung durch Kegelräder,

c) Kreuzung von Achsen und Herabsetzung hoher Drehzahlen mit dem Schneckengetriebe.

2. Stirnräder.

Stirnräder werden im einfachen und doppelten Vorgelege zur Herabsetzung hoher Drehzahlen verwendet.

Die mechanische Beanspruchung dieser Vorgelege ist im Bahnbetriebe eine bedeutende. Damit hängt ein großer Verschleiß der Zähne zusammen. Dieser Verschleiß wird sehr stark vergrößert, wenn Staub oder Wasser zwischen die Zähne gelangt, weil der Staub die Zähne abschleift und das Wasser das Schmiermittel verdrängt. Es ist also unbedingt notwendig, Zahnrädervorgelege mit öl-, staub- und wasserdichten Schutzkästen zu versehen (s. Abb. 43, 44, 48, 49, 53, 54).

Die Wichtigkeit dieses Schutzes geht genügend aus Abb. 37 hervor. Weiter wird dies bestätigt durch die Feststellung Professor Kammerers[1], wonach der Wirkungsgrad durch Abnutzung bei einem einfachen

[1] Kammerer: Maschinenbau, Gestaltung 1923, S. 80.

Vorgelege von 98 auf 88% fällt. Um die Abnutzung möglichst klein zu halten, wird daher durch Härtung eine glasharte Oberfläche bei weichem Zahnkern angestrebt. Außerdem wird die Abnutzung nach dem Verfahren von Maag, AEG[1] und Krupp durch bestimmte Bemessung der Zahnkopfhöhe verkleinert.

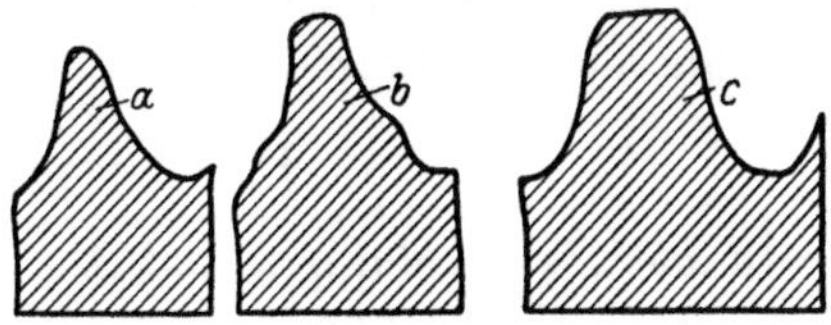

Abb. 37. Abnutzung Kruppscher Straßenbahn-Zahnräder.
a nach 38000 Wagenkilometer nicht gehärtet Modul 6
b „ 55000 „ „ „ „ „ 8
c „ 60000 „ „ gehärtet „ 8.

Neben dem eben Besprochenen ist noch die Stellung der Zähne von Wichtigkeit. Bei geraden Zähnen werden die Zähne bei Eingriff gleich voll belastet. Ebenso erfolgt sofortige Entlastung am Ende des Eingriffes. Sind also kleine Bearbeitungsfehler der Zähne vorhanden, so prallen die Zähne beim Eingriff aufeinander, und einige Zähne werden mehr belastet als andere. Dadurch tritt starker Verschleiß und große Biegungsbeanspruchung der einzelnen

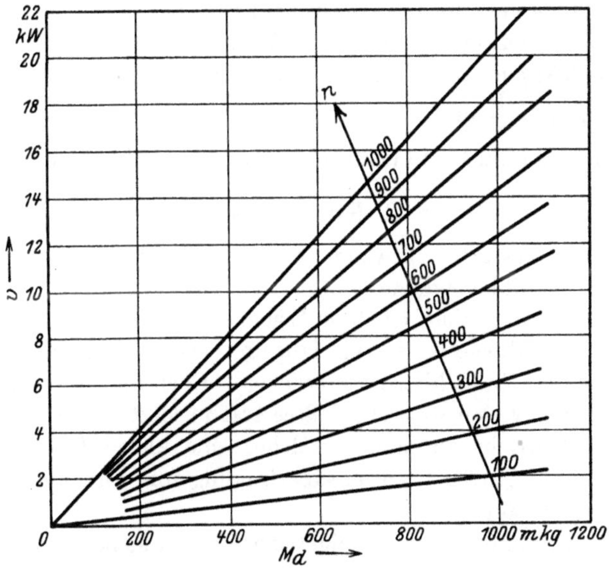

Abb. 38. Schaubild zur Bestimmung der Zahnradverluste.
v = Verluste in kW. Md = Motordrehmoment an der Ritzelwelle. n = Drehzahl an der Ritzelwelle.

Zähne ein, und die hierbei notwendige Formänderungsarbeit ist einerseits ein Verlust, andererseits die Ursache für stärkere Schüttelschwingungen und starke Geräusche. Vermeiden lassen sich diese Unannehmlichkeiten durch Anordnung von Schräg-, Pfeil- oder Doppel-

[1] Sonderheft der AEG: „AEG-Zahnräder für Bahnbetriebe".

pfeilzähnen. Bei schnellaufenden Getrieben, z. B. Turbogetrieben, werden daher auch nur Pfeil- oder auch Schraubenräder verwendet, bei welchen die Achsialkräfte aufgehoben werden.

Den Leistungsverlust für Stirnräder kann man nach Tallquist[1] ungefähr aus der Formel

$$V = \frac{0{,}0\ 206 \cdot n \cdot M_d}{1000}\ \text{kw}$$

bestimmen, wenn darin n und Md (mkg) für die Ritzelwelle gilt. In Abb. 38 ist ein Schaubild entwickelt, aus welchem diese Verluste für verschiedene Md und n entnommen werden können.

Für eine überschlägliche Bemessung der Zahnräder kann man setzen:

$p = \frac{P}{b}$, wenn p lineare Pressung/cm,

b = Zahnbreite und

P der Zahndruck in kg ist.

Für p kann gewählt werden:

150—160 kg/cm auf Dauerleistung bezogen[2],

300—350 kg/cm auf normales Anfahrmoment bezogen,

400—500 kg/cm auf Höchstanfahrmoment bezogen, bei der Reibungsgrenze $f = \frac{1}{3}$ und

600—1000 kg/cm bei Eingriff in die Zahnstange bei Zahnradbahnen[3].

3. Kegelräder.

Kegelräder gestatten Anwendung von gekreuzten Achsen bei gleichzeitiger Drehzahlübersetzung.

Für den Fahrzeugbau ist diese Eigenschaft von größter Bedeutung, und die Zahnradtechnik ist seit langem bestrebt den Kegeltrieb für Fahrzeuggetriebe brauchbar zu entwickeln. Doch die zu überwindenden Schwierigkeiten waren so groß, daß es erst in letzter Zeit gelungen ist, ein Kegelradgetriebe zu bauen, welches eine kleine Übersetzung bei verhältnismäßig großer Leistungsübertragung und annehmbarem Wirkungsgrad gestattet.

Die bei Anwendung des Kegelgetriebes vorhandenen unangenehmen Eigenschaften sind:

a) Auftreten des Achsialschubes.

Nach Abb. 29b, 49 wird dieser dadurch aufgehoben, daß zwei Kegelritzel auf zwei Kegelräder arbeiten, die auf einer Welle entweder mit

[1] Tallquist: Mechanik S. 551.
[2] Siemens-Zeitschrift November, Dezember 1924, S. 444.
[3] Seefehlner: Elektrische Zugförderung 2. Aufl. S. 538.

den Zähnen zueinander oder entgegengesetzt zueinander befestigt sind. Nach Abb. 48 wird ein Schublager angebracht.

b) Das kleine Übersetzungsverhältnis.

Für ungehärtete Zähne kann man höchstens 1:2,5 Übersetzung erzielen; dabei ist bei großem Drehmoment, wie der Zugbetrieb es verlangt, eine Zahnteilung von 18 π bei mindestens 20 Zähnen erforderlich.

c) Wegen der Zahnradteilung und der hohen Zähnezahl des Ritzels ergeben sich große Abmessungen, die oft die Anwendung der Kegelräder unmöglich machen.

d) Gehärtete Kegelräder erhalten wohl günstige Abmessungen, aber die Räder verziehen sich, womit unruhiger Gang verbunden ist. Schleifen ist aber nicht gut möglich, weil die wenigsten Betriebe dafür eingerichtet sind. Nach einem Härteverfahren des Dr.-Ing. Ad. Frey (nach Verkehrstechnik 1925 vom 2. Oktober S. 793) läßt Krupp bei 850° Stickstoff in einem für die Herstellung geeigneten Sonderstahl einwandern, wodurch eine vorzügliche Oberflächenhärtung erreicht wird. Krupp ist es so gelungen, Kegelräder mit dem Übersetzungsverhältnis 1:3,84 bei $\frac{Z_1}{Z_2} = \frac{17}{65}$ mit Kruppschem Sonderstahl von 60—70 kg Festigkeit herzustellen, die einen Wirkungsgrad von 96% aufweisen sollen.

Die unangenehmen Eigenschaften der Kegelräder begrenzen vorerst ihren Verwendungsbereich auf kleine Lokomotiven, Triebwagen und Differentialgetriebe bei Automobilen. Allerdings hat Krupp schon ein Kegelräderpaar für Übertragung von 1200 PS bei einer Diesellokomotive gebaut (s. Abb. 17 und 76).

4. Schneckenräder.

Bei kleinen Leistungen, hohen Übersetzungen und Kreuzung von Wellen werden Schneckenräder angewendet.

Der Anwendungsbereich von Schneckenrädern und Schnecken ist daher ein kleiner, z. B. Grubenlokomotiven (s. Abb. 55/56).

V. Keil und Pendelscheibe.

Der Keil selbst findet im Getriebe meist nur als Verbindungsstück Anwendung, die Pendelscheibe aber, die im Prinzip wie der Keil wirkt, ist für Getriebe von Bedeutung.

Die Pendel- und Taumelscheibe ist eine kreisförmige Scheibe (Abb. 39), welche unter einem bestimmten Winkel α auf einer Welle so befestigt wird, daß der Mittelpunkt der Pendelscheibe mit dem Wellenmittelpunkt zusammenfällt. Der Winkel α zwischen der Projektion der Scheiben- und Wellenmittellinie auf die Zeichenebene kommt im Kräftedreieck zwischen S und N noch einmal vor. Daher ist $S = \frac{P}{\operatorname{tg} \alpha}$ diejenige Kraft, welche mit dem Hebelarm a das Drehmoment $M_d = S \cdot a$ auf die Welle W ausübt. Ist α sehr klein, dann ist tg α sehr klein und S sehr groß (Scheibe ∥ zur Welle). Ist α groß, d. h. annähernd 90^0, dann ist $t_g \alpha$ beinahe unendlich und $S = 0$ (Scheibe ⊥ zur Welle); durch Veränderung des Winkels hat man also ein Mittel, einerseits das Drehmoment, andererseits aber auch den Hub h der Kraft P ∥ zur Welle in weiten Grenzen zu ändern. Diese Eigenschaft der Pendelscheibe findet verschiedene Anwendung, um z. B. 101, 103 bei Flüssigkeits- und Freilaufgetrieben S. 75 mit einem Drehmoment eine Hubkraft parallel zur Wellenachse zu erzielen oder umgekehrt aus einer Hubkraft parallel zur Wellenachse ein Drehmoment um die Welle zu erreichen.

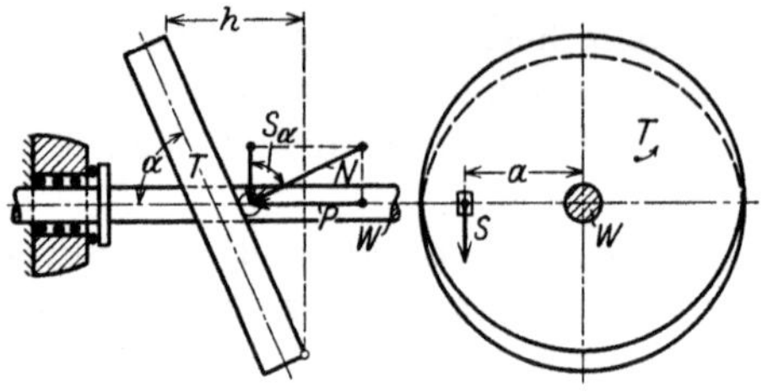

Abb. 39. Pendel- oder Taumelscheibe. Aufriß und Ansicht von rechts.
α Neigungswinkel. N Kraft senkrecht zur Scheibe T. P Kraft in Wellenrichtung. S Kraft senkrecht zur Welle. h Hub.

VI. Maschinen als Fahrzeuggetriebe-Elemente.

Wie schon bei Feststellung des Begriffes „Fahrzeuggetriebe“ ausgeführt ist, sind auch Pumpen, Kompressoren, elektrische Maschinen usw., also ganze Maschinen als Getriebeelemente zu betrachten. Doch diese Getriebeteile mögen im Zusammenhang mit dem Getriebe gebührend behandelt werden; hier sei nur auf sie hingewiesen.

Dritter Teil.

Die Getriebe.

I. Allgemeines, Einteilung.

Die Anzahl der Getriebe ist sehr groß, und es ist nicht möglich, sie alle in dieser Abhandlung zu behandeln; aber die Getriebe können entsprechend ihrer mechanischen oder elektrischen Eigenschaften in Gruppen eingeteilt werden, deren Hauptvertreter die unterschiedlichen Merkmale erkennen lassen.

Entsprechend dem Verhalten der Getriebe gegenüber dem Fahrschaubild könnte man eine Unterteilung machen nach:

einfachen Übersetzungsgetrieben,

Stufengetrieben mit Regelung der Drehzahl der Antriebsmaschine zwischen den Stufen, stufenlosen Getrieben mit Energieverlusten (Drosselung) und schließlich stufen- und verlustlosen Getrieben.

Bei dieser Unterteilung müßten jedoch Getriebe, die sich mechanisch völlig voneinander unterscheiden, deren Charakteristik aber den Fahrschaulinien gegenüber ähnliches Verhalten zeigen, zusammen behandelt werden. Besser ist es wohl, die Getriebe nach ihrem mechanischen Aufbau einzuteilen und ihr Verhalten gegenüber dem Anfahrschaubild daran anschließend zu untersuchen.

Dann ergibt sich folgende Einteilung:

1. Kardangetriebe,
2. Zahnradgetriebe und zwar:
   a) einfache Übersetzungsgetriebe,
   b) Wendegetriebe,
   c) Wende- und Wechselgetriebe,
   d) Zahnrädergetriebe für geteilte Leistungsabgabe.
3. Übersetzungsgetriebe ohne Zahnräder,
4. Getriebe mit mehr oder weniger kompressiblen Mitteln und
5. elektrische Getriebe.

Diese Einteilung soll in nachfolgendem gewählt werden, da sie aber den Begriff geteilte und ungeteilte Leistungsabgabe voraussetzt, ist es zweckmäßig, erst auf geteilte Leistungsabgabe kurz einzugehen.

II. Einfache und geteilte Leistungsabgabe.

Bei Betrachtung des durch das Getriebe fließenden Energiestromes läßt sich erkennen, daß bei ungeteilter Leistungsabgabe (abgesehen von den Getriebeverlusten) die ganze Energie als einheitliches Band von der Welle des Antriebsmotors zum Treibrad fließt, während bei geteilter Leistungsabgabe nur ein Anteil der Energie (wechselbar oder gleichbleibend) jenen Weg fließt und der andere Anteil über ein parallel angeordnetes Getriebe dem Treibrad zugeführt wird. Bei geteilter Leistungsabgabe spaltet sich daher die Energie an der Welle der Antriebsmaschine, fließt verschiedenen Getriebeteilen zu und vereinigt sich schließlich wieder an der Blindwelle oder am Treibrad.

Das Mittel zur Erzielung der geteilten Leistungsabgabe ist grundlegend dasselbe: es müssen zwei Leistungsträger vorhanden sein, welche die Leistungsanteile aufnehmen und weitergeben. Bei rotierenden Triebmaschinen, z. B. Elektromotoren, müssen daher sowohl Ständer als auch Läufer drehbar mit Getrieben verbunden werden. Dabei muß aber vorausgesetzt werden, daß das Drehmoment gleich bleibt. Dies läßt sich bei Flüssigkeits-, Zahnräder- und Gasgetrieben ohne weiteres erreichen. Bei elektrischen Getrieben ist aber ebenfalls die gegenelektromotorische Kraft verhältnisgleich der relativen Drehzahl; ein gleichbleibendes Drehmoment läßt sich daher nur durch entsprechend große Erregung erreichen. Die Formel für die Leistung lautet:

$$N = \text{const}\ Md \cdot n$$

Weiter gilt für jede Kraft und Drehmomentwirkung

Aktion = Reaktion.

Bei jeder Triebmaschine ist also das vom feststehenden Teil auf den drehbaren Teil ausgeübte Drehmoment gleich dem vom drehbaren Teil auf den festen Teil ausgeübten. Ist die Drehzahl eines der beiden Teile gleich 0, so hat man den Fall der ungeteilten Leistungsabgabe vor sich. Sind die Drehzahlen beider drehbaren Teile jedoch größer als 0, so gilt:

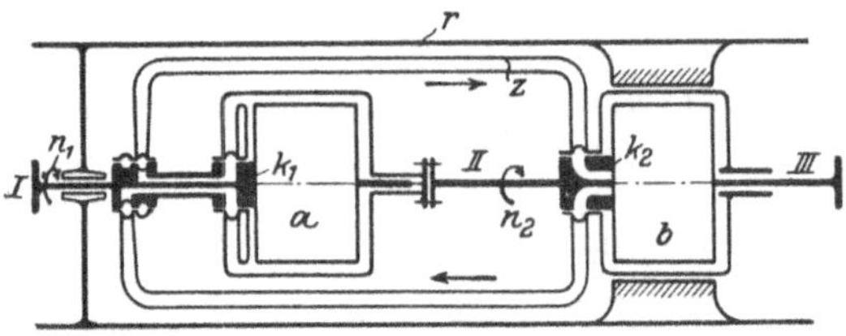

Abb. 40 a. Geteilte Leistungsabgabe nach Flüssigkeitsgetriebe von Schneider (siehe S. 103—111).

Zu Abb. 40 a u. b. *I* Antriebsmotorwelle; *II* Getriebewelle; *III* Sekundärwelle; *a* Primärgetriebe; b Sekundärgetriebe; k_1, k_2 Kollektoren bzw. Drehschieber; m_1, m_2 Primär- bzw. Sekundärfeld; n_1, n_2 Drehzahlen; *r* Rahmen für das gesamte Getriebe; S_1, S_2 Schleifringe; *z* Zuleitung.

$$N_1 = \text{const}\ M_{d_1} \cdot n_1$$
$$N_2 = \text{const}\ M_{d_2} \cdot n_2$$
$$M_{d_1} = M_{d_2}; \quad N_1 + N_2 = N_{\text{I}}, \text{ also}$$

$N_{\text{I}} = \text{const}\ M_d(n_1 + n_2)$, wenn N_{I} die Leistung der Triebmaschine ist. Dabei sind n_1 und n_2 die absoluten Drehzahlen der sich drehenden Teile des Antriebsmotors. Hieraus ist schon ein Vorteil der geteilten Leistungsabgabe ersichtlich: N ist bei gleichem Drehmoment verhältnisgleich der Summe der Drehzahlen, also der relativen Drehzahl. Bei ungeteilter Leistungsabgabe ist N verhältnisgleich der absoluten Drehzahl. Man kann also bei geteilter Leistungsabgabe mit der halben absoluten Drehzahl die gleiche Leistung erzielen wie bei ungeteilter Leistungsabgabe mit der ganzen absoluten Drehzahl ($n_1 = n_2$ vorausgesetzt), oder man kann bei geteilter Leistungsabgabe die doppelte Leistung mit der gleichen Triebmaschine erzielen, wenn die absoluten Drehzahlen von $N_1 = n_2 = n$ der ungeteilten Leistungsabgabe sind.

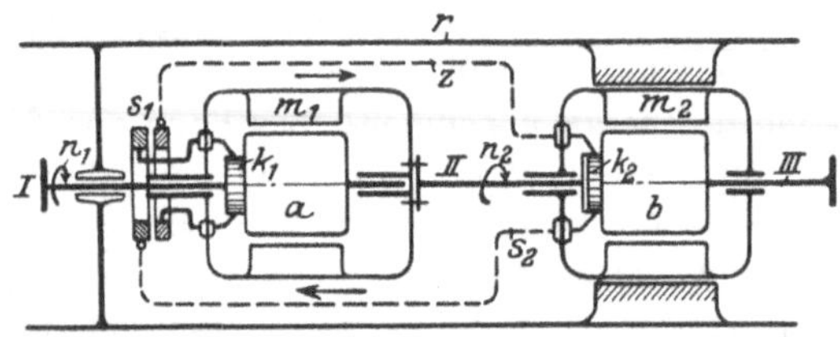

Abb. 40 b. Geteilte Leistungsabgabe für elektrische Übertragung. (S. Abb. 121—123).

In Abb. 40a und b sind zwei Fälle für geteilte Leistungsabgabe dargestellt, wobei Abb. 40a die schematische Anordnung der Flüssigkeitsgetriebe von Schneider und Abb. 40b diejenige der elektrischen Übertragungen mit geteilter Leistungsabgabe ist. Aus beiden Abbildungen ist zu ersehen, daß der Läufer des Krafterzeugers mit dem Öl- bzw. Vergasermotor und der sogenannte Ständer mit dem Treibrad mechanisch verbunden ist.

Für die Leistung abgebende Welle, z. B. Blindwelle, gilt bei verlustlosem Getriebe

$$N_{\mathrm{I}} = N_{\mathrm{II}} = N_1 + N_2 = \mathrm{const} \cdot n_1 \cdot M_{d_1} + N_2 .$$

Da aber $N_2 = \mathrm{const} \cdot n_2 \cdot M_{d2}$ ist, kann man das Drehmoment M_{d2} durch Wahl von n_2 wechselbar an die Blindwelle abgeben: bei großem n ein kleines $M_{d2} = \frac{N_2}{\mathrm{const}\, n_2}$, bei kleinem n_2 ein großes M_{d2} und bei konstantem N_2 eine Änderung von M_{d2} nach der Zugkrafthyperbel: $M_{d_2} = \frac{N_2}{\mathrm{const}\, n_2}$. Die geteilte Leistungsabgabe bietet daher ein Mittel, durch den abgespalteten Energiestrom ein wählbares und wechselbares Drehmoment an die Blindwelle abzugeben, durch $n_2 = o$ auf ungeteilte Leistungsabgabe überzugehen und schließlich, wie schon erwähnt, bei gleicher Motorgröße die doppelte Leistung als bei ungeteilter Leistungsabgabe durch die Verdoppelung der relativen Drehzahl zu erzielen.

III. Das Kardangetriebe.

Das Kardangetriebe ist eine Vereinigung von Zahnrädern, Wellen und Kardangelenken. Der Hauptteil des Getriebes ist das Kardangelenk, welches eine Winkelung der Wellen möglich macht. Die hiermit zusammenhängenden Vorteile werden bei Triebwagen mit Ölmotorantrieb als auch für Straßenbahnen ausgenutzt (Abb. 50—69 und 142, 152).

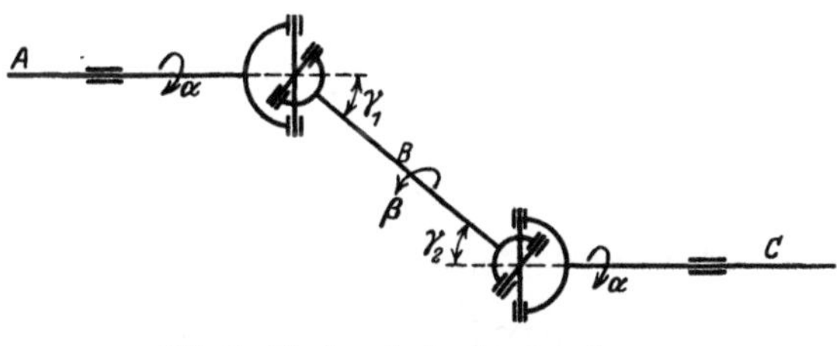

Abb. 41. Kardangelenkwellen-Anordnung. *A* Antriebswelle. *B* Winkelwelle. *C* Abgehende Welle.

Das Kardangelenk (Abb. 41) sieht auf jeder der zu kuppelnden Wellen ein Zapfenpaar vor, welches senkrecht zueinander stehend mit einem Lagerring gekuppelt wird. Abb. 41 zeigt dieses im Prinzip bei einer Winkelung der Wellen A und B um den Winkel γ_1. Die Welle B dreht sich dabei bei konstanter Winkelgeschwindigkeit der Welle A mit dem wechselnden Drehwinkel

$$\mathrm{tg}\, \alpha = \mathrm{tg}\, \beta \cdot \cos \gamma_1 .$$

Dies ist ein Nachteil des Kardangelenkes, der durch nochmalige Winkelung der Welle B gegen die Antriebswelle C um den Winkel γ_2 gehoben werden kann, wobei $\gamma_1 = \gamma_2$ sein muß.

Die Getriebeverluste im Kardangelenk sind nicht bedeutend, weil es sich hier nur um Reibungsverluste der Bolzenlagerung handelt.

Für den Fahrzeugbau ist jedoch hauptsächlich der Platzbedarf und

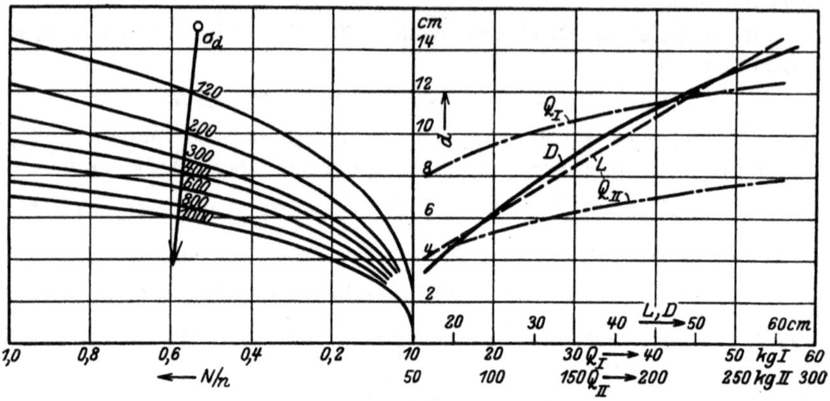

Abb. 42. Gewicht und Platzbedarf für Kardangelenke.
$\sigma_d = k_d$ = zulässige Beanspruchung der Verdrehung. L = Länge des Kardangelenkes. Q = Gewicht des Kardangelenkes. D = Wellendurchmesser.

das Gewicht von Wichtigkeit. Um hierfür einen ungefähren Anhalt zu haben, ist in Abb. 42 dargestellt:

1. links der Wellendurchmesser $d = f\left(\frac{N}{n} \text{ und } \sigma d\right)$ und

2. rechts Kardangelenk: Gewicht und Länge als $f(d)$[1] bei Verwendung der Bamag-Kupplung.

Der Wellendurchmesser für die volle Welle ist für das Schaubild ermittelt aus:

$$M_d = 71\,620 \frac{N_{PS}}{n} \text{ cmkg}.$$

Durch Umformung erhält man:

$$d \cong \sqrt[3]{\frac{360\,000}{\sigma_d} \frac{N}{n}} \text{ cmkg} = \frac{71{,}2}{\sqrt[3]{\sigma_d}} \cdot \sqrt[3]{\frac{N}{n}}.$$

Aus dem Diagramm (Abb. 42) ergibt sich z. B. bei $N = 100$ PS,

$$n = 250\ UpM;\ \frac{N}{n} = 0{,}4$$

und bei $\sigma_d = 400$ für Flußstahl ungefähr

$$D = 28 \text{ cm},\ L = 50 \text{ cm},$$

also in der Ebene senkrecht zu den Wagenachsen ein Platzbedarf von $28 \cdot 30$ qcm, bei einem Gewicht 60—70 kg für ein Kardangelenk.

Wenn auch der Platzbedarf bei Spezialausführung kleiner ausfallen dürfte, so ergibt sich doch, daß das Kardangelenk nur für Lokomotiven

[1] Nach Hütte I. 24. Aufl. S. 1056.

mit kleinen Leistungen und kleinen Drehmomenten in Frage kommt. Der Verwendungsbereich des Kardangelenkes ist daher auf kleine Lokomotiven, Triebwagen und Straßenbahnwagen beschränkt.

IV. Zahnrädergetriebe mit fester Übersetzung.

1. Stirnradvorgelege mit ihren Antrieben.

Das einfachste Zahnrädergetriebe ist das Zahnradvorgelege. Der Zweck dieses Getriebes kann ein verschiedener sein. Meist will man die Drehzahl der Triebmaschine (z. B. Motor oder Turbine) in den für sie günstigsten Drehzahlbereich verlegen, um ein kleines Gewicht, einen kleinen Raumbedarf, geringe Kosten und den besten Wirkungsgrad zu erzielen. Doch versucht man daneben noch verschiedene von der baulichen Ausführung des Fahrzeuges abhängende Bedingungen, wie hohe Schwerpunktslage der Lokomotive usw., durch Zwischenschaltung von Zahnrädern zu erreichen.

Die bauliche Ausführung des Vorgeleges, ob es als Stirnrad-, Kegelrad- oder Schneckenradgetriebe angeordnet werden soll, hängt zum größten Teil von den Gesichtspunkten des Fahrzeugbaues ab. Soll z. B. hohe Schwerpunktslage der Lokomotiven erreicht werden, so muß der Motor hoch gelagert und daher ein zwischen Motor- und Treibachse geschaltetes Vorgelege vorgesehen werden. Genügt jedoch die Anordnung der Motoren in Achshöhe, so führt dies zum Tatzenlagerantrieb. Ist schließlich Kreuzung der Wellen notwendig, so muß der Kegel- und Schneckenradantrieb angewendet werden.

a) Einzelachsantrieb.

Beim Einzelachsantrieb wird der Motor hochgelagert, um einen guten Lauf der Lokomotive zu erzielen. Das notwendige Vorgelege fällt bei den verschiedenen Einzelachskupplungen verschieden aus. Bei dem schon beschriebenen Buchli-Antrieb muß das Vorgelege außerhalb des Treibrades gelagert werden. Aus Abb. 28 ist dies ersichtlich. Dabei wird das Ritzel meist federnd ausgeführt. Beim Westinghouse-Antrieb liegt das Vorgelege innerhalb des Rahmens, und das große Zahnrad ist auf einer Hohlwelle befestigt (Abb. 21, 23), welche die Treibachse mit genügendem Spielraum umhüllt.

Neuerdings sind von den Bergmann Elektrizitätswerken und Linke-Hoffmann-Werken zwei Einzelachsantriebe (Abb. 43, 44) durchgebildet worden, bei welchen durch ein Zwischenzahnrad sehr hohe Motorlage mit größter Drehzahl erzielt wird. Beide Antriebe verwenden die Siemens-Kupplung Abb. 29, und zwar L H L zwischen Treibachse und auf einer Hohlwelle sitzenden Zahnrad und Bergmann zwischen Ritzel und Elektromotor.

Der Bergmann-Antrieb hat zwar so den Vorteil einer kleinen Kupplung, doch den Nachteil des großen ungefederten Gewichtes. Dieser Nachteil äußert sich nicht nur in der großen Lagerbeanspruchung, sondern auch in der starken Beanspruchung des Treibrades, bei welchem sich leicht

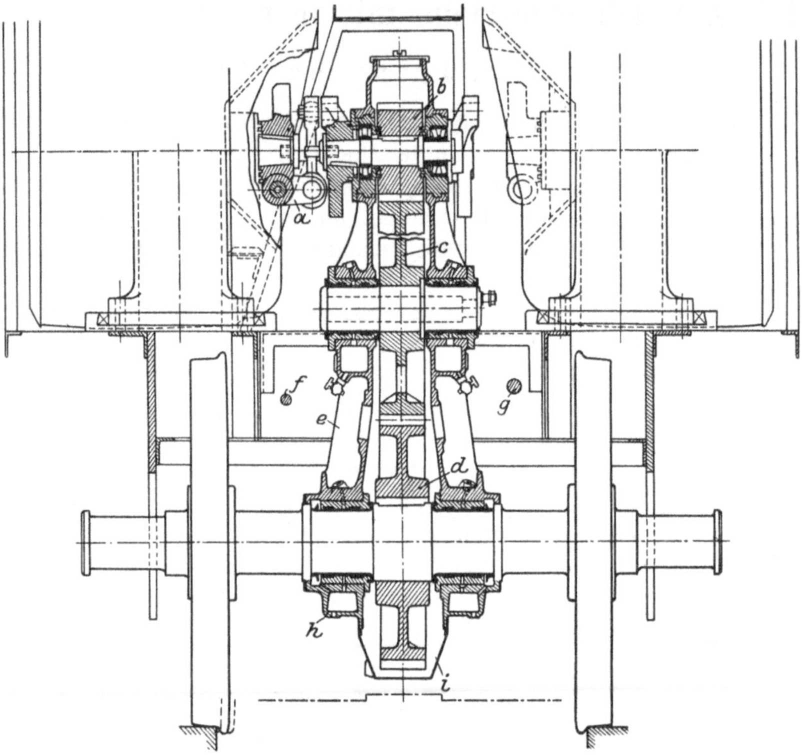

Abb. 43. Antrieb mit Zwischenzahnrad der Bergmann Elektrizitätswerke. (Elektrische Bahnen 1926, S. 211.)
a Gelenkkupplung. *b* Ritzel. *c* Zwischenzahnrad. *d* Achszahnrad. *e* Zahnradkasten. *f* Bremswelle. *g* Steuerwelle. *h* Lagerdeckel. *i* Ölkasten.

Speichenbruch ergeben kann. Der Bergmann-Antrieb wird sich daher wahrscheinlich nicht einführen.

b) Gruppenachsantrieb.

Soll bei Gruppenachsantrieb eine hohe Schwerpunktslage erzielt werden, so ist ein Vorgelege zwischen Antriebsmotor und Blindwelle notwendig. Abb. 12e und f geben hierfür einige ausgeführte Beispiele.

c) Tatzenlagerantrieb.

Der Tatzenlagerantrieb ist bei Vollbahnlokomotiven mit kleineren Geschwindigkeiten in Amerika sehr beliebt und heute in Deutschland

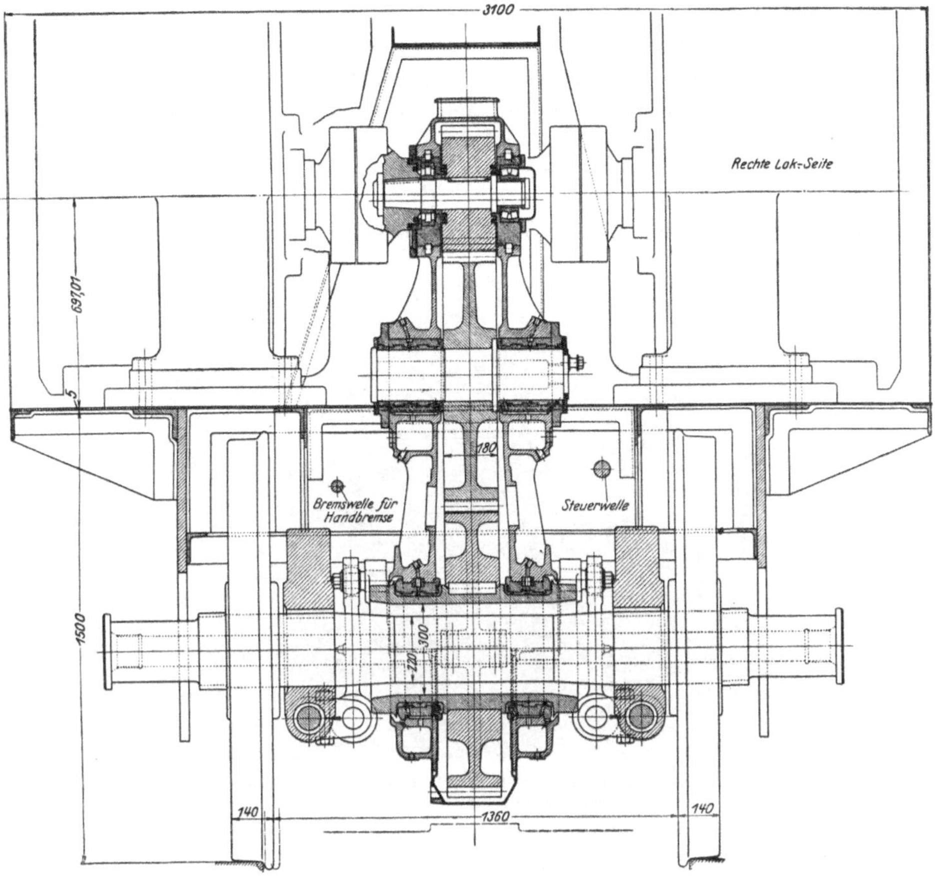

Abb. 44. Antrieb mit Zwischenzahnrad der Linke-Hofmann Werke.
(Sachs: Elektrische Vollbahnlokomotiven S. 128.)

auch für größere Geschwindigkeit ausgeführt worden. Diese Ausführung (Lagerung des Motors in Achshöhe) sieht ein Vorgelege zwischen Motorwelle und Achse vor und macht eine federnde Aufhängung des Motors zum Schutz der Zähne vor den Radstößen notwendig. Dies ist aus Abb. 45 ersichtlich. Hier wird der Motor mit der einen

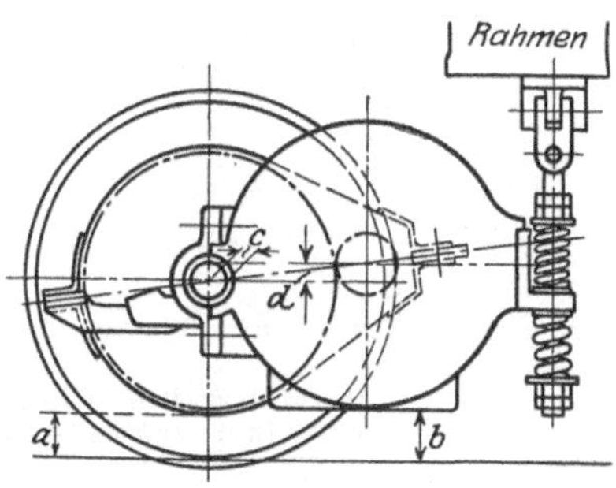

Abb. 45. Tatzenlagerantrieb.

Seite auf der Achse gelagert und mit der anderen Seite federnd im Rahmen aufgehängt. Die günstigste Motoraufhängung ist hierbei die

Aufhängung in der Stoßachse[1]. Diese Anordnung bietet viele Vorteile, doch wird ihre praktische Anwendung wegen der erhöhten Beanspruchung der Schiene durch die ungefederte Masse auf kleinere Geschwindigkeiten und Motorleistungen unter etwa 350—400 kW_{max} beschränkt.

2. Turbinengetriebe und Getriebe für hohe Übersetzungen.

Ein Stirnradvorgelege für hohe Übersetzungen für Turbinenlokomotiven zeigt Abb. 46. Bei der Kruppschen Ausführung wird die hohe

Abb. 46. Zahnradvorgelege für die Kruppsche Turbinenlokomotive. (Kruppsche Monatshefte 1924, S. 131.)

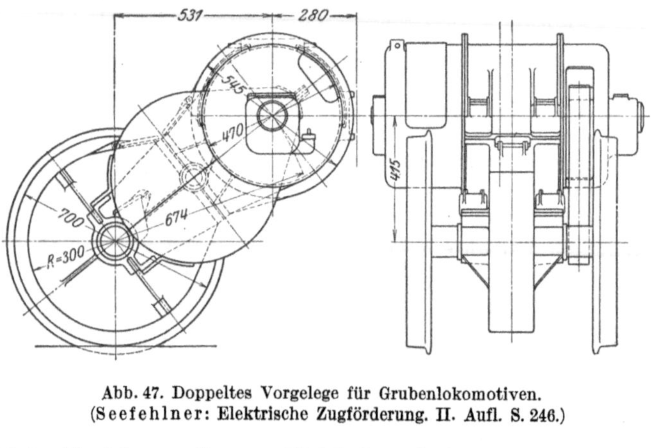

Abb. 47. Doppeltes Vorgelege für Grubenlokomotiven. (Seefehlner: Elektrische Zugförderung. II. Aufl. S. 246.)

Drehzahl der Turbinenwelle von 6800/min auf etwa 300—400/min herabgesetzt bei maximaler Leistungsübertragung von 2800 PS. Ritzel und

[1] Schweiz. Bauzg. 1926, S. 101; EKB 1909, H. 10, S. 181—184.

Zahnkranz bestehen aus naturhartem Kruppschen Spezialstahl. Die bei Gradverzahnung durch den Eingriff entstehenden Geräusche werden durch Schrägverzahnung vermieden, und die sich hieraus ergebenden Achsialkräfte sind durch Anordnung von Zahnradpaaren mit Zähnen entgegengesetzter Schrägung aufgehoben.

Ein Stirnradvorgelege für hohe Übersetzungen bei Grubenlokomotiven zeigt Abb. 47. Hier wird ein doppeltes Stirnradvorgelege notwendig.

3. Getriebe zur Winkelung der Achsen.

Die Anordnung der Fahrzeuggetriebe im Fahrzeug verlangt oft Kreuzung der Wellen. Bei kleiner Übersetzung bis etwa 1:3,5 ist hierfür das Kegelradgetriebe geeignet.

Die Anwendung des Kegelradgetriebes als Kegelradvorgelege mit geringer Übersetzung zeigen Abb. 48, 49, 50, 53, 58, 142, Abb. 17, 69, 76, 140, 141 geben ein Bild über die Anwendungsmöglichkeit des Kegelradgetriebes zur Kreuzung der Wellen im Wechselgetriebe.

Das beim Kegelradgetriebe unangenehme Auftreten des Achsialschubes wird nach Abb. 49[1] dadurch zu beseitigen versucht, daß zwei Ritzel auf zwei auf einer Treibradachse befestigte große Kegelräder arbeiten, die mit den Zähnen voneinander gekehrt auf der Antriebswelle sitzen; nach Abb. 48 wird der Achsialschub von einem Lager aufgenommen.

4. Getriebe mit senkrechtem Achsantrieb.

Der Wunsch, hohe Motorleistung durch Verlängerung des Ankereisens zu erzielen, hat zu senkrechtem Achsantrieb mit Kegelrädern nach Abb. 48 und 49 geführt.

Die Anwendung des senkrechten Kegelradachsantriebes bringt unter Umständen Vorteile durch Vergrößerung der Achsleistung. Demgegenüber stehen aber nach Abb. 48 große Nachteile, wie schwierige Schmierung der Lagerstellen L_1, L_2, L_3, schlechte Abdichtung des Ölschutzkastens bei M_1, Notwendigkeit von schweren Versteifungslaternen, Schwierigkeit im Aufnehmen des Achsialschubes und schließlich die Schwierigkeit der Kegelradherstellung für große Übersetzungen (siehe unter Elemente). Weil die Kegelradabmessungen bedeutend größer sind als diejenigen der Stirnzahnräder, wird die Anwendung des senkrechten Kegelradantriebes gerade bei kleinen Spurweiten, wo die Vergrößerung der Motorleistung zweckvoll ist, nicht möglich. Außer von der S.B.B. ist für die französische Südbahn der senkrechte Kegelradantrieb praktisch durchgeführt. Diese Ausführung (Abb. 49) vermindert wohl den Achsialschub durch

[1] Bulletin de la Société Française des Electriques, Juni 1914, Nr. 36, S. 444.

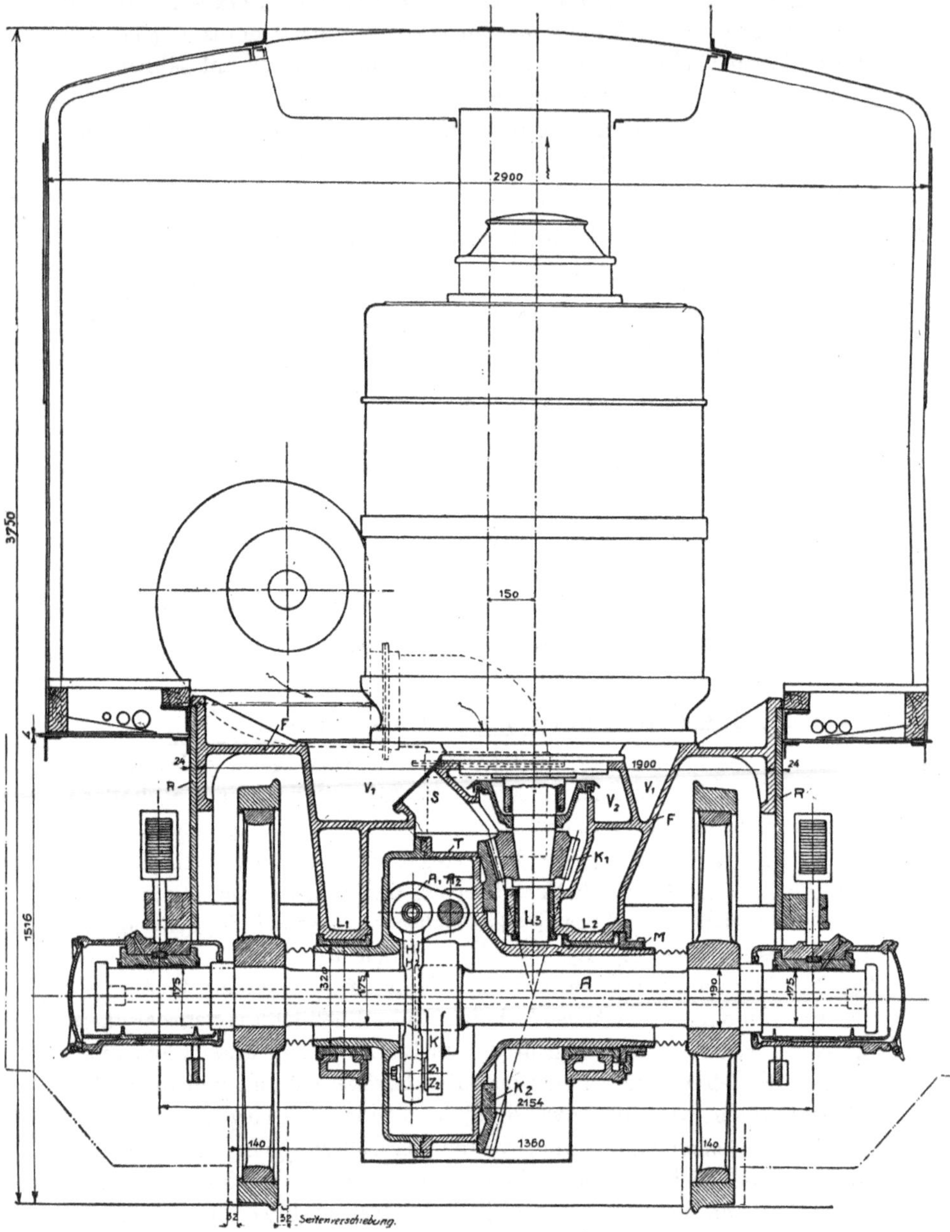

Abb. 48. Senkrechter Achsantrieb bei Schnellzugslokomotiven der Österreichischen Bundesbahnen.
(Sachs: Elektr. Vollbahnlokomotiven, S. 117.)

Antrieb einer Treibachse mit zwei Motoren, ergibt aber eine unübersichtliche bauliche Lokomotivanordnung mit engem Bedienungsgang.

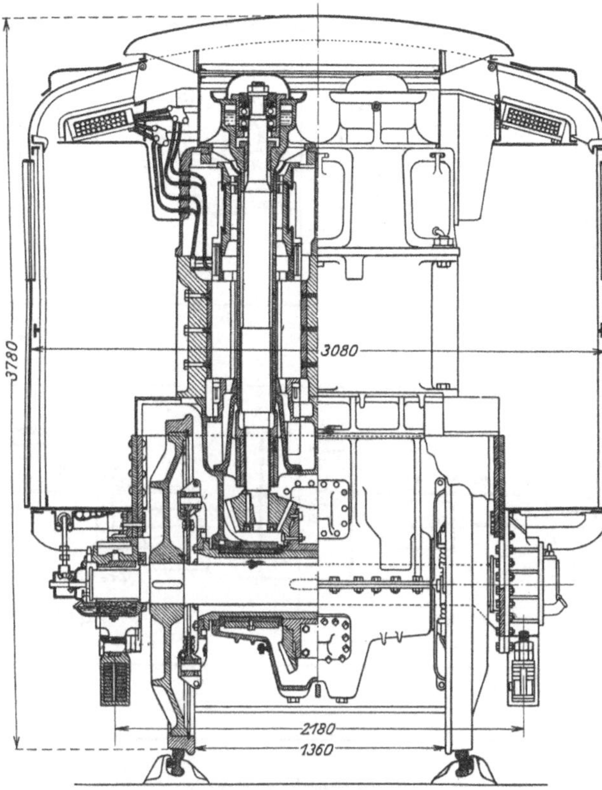

Abb. 49. Senkrechter Achsantrieb bei Schnellzugslokomotiven der Französischen Chemin de fer du Midi. (Sachs: Elektr. Vollbahnlokomotiven, S. 116.)

5. Straßenbahnantrieb mit Kardangelenkwelle.

Bis zum Kriege war der Tatzenlagerantrieb (Abb. 45) die bei Straßenbahnwagen angewendete Antriebsart. Bei dieser Antriebsart belastet der Motor die Antriebsachse mit einem großen Teil seines Gewichtes. Hierdurch wird die ungefederte Masse bedeutend vergrößert, wodurch starke Stoßbeanspruchungen der Räder, des Gleises und des Motors entstehen. Durch die Raumbegrenzung ist weiter die Leistung des Motors begrenzt. Diese Leistungsbegrenzung wird noch erhöht durch die kleine Motordrehzahl, welche dieser Antrieb zuläßt. Ein weiterer Nachteil ist schließlich die schwierige Abdichtung der Zahnradkasten gegen Witterungseinflüsse und Schmutz.

Diese Nachteile führten zur Entwicklung eines neuen Antriebes, ähnlich dem von den Automobilen und Omnibussen bekannten Kardanwellen-Antrieb und, nachdem „Die Denkschrift über neue Wege beim Bau von Triebwagen elektrischer Straßenbahnwagen“ von Direktor

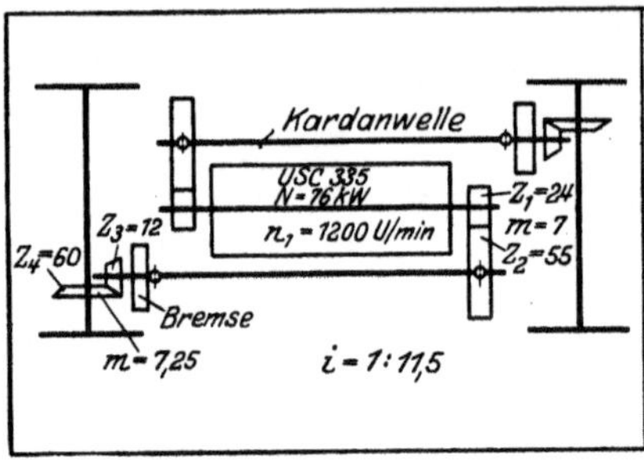

1.

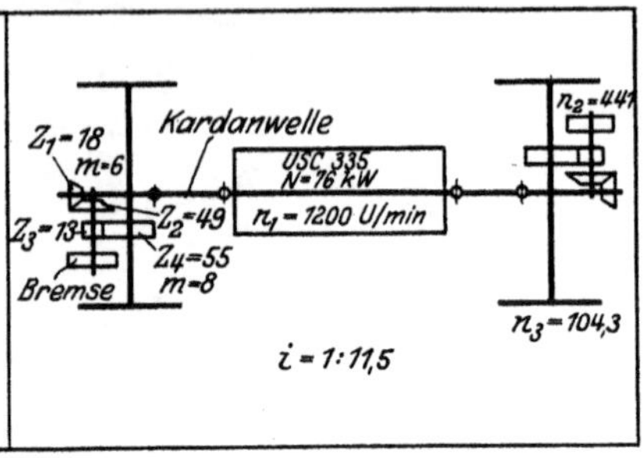

2.

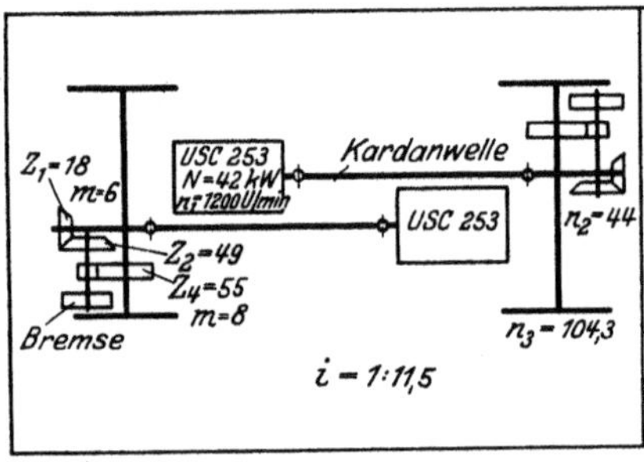

3.

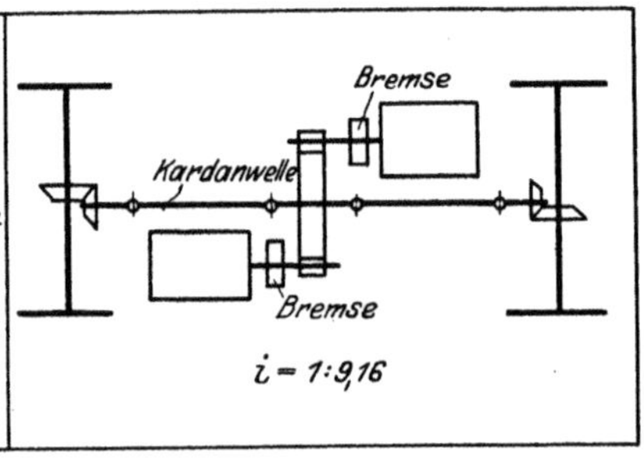

4.

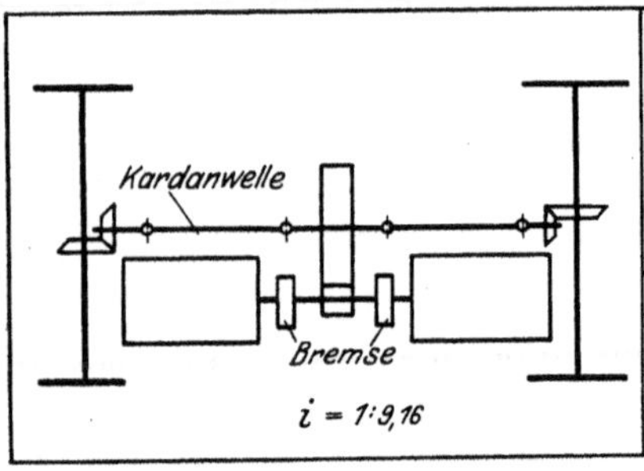

5.

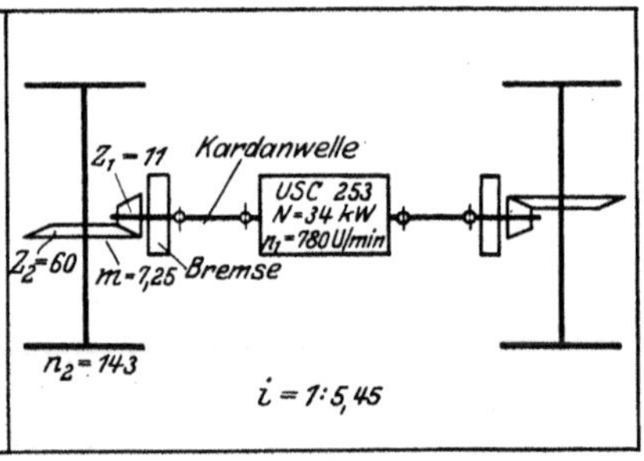

6.

Abb. 50, 1—6. Antriebsmöglichkeiten von Straßenbahnwagen mit Kardanantrieb.

Albrecht erschienen war, wurden von den einschlägigen Firmen und den Straßenbahnverwaltungen Probeantriebe durchgearbeitet, die sich inzwischen bewährt haben.

Die verschiedenen Möglichkeiten für den „Kardanantrieb für Straßenbahnmotoren“ sind schematisch in Abb. 50 dargestellt (1, 2,

3, 6 Anordnung der AEG[1]; 4, 5 Anordnung Albrecht Krupp). Hiernach ist zu unterscheiden

einmotorige Bauart Abb. 50, 1, 2 und 6
zweimotorige „ Abb. 50, 3, 4 und 5.

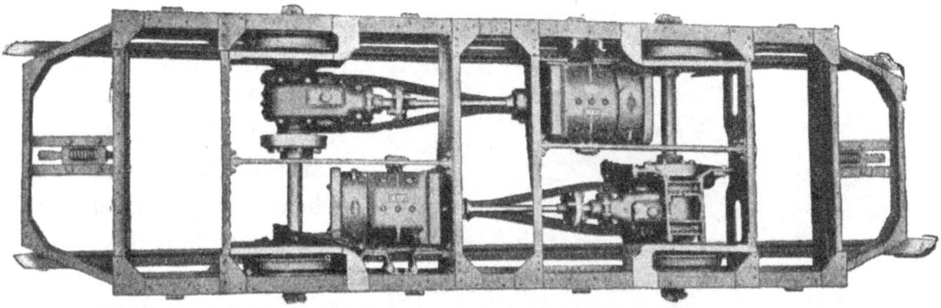

Abb. 51. Straßenbahnwagenantrieb mit Kardanwelle: zweimotorige AEG-Anordnung.

Abb. 52. Achsantrieb zum Straßenbahnantrieb mit Kardanwelle: AEG-Anordnung, Getriebekasten geschlossen.

Abb. 53. Achsantrieb zum Straßenbahnantrieb mit Kardanwelle: AEG-Anordnung, Getriebekasten geöffnet.

Die einmotorige Bauart arbeitet entweder nur auf eine Achse oder hat eine durchgehende Ankerwelle zum Antrieb von zwei Achsen. Vorteile dieser Anordnung sind: einfache Bauart und niedrige An-

[1] AEG-Mitteilungen für Bahnbetriebe 1928, Heft 2, S. 6.

schaffungskosten; sie läßt sich jedoch nur bei großem Achsstand anwenden, hat keine Motorreserve und keine Möglichkeit der Serien- und Parallelschaltung.

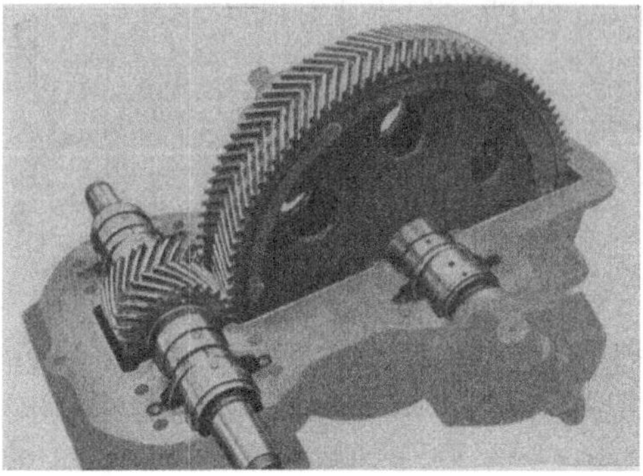

Abb. 54. Vorgelege für Straßenbahn-Kardanwellen-Antrieb aus Pfeilrädern. (Krupp). (Verkehrstechn. 1926, S. 104.)

Bei der zweimotorigen Anordnung arbeitet nach Abb. 50, 3 jeder Motor auf eine besondere Treibachse, während nach Abb. 50, 4 und 5 beide Motoren durch das Vorgelege fest gekuppelt sind. Hierdurch geht die Motorreserve wieder verloren, weil ein defekter Motor den anderen Motor auch unbrauchbar macht, und der Wagen abgeschleppt werden muß. Die Anordnung mit getrennten Motoren (Abb. 50, 3) ist daher der Anordnung nach Abb. 50, 4 und 5 überlegen.

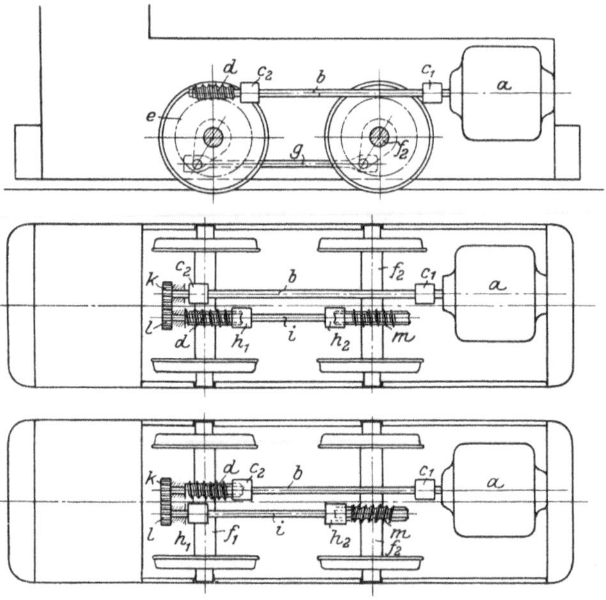

Abb. 55. Schneckenradantriebsmöglichkeiten.

Ein Beispiel für eine praktische Ausführung des zweimotorigen Antriebes mit getrennt arbeitenden Motoren bildet die AEG-Ausführung der Abb. 51.

Der Achsantrieb wird durch Kegelradantrieb erreicht; eine Ausführung dieses Antriebes ist in Abb. 52 und 53 (AEG) wiedergegeben. Abb. 54 zeigt das Pfeilradvorgelege von Krupp, aus welcher auch die Anwendung von Ringschmierlagern zu ersehen ist.

Die Abb. 50—54 zeigen, daß durch den Kardanantrieb folgende Vorteile erreicht werden können:

a) große Übersetzung, schnellaufende Motoren,

b) Entlastung der Achsen und Schienen,

c) Anwendung von Rollen- und Ringschmierlagern,

d) gute Abdichtung der Zahnräder und Schutz der Motoren gegen Witterungseinflüsse,

e) Lauf der Zahnräder im Ölbad und

f) geringe Unterhaltung.

Es muß jedoch hervorgehoben werden, daß diese Vorteile nur gegenüber dem alten Tatzenlagerantrieb bestehen und daß sich die Punkte a und c auch konstruktiv beim Tatzenlagerantrieb erreichen lassen.

Außerdem muß darauf hingewiesen werden, daß hauptsächlich die Größe der Neigung der Kardanwelle gegenüber der horizontalen Wagenachse für die Unterhaltung der Getriebe maßgebend ist. Die Abb. 50 2, 4, 5 und 6 sind daher ungünstiger, als die Anordnung nach Abb. 50 1 und 3 (AEG); erfahrungsgemäß ist es nicht zweckmäßig, den Neigungswinkel viel größer als 4 Grad zu machen.

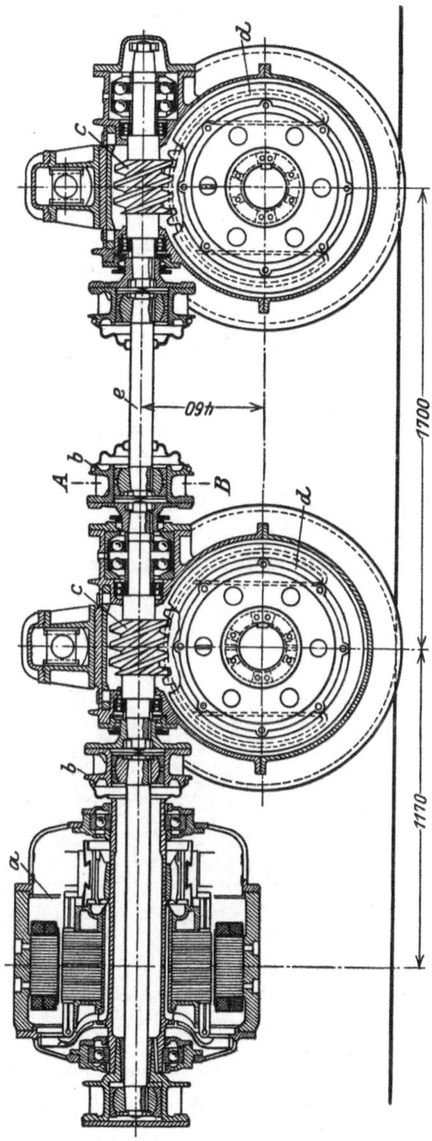

Abb. 56a. Schneckenradantrieb von G. Müller. (El. Bahnen 1926, S. 86.)

6. Schneckengetriebe.

Schneckengetriebe als Vorgelege haben wohl den Vorteil der Achswinkelung und der hohen Übersetzung, können aber gerade wegen dieses Vorteiles nur bei Lokomotiven mit hohem Übersetzungsverhältnis, wie Grubenlokomotiven oder Turbinenlokomotiven, verwendet werden. Weil aber nur verhältnismäßig kleine Leistungen von Schneckengetrieben weitergeleitet werden können, bleibt die Anwendung vorerst nur auf Lokomotiven kleiner Leistung beschränkt.

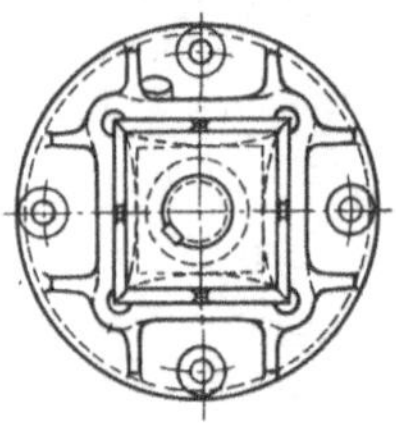

Abb. 56b. Gleitkardan zum Schneckenradantrieb Abb. 56a. (El. Bahnen 1926, S. 87.)

Einige Ausführungen zeigen Abb. 55, 56, 57. Bei Abb. 55 (Patent Nr. 407371) wird der erforderliche Platz für die Schnecke dadurch geschaffen, daß man die Schnecke die zweite vom Motor entfernt liegende Achse antreiben läßt; der Axialschub muß von einem Lager aufgenommen werden. Um dieses Lager zu vermeiden, sind in Abb. 57 zwei gegenläufige Schnecken angewendet.

Eine praktische Ausführung eines Schneckenantriebes mit Kardanwelle zeigt die Anordnung der Firma G. Müller, Karlshorst, für Grubenlokomotiven (Abb. 56), bei welcher jedoch gleichgängige Schnecken angewendet und daher Axiallager notwendig geworden sind.

Abb. 57. Doppeltschneckenradantrieb. (Z. V. d. I. 1928, S. 606.)

Eine andere Ausführungsart zeigt Abb. 57 (SSW-Ausführung). Bei dieser wird der Axialschub in bezug auf die Treibachse wohl durch Antrieb mit je einer rechts- und linksgängigen Schnecke und Schneckenrad beseitigt, aber nicht in bezug auf die Antriebsachse. Diese Ausführung macht aber eine Federung der Schneckenräder gegeneinander notwendig, damit gleichmäßiger Eingriff vorhanden ist.

V. Zahnräder-Wendegetriebe.

Die schwierige Umsteuerbarkeit der Ölmaschine macht Wendegetriebe notwendig, welche ein Umsteuern des Fahrzeuges ermöglichen.

Abb. 58. Kegelradwendegetriebe. (VDI-Sonderheft Dieselmaschinen II, S. 38.)

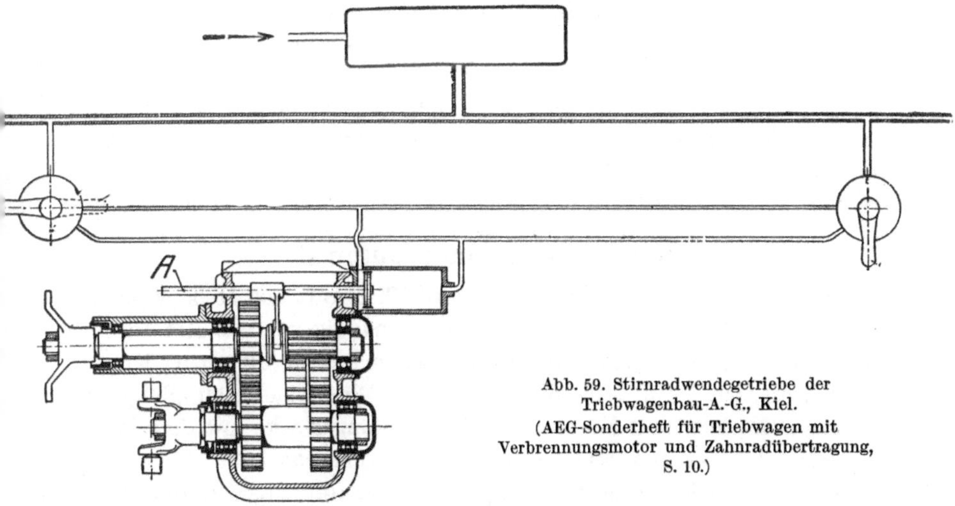

Abb. 59. Stirnradwendegetriebe der Triebwagenbau-A.-G., Kiel. (AEG-Sonderheft für Triebwagen mit Verbrennungsmotor und Zahnradübertragung, S. 10.)

Das Umsteuern geschieht meist durch Zahnrädergetriebe, wie Abb. 56 und 59 darstellen. Abb. 58 zeigt das von Schneider[1] zum Umsteuern

[1] Schweiz. Bauzg. Bd. 85, Nr. 10, S. 126; Z.V.d.I. 1928, Dieselmaschinen II, S. 38.

einer 500 PS-Diesellokomotive verwendete Kegelrad-Wendegetriebe. Die Kegelräder sitzen auf einer Hohlwelle, die seitlich verschiebbar auf der Blindwelle angebracht ist. Bei Umsteuerung werden die Kegelräder mit einem Ölservomotor in Richtung der Blindwelle verschoben, dadurch wird das Kegelradritzel mit dem für Rückwärtsfahrt bestimmten Kegelrad in Eingriff gebracht.

Abb. 59 zeigt die von der Triebwagenbau-A.-G. Kiel übernommene Ausführung des AEG-Getriebes für Triebwagen. Hier sind Stirnzahnräder verwendet. Die Umschaltung der Drehrichtung der Antriebswelle erfolgt durch eine mit Preßluft betätigte Kupplung. Damit dieses Getriebe nur bei Stillstand des Wagens geschaltet werden kann, ist beim Führerstand eine Verriegelung vorgesehen.

VI. Zahnrädergetriebe für veränderliche Übersetzung.

Die Verwendung von Wechsel- und Wendegetriebe ist aus dem Kraftwagenbau bekannt. Während aber hier verhältnismäßig kleine Leistungen vom Getriebe zu übertragen sind, stellt der Eisenbahnbetrieb die Forderung, große Leistungen möglichst stoß- und stufenfrei zu übertragen. Mit der Übernahme der Kraftwagengetriebe, deren Zähne bei Umschaltung auf eine andere Stufe außer Eingriff kommen, war also die Forderung des Eisenbahnbetriebes nicht erfüllt; deshalb wurden von einschlägigen Firmen für Öltriebwagen und Öllokomotiven verschiedene Bauformen von Zahnräder-Wechsel- und -Wendegetrieben durchgebildet.

Bevor jedoch diese Getriebe behandelt werden, mag noch kurz auf eine bedeutende Neuerung zu dem Automobilgetriebe, dem NAG-(Nationale Automobil-Gesellschaft) Kupplungsautomaten, eingegangen werden, welcher ein selbsttätiges Anfahren ohne Schalten möglich macht.

Der NAG-Kupplungsautomat.

Beim NAG-Kupplungsautomaten wird Fliehkraft und Hebelwirkung in einer Lamellenkupplung vereinigt, die abhängig von der Motordrehzahl selbsttätig ein- und auskuppelt. Der schematische Aufbau des Kupplungsautomaten ist in Abb. 60 dargestellt. Die Lamellenkupplung ist zwischen Getriebe und Motor in einer Kupplungsglocke mit den dazugehörigen Hebeln und Fliehgewichten untergebracht.

Auf der Getriebeseite des Kupplungsautomaten ragen durch sechs kreisförmige Öffnungen der Kupplungsglocke sechs Fliehgewichte in Form abgestufter Kegel. Diese sind nach dem Inneren der Kupplungsglocke zu mit einem doppelarmigen Hebel verbunden. Der kürzere Arm dieses Hebels läuft in eine Nase aus, welche hinter die Kupplungsscheibe in eine eingefräste Nut faßt. Gegen den längeren Hebel preßt eine an der Innenseite der Kupplungsglocke in einer Führungshülse liegende Feder. Da nun der lange Hebelarm etwa dreimal so lang ist, als der kurze, drückt die Nase des kurzen Hebelarmes mit der dreifachen Federkraft gegen die Kupplungsscheibe und drückt sie in Abb. 60 nach rechts. Hinter der Kupplungsscheibe liegt eine Lamelle, eine Zwischenscheibe, eine zweite Lamelle und schließlich die Schwungscheibe. In der entkuppelten Stellung ist zwischen Lamellen, Kupplungsscheibe und der Schwungscheibe ein kleiner Zwischenraum vorhanden; in eingekuppelter Stellung (Abb. 60) werden diese Teile durch Federdruck fest aneinander gepreßt.

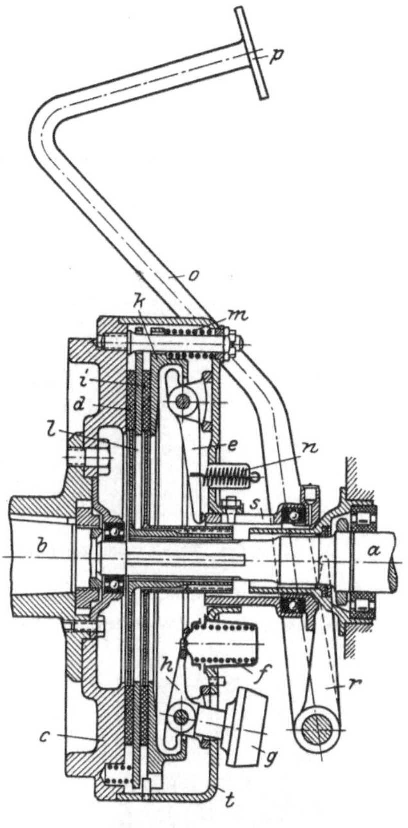

Abb. 60. Schematische Darstellung des NAG-Kupplungsautomaten.
a Getriebewelle. *b* Motorwelle. *c* Schwungsscheibe. *d*, *i* Kupplungslamelle mit Belag. *e* Entkupplungshebel. *f* Fliehgewichtsfeder. *g* Fliehgewicht. *h* Fliehgewichtshebel. *k* Druck- zugleich Entkupplungsscheibe. *l* Zwischenscheibe. *m* Kupplungsfeder. *n* Feder für Entkupplungshebel. *o*, *p* Kupplungspedal. *r* Entkupplungshebel. *s* Entkupplungshülse. *t* Kupplungsglocke.

Innen an der Kupplungsglocke sitzen zwischen Glocke und Kupplungsscheibe hierfür sechs Kupplungsfedern auf sechs gleichmäßig über den Rand der Kupplungsglocke verteilten Zapfen. Diese üben auf die Scheibe ständig einen Druck aus, der kleiner ist als der Druck des Fliehgewichtssystems, aber groß genug, um im Augenblick, in welchem die Fliehgewichtsfedern die Kupplungsscheibe freigeben, eine vollkommen starre Verbindung zwischen Kupplungsscheibe, Lamellen und dem Getriebe herzustellen. Dieses tritt ein, wenn die Leerlaufdrehzahl des Motors etwas überschritten wird (ungefähr bei 300—400 Touren).

Man kann also bei stehendem Wagen und laufendem Motor, ohne das Kupplungspedal zu betätigen, alle Gänge vor- und rückwärts durchschalten. Beim Anfahren wird gleich der dritte Gang eingeschaltet und langsam Gas gegeben. Der Motor kommt auf Touren und bei etwa 300—400 Umdreh./Min. bewegen sich die Fliehgewichte von der Zentrifugalkraft getrieben nach außen, pressen die Fliehgewichtsfedern zusammen. Dadurch geben die Hebelnasen die Kupplungsscheibe frei, die Kupplungsfedern dehnen sich aus und drücken die Scheibe mit ihrer gesamten

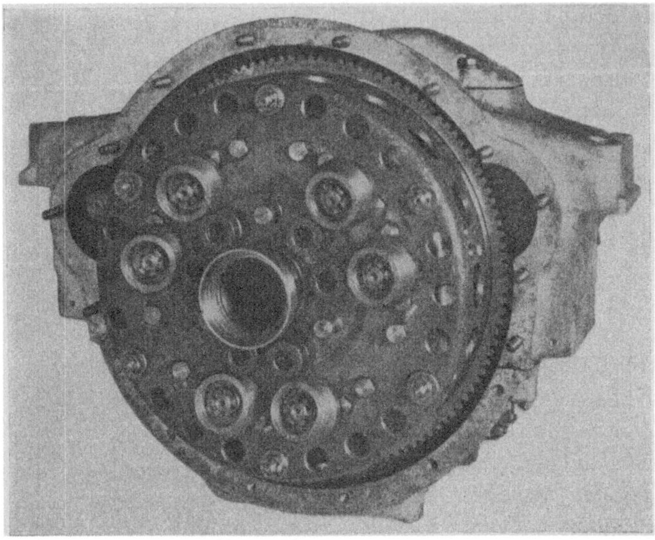

Abb. 61a. NAG-Kupplungsautomat des $^{12}/_{60}$ bzw. $^{14}/_{70}$ PS NAG-Wagens.

Kraft gegen die Zwischenscheibe und die Lamellen: Motor, Kupplungsscheibe, Lamellen, Zwischenscheibe und Getriebe sind jetzt fest miteinander verbunden. Der Wagen fährt leicht an und erreicht bald Höchstgeschwindigkeit.

Abb. 61b. Einzelteile zum NAG-Kupplungsautomaten. t = Kupplungsglocke, Motorseite.

Je allmählicher Gas gegeben wird, desto sanfter greift die Kupplung ein und fährt der Wagen an. Der Schlupf kann sich ohne weiteres zwischen den Lamellen ausgleichen. Dabei ist die Schlupfarbeit klein, weil der Motor nur etwa 300—400 Umdreh./Min. beim Eiukuppeln hat.

Der NAG-Kupplungsautomat nimmt dem Fahrer so die Arbeit des Kuppelns und Schaltens ab. Ein Gangwechsel bei rollendem Wagen ist nur auf starken Steigungen, wie bei anderen Automobilen, notwendig.

Ein besonderer Vorteil des Kupplungsautomaten ist die Möglichkeit der Einschaltung eines Freilaufes. Hierdurch kann Betriebsstoffersparnis und Schonung des Motors erreicht werden.

Eine praktische Ausführung des NAG-Kupplungsautomaten in zusammengebautem Zustand zeigt Abb. 61a; aus Abb. 61b sind die Einzelteile des Kupplungsautomaten ersichtlich.

A. Getriebe für Triebwagen.

1. Getriebe der Triebwagenbau-A.G. Kiel (TAG).

Als eine der ersten Firmen erkannte die AEG die Notwendigkeit des Zahnräder-Wechselgetriebes für die Ölmaschine, und sie entwickelte zusammen mit der NAG durch langjährige Arbeit das Wende- und Wechselgetriebe ihrer Triebwagen (Abb. 59, 62—64). Dieses Getriebe hat sich praktisch bewährt; die TAG hat daraus später ihr neuestes Getriebe für größere Leistungen entwickelt. Von den Getrieben der TAG sollen daher zuerst das übernommene AEG-Getriebe, dann das neueste TAG-Getriebe und die übrigen TAG-Getriebe, daraufhin die Abweichungen der anderen Triebwagengetriebe hiervon untersucht und schließlich die Zahnräder-Wechsel- und Wendegetriebe für Öllokomotiven besprochen werden.

a) Das AEG-Getriebe.

Beschreibung. Das AEG-Getriebe für Triebwagen besteht aus einem Wechselgetriebe (Abb. 59 u. 62—64), bei welchem die Zahnräder ständig im Eingriff bleiben, und einem Wendegetriebe (Abb. 59). Die Schaltung von einer Stufe auf die nächste wird stoßfrei durch Reibungskupplungen (Abb. 62 links), welche mit Preßluft betätigt werden, erreicht. Es sind so viel Kupplungen vorhanden wie Schaltstufen. Bei der Umschaltung werden zuerst die Kupplungen der im Eingriff stehenden Stufe entlüftet und darauf die neue Kupplung mit Preßluft gespeist.

Das Wechselgetriebe hat vier Stufen und ist in Abb. 62 dargestellt. Hier bedeuten K die Kolben des Luftzylinders Z und T die Reibungskupplungen, deren genaue Bauart rechts dargestellt ist. Die Kupplungen der verschiedenen Zahnräderpaare der Stufen I—IV sind mit Zahlen bezeichnet.

Die Steuerung. Der Schaltvorgang ist in Abb. 63 dargestellt. Es übertragen immer nur die Zahnräder der augenblicklich eingeschalteten Stufe Leistung, während die Zahnräder der anderen Stufe leer mitlaufen.

Das Schaubild (Abb. 63) läßt erkennen, daß die Beschleunigung des Fahrzeuges bei jedem Gang durch Erhöhung der Motordrehzahl erfolgt. Hat der Ölmotor seine Höchstdrehzahl erreicht, so wird die betreffende Schaltstufe entkuppelt, die Drehzahl des Ölmotors durch Brennstoffentzug herabgemindert und dann die nächste Stufe eingeschaltet. Dies wiederholt sich so lange, bis die letzte Stufe erreicht ist. Der Verschleiß der Reibungskupplungen ist dabei gering, weil die Drehzahl des Ölmotors durch Brennstoffentzug vor jeder Kupplung herabgemindert wird.

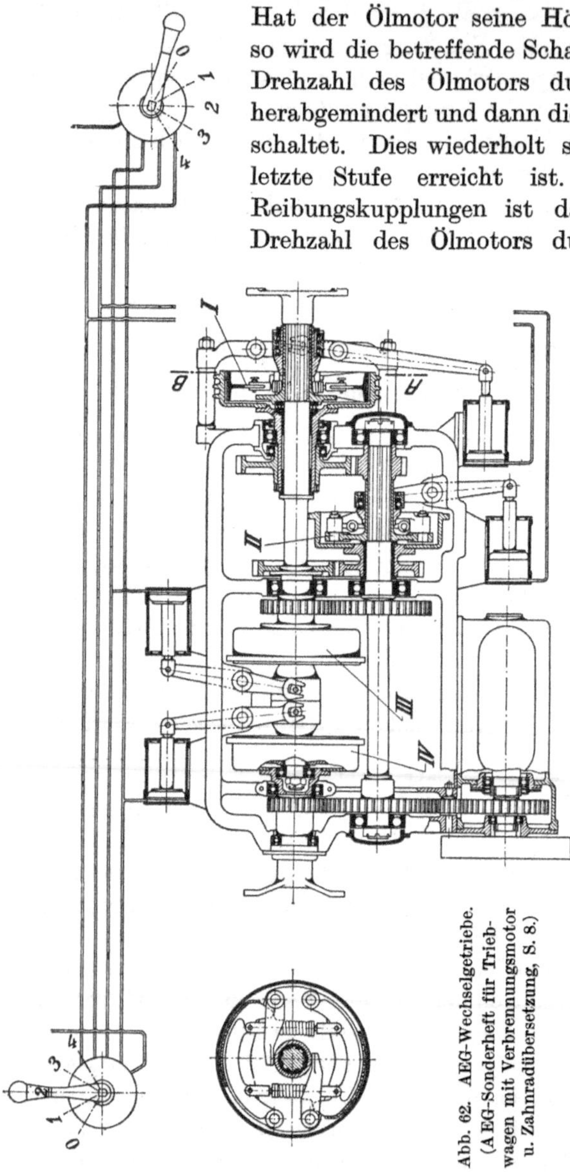

Abb. 62. AEG-Wechselgetriebe. (AEG-Sonderheft für Triebwagen mit Verbrennungsmotor u. Zahnradübersetzung, S. 8.)

Die Bedienung der Kupplungen ist sehr einfach. Der Zugführer braucht nur einen Führerhebel zu betätigen, welcher den betreffenden Kupplungszylindern Luft zuführt. Die hierzu notwendige Luft wird in einem am Getriebe angebauten Kompressor erzeugt.

Wirkungsgrad und Gewichte. Der Wirkungsgrad des gesamten Getriebes ist das Produkt aus dem Wirkungsgrade der Kreuzgelenke, des Wechselgetriebes, des Wendegetriebes und des Achsantriebes. Aus Messungen am Getriebe bei Wahl von konstanter Motordrehzahl und veränderlicher Belastung wurde der mechanische Wirkungsgrad der gesamten Anordnung für die Anfahrt ermittelt und entsprechend der Stufenschaltung, also entsprechend der tatsächlichen Anfahrt, in Abb. 64 aufgetragen.

Die Form der Kurve jeder Stufe ergibt sich daraus, daß die Zahnradverluste einerseits mit der Geschwindigkeit steigen, daß aber der Verlust andererseits bei größer werdender Leistung im Prozentsatz geringer wird.

Es ergibt sich, daß im Anlauf schon von etwa 10 km Geschwindigkeit an ein Wirkungsgrad von etwa 74% erreicht ist, während er im normalen Lauf konstant auf etwa 86% bleibt, also sehr gut zu bezeichnen ist. Um ein Bild über den Wirkungsgrad des Wechsel- und Wendegetriebes allein zu bekommen, wie er notwendig ist zum Vergleich mit Getrieben, die auf einer Blindwelle arbeiten, ist der Wirkungsgrad durch 0,95 dividiert und die entsprechende Kurve strichpunktiert in Abb. 64 eingetragen.

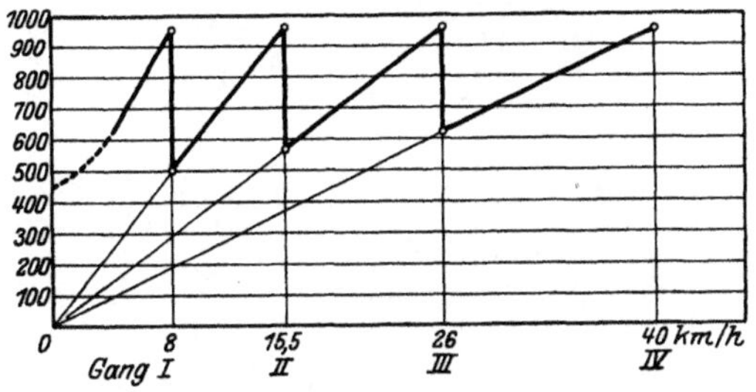

Abb. 63. Schaltvorgang der AEG-Wechselgetriebe. (AEG-Sonderheft f.T.W. mit Verbrennungsm. u. Z. W.-Getriebe.)

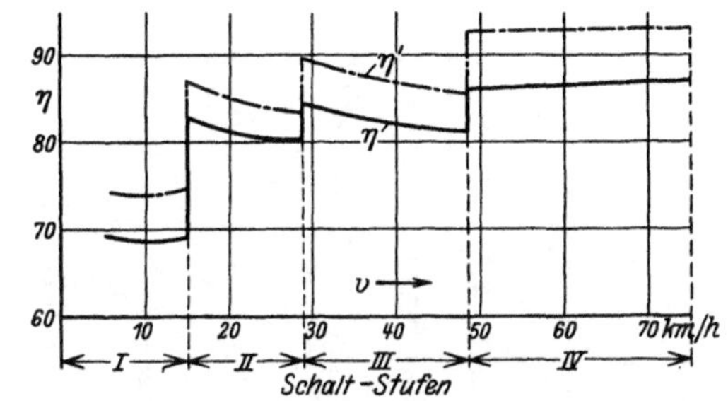

Abb. 64. Wirkungsgrade des AEG-Wechselgetriebes. η = Gesamtwirkungsgrad von Motorwelle bis Treibrad. $\eta' = \eta/0{,}95$.

Das Gewicht des AEG-Getriebes ist gering, es beträgt etwa 10 kg/PS.

b) Das neueste Reib-Kupplungsgetriebe der TAG.

Bei diesem Getriebe (Abb. 65a und b) sind die Einzelteile des AEG-Getriebes beibehalten; Wendegetriebe und Wechselgetriebe sind jedoch zusammen in einem Getriebekasten vereinigt, und die Durchbildung der ganzen Anordnung der Wellen und Zahnräder ist gegenüber dem AEG-Getriebe auf bedeutend kleinerem Raum durchgeführt; eine Ausführung des Getriebes zeigt Abb. 65a und b.

Das Wechselgetriebe hat vier Stufen mit der Übersetzung: 7,93 zu 4,15 zu 2,09 zu 1,365 einschließlich Wendegetriebe. Durch Wahl des Achsantriebes können diese Übersetzungsverhältnisse den gewünschten Geschwindigkeiten für verschiedene Streckenprofile angepaßt werden.

Das Getriebe hat im ganzen vier Wellen und zehn Zahnräder. Die Kupplungen werden mit Luftdruck betrieben; es sind drei Backenkupplungen, welche das Innere einer schmiedeeisernen Trommel beanspruchen. Die zu schaltenden Zahnräder bleiben dauernd im Eingriff. Dabei

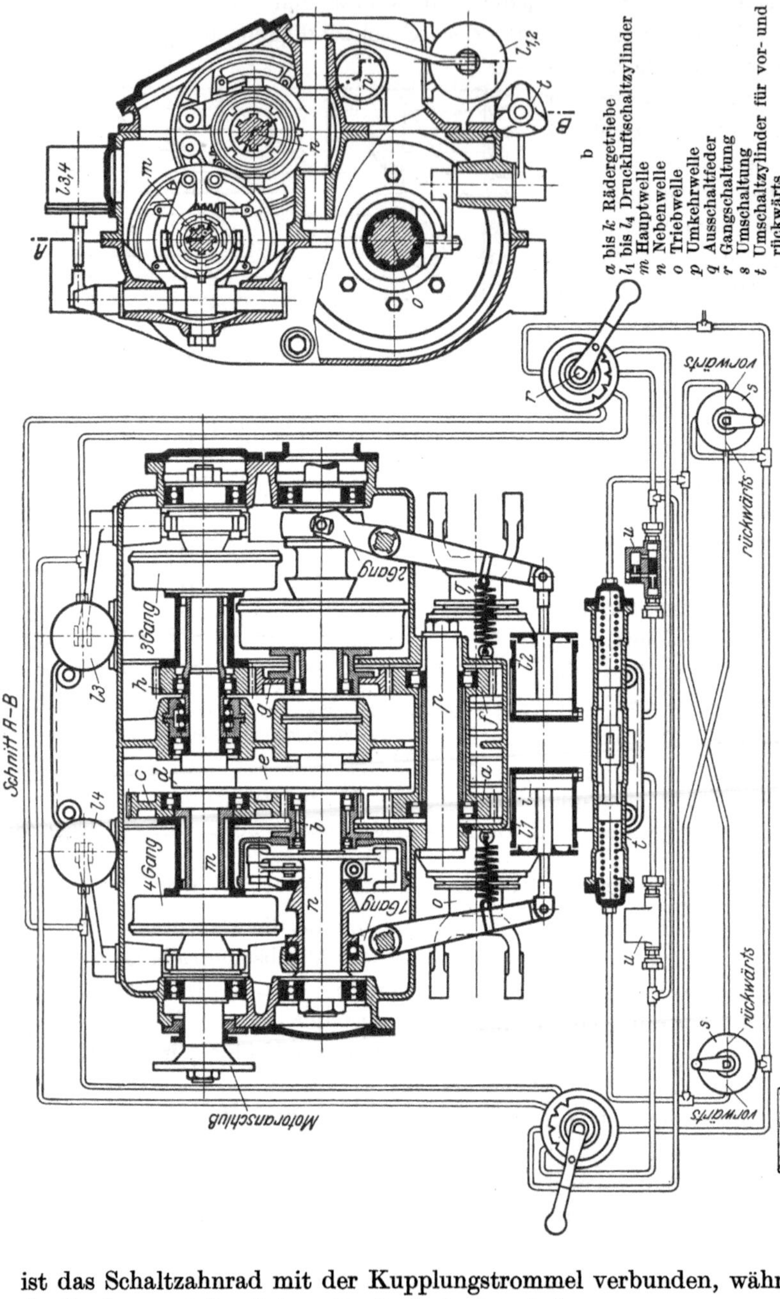

a b

a bis k Rädergetriebe
l_1 bis l_4 Druckluftschaltzylinder
m Hauptwelle
n Nebenwelle
o Triebwelle
p Umkehrwelle
q Ausschaltfeder
r Gangschaltung
s Umschaltung
t Umschaltzylinder für vor- und rückwärts
u Steuereinrichtung zur Entlüftung der Schaltzylinder.

Abb. 65a und b. Wechselgetriebe der Triebwagenbau-A.G. Kiel für 100—120 PS. (Z. V. d. I. 1928, S. 1611.)

ist das Schaltzahnrad mit der Kupplungstrommel verbunden, während die Backen auf der Zahnradwelle befestigt sind.

Sämtliche Zahnräder laufen auf Wälzlagern. Die Längskräfte, welche beim Schalten der Kupplungen infolge der Druckluftwirkung auftreten, werden von Doppeldruck-Kugellagern aufgenommen. Die Zahnräder sind aus im Einsatz gehärtetem und geschliffenem Chromnickeleinsatzstahl hergestellt. Die Wellen sind aus Chromnickelstahl, die Kupplungstrommeln im Gesenk geschmiedet, und das Gehäuse ist aus bestem Grauguß.

Die Steuerung wird, wie beim AEG-Getriebe, durch mit Druckluft betätigten Schaltzylindern erreicht. Für das Wechsel- und das Wendegetriebe sind im Führerstand je zwei getrennte Ventile vorhanden. Hierdurch wird erreicht, daß zugleich nur ein Gang eingeschaltet und

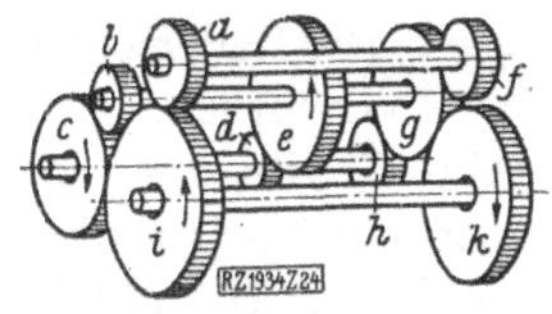

Räderschaltung

Gang	Übersetzung	Vorwärts	Rückwärts
1	1: 7,93	debci	debciafgk
2	1: 4,15	degfai	degk
3	1: 2,09	hgfai	hgk
4	1: 1,365	ci	ciafgk

RZ1934

Abb. 66. Schematische Darstellung der Räderschaltung zum Getriebe Abb. 65 a u. b.

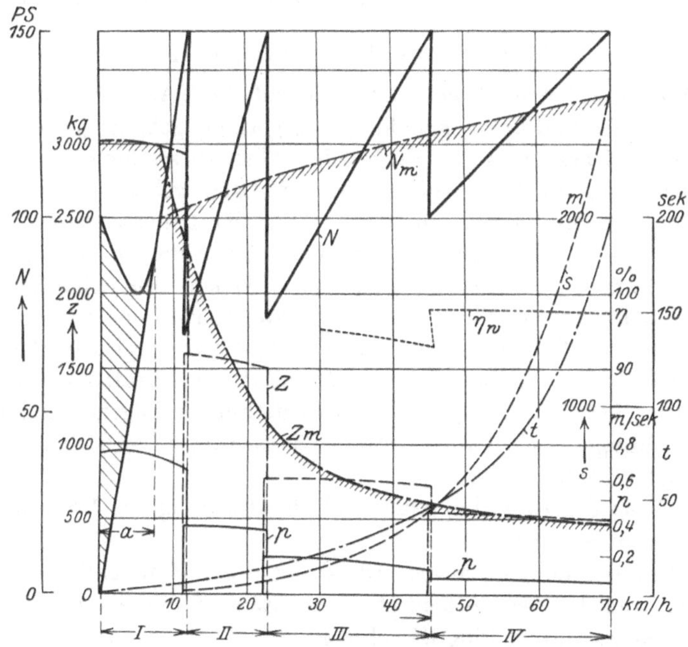

Abb. 67. Anfahrschaubild des Getriebes der Triebwagenbau-A. G. Kiel Abb. 65 a u. b. N Leistungslinie. N_m mittlere Leistungslinie. Z Zugkraftslinie. Z_m mittlere Zugkraftslinie. p Beschleunigung. S Weg, t Fahrzeit zum Weg S. η_w Wirkungsgrad des Wechselgetriebes. a Schleifzeit der Kupplung. I, II, III, IV = Stufenzahl.

zwangsläufig die übrigen Schaltzylinder entlüftet werden. Bei großen Wagenlängen sind in die Luftleitungen des ersten und zweiten Ganges schnellwirkende Umschaltventile eingebaut, welche relaisartig wirken und die Schaltzeit abkürzen. Bei Zugsteuerung von einer Stelle aus ist eine elektromagnetische Ventilschaltung durchgebildet, welche elektrisch kleine Ventile betätigt, die wiederum die Schaltzylinder zum Ansprechen bringen. Die Räderschaltung ist aus der schematischen Darstellung der Abb. 66 ersichtlich.

Abb. 67 gibt die Verhältnisse bei der Anfahrt des Getriebes wieder. Wie ersichtlich, ist die Schlupfarbeit (schraffierte Fläche) verhältnismäßig klein. Die mittlere Zugkraftlinie ähnelt der Zugkrafthyperbel. Der Wirkungsgrad des Wechselgetriebes ist sehr hoch. Für den ganzen Triebwagen kann jedoch der Wirkungsgrad ähnlich Abb. 64 zugrunde gelegt werden.

Das Gewicht der Getriebe beträgt etwa 10 kg/PS einschließlich Kompressor.

Das Getriebe wird für Leistungen 100—120 PS siehe Abb. 142 und 150—200 PS gebaut, kann jedoch auch ohne weiteres für größere Leistungen, also auch für den Lokomotivdienst verwendet werden.

c) Das Klauenkupplungsgetriebe.

Außer den beschriebenen Getrieben hat die TAG noch das Durchschaltgetriebe und das Klauenkupplungsgetriebe gebaut; jenes ist ganz veraltet und besitzt nur geschichtlichen Wert, dieses hingegen wird auf Wunsch, wenn die Verhältnisse es rechtfertigen, gebaut.

Die Anordnung der Zahnräder und der Kraftfluß ist grundsätzlich derselbe wie beim Reibkupplungsgetriebe. Es ist von gedrungener Bauart mit kurzgelagerten schwingungsfreien Wellen. Die Schaltbewegung der Klauen wird von einer von den Führerständen aus mit der Hand betätigten, im Getriebegehäuse eingebauten Kurvenscheibe abgeleitet.

Bei diesem Getriebe wird der Grundsatz der Kraftwagengetriebe, die Zähne beim Übergang von einer Stufe auf die folgende außer Eingriff zu bringen, beibehalten. Damit dieses stoßfrei vor sich geht, wird wie folgt geschaltet:

1. Lösen der Hauptkupplung und Herabsetzung der Motordrehzahl durch Gasdrosselung.

2. Umschalten des Ganges. Die Zähne des augenblicklichen Ganges werden vom Führer mechanisch außer Eingriff und dann die Zähne des neuen Ganges in Eingriff gebracht.

3. Einlegen der Hauptkupplung und Beschleunigung des Zuges durch Steigerung der Motordrehzahl.

Die Schaltung erfordert also eine gewisse Geschicklichkeit des Führers.

Der Vorteil der einfachen mechanischen Betätigung, wie Entfall von Kupplungen, Preßluftzylindern usw. wird zum Nachteil, wenn mehrere Triebwagen von einem Führerstand aus gesteuert werden sollen.

Zusammenfassung.

Zusammenfassend läßt sich vom AEG- und dem neuesten TAG-Getriebe sagen:

1. sie ermöglichen ein Anlassen der Triebmaschine ohne Kraftabgabe zur Beschleunigung der Zugmasse,
2. die Bedienung ist sehr einfach, die Schaltung von einer Stufe auf eine andere ist stoßfrei,
3. das Anfahren des Wagens aus dem Stillstand erfolgt stoßfrei wegen der zwischen Getriebe und Motor geschalteten elastischen Kupplung,
4. ein falsches Schalten der Stufe ist nicht möglich,
5. Gewicht und Wirkungsgrade des Getriebes sind als günstig zu bezeichnen,
6. es können mehrere Triebwagen von einer Stelle aus gesteuert werden (wegen Preßluft),
7. das neuste TAG-Getriebe läßt sich für größte Leistungen bauen und hat sich vorzüglich bewährt,
8. mit den Getrieben ist eine elektro-pneumatische Zugsteuerung durchgebildet, die sich praktisch bewährt hat.

2. Das Hawa-Getriebe.

Das Hawa-Getriebe ist das in Abb. 68 dargestellte Getriebe der Benzoltriebwagen der Hannoverschen Waggonfabrik A.G.

Es sind vier Geschwindigkeitsstufen vorhanden, deren Zahnräder

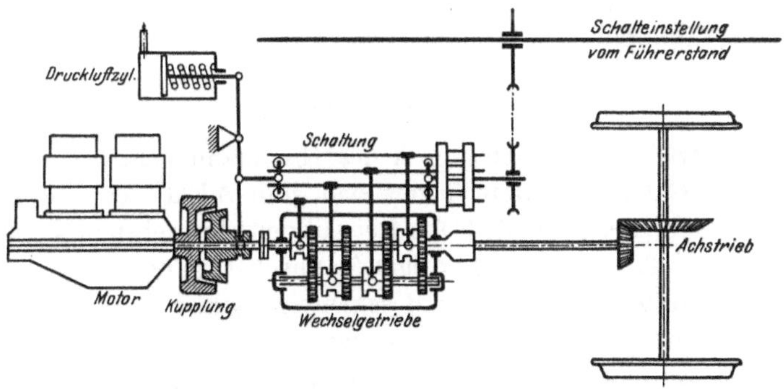

Abb. 68. Hawa-Getriebe.

ständig im Eingriff bleiben. Die Kupplung dieser Zahnräderpaare erfolgt durch Klauenkupplungen im Gegensatz zum AEG-Getriebe, bei welchem luftdruckbetätigte Reibungskupplungen verwendet werden. Die Schlupfarbeit zwischen Motorwelle und Getriebe wird beim Hawa-Getriebe durch eine Hauptreibungskupplung aufgenommen, welche mit Preßluft betätigt wird.

Die Steuerung spielt sich wie folgt ab:

1. Wahl des neuen Ganges mit einem Gangwähler. Dabei rückt vor einen Ausschnitt einer Schaltscheibe im Getriebe ein Ansatz der Schaltstange der gewählten Stufe. Hinter der Schaltscheibe ist eine Getriebebremse vorgesehen, welche zur Herabminderung der Drehzahl der Getriebewelle bei Durchtritt des Ansatzes der Schaltstange durch den Ausschnitt in der Schaltscheibe betätigt wird. Das Ein- und Ausrücken geschieht in mechanischer Verbindung mit der Hauptkupplung mit einem Gestänge derart, daß bei Lüftung des Druckluftzylinders der Hauptkupplung der im Eingriff gewesene Gang gelöst, der Ansatz der Schaltstange durch den Ausschnitt der Schaltscheibe geschoben, dadurch die Bremse betätigt und die Drehzahl des leerlaufenden Getriebes herabgesetzt wird.

2. Herabminderung der Drehzahl des Motors durch Brennstoffentzug und Lösen der Hauptkupplung bei gleichzeitiger Betätigung der unter 1. beschriebenen Bremsung der leerlaufenden Getriebewelle.

3. Betätigung der Hauptkupplung und damit Einrücken der Klauenkupplung,

4. Steigerung der Drehzahl der Motorwelle durch Brennstoffzufuhr.

Gegenüber dem AEG-Getriebe läßt sich damit feststellen: der Schaltvorgang ist für den Wagenführer verwickelter, als beim AEG-Getriebe, das stoßfreie Schalten hängt vom guten Arbeiten der Bremse im Getriebe ab.

Die Steuerung spart wohl einige Preßluftzylinder, macht aber einen besonderen Schaltmechanismus mit Bremse und Gestänge, sowie eine neue Hauptkupplung notwendig.

3. Eva-Getriebe.

Das Getriebe des Triebwagens des Eisenbahn-Verkehrsmittel-Konzerns (Eva-Getriebe) unterscheidet sich vom AEG-Getriebe in erster Linie dadurch, daß der erste Gang fest mit dem Antriebsmotor gekuppelt ist. Das Anlassen des sechszylindrigen Maybach-Ölmotors mit = 1300/min muß daher unter gleichzeitiger Beschleunigung der Zugmasse erfolgen. Hierfür ist eine Sammelanlage für hochgepreßte Luft notwendig, welche mit ihren Ausmaßen die Anwendung des Eva-Getriebes auf größere Zugeinheiten ausschließt.

Sonst unterscheidet sich das Getriebe nur dadurch vom AEG-Getriebe, daß der Kegelradantrieb mit in das Gehäuse eingebaut ist und auf eine Blindwelle arbeitet, welche mit Kurbel und Kuppelstange die Leistung auf die zweite Triebachse weitergibt. Das Getriebe selbst hat vier Gänge mit im Eingriff stehenden Zahnräderpaaren, die durch Preßluftkupplungen betätigt werden.

4. Getriebe der Gothaer Waggonfabrik A.-G.

Das Getriebe der Gothaer Waggonfabrik A.G. ist ein Viergang-Wechsel- und -Wendegetriebe mit im Eingriff stehenden Zahnräderpaaren, die durch Preßluft- und Reibungskupplung ähnlich wie beim AEG-Getriebe betätigt werden.

5. Getriebe der Sächsischen Waggonfabrik A.-G. Werdau.

Neues gegenüber den bisher beschriebenen Getrieben bietet das Getriebe der Sächsischen Waggonfabrik A.G. in Werdau (Abb. 69), in welchem der Kegelradantrieb zwischen Wendegetriebe und Wechselgetriebe derart angeordnet ist, daß das Kegelradpaar in das Getriebegehäuse hineingelegt und mit dem Wendegetriebe durch Gelenkwelle verbunden wird. Wohl fällt das Kegelräderpaar hierbei klein aus, aber das ganze Wechselgetriebe wird ungefedert den Schienenstößen ausgesetzt.

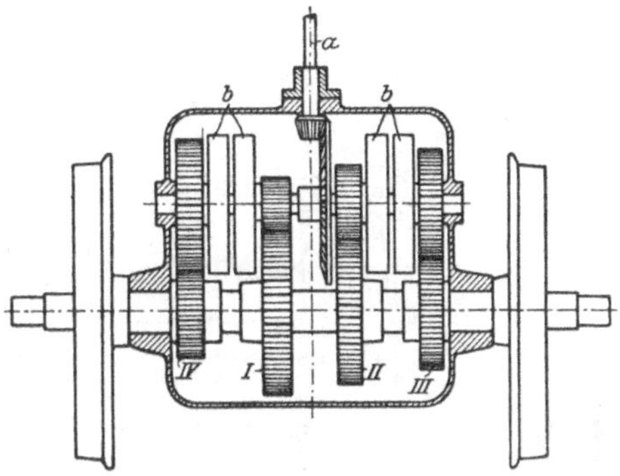

Abb. 69. Getriebe der Sächsischen Waggonfabrik A.-G. Werdau.

Die Schaltung der vier Stufen wird durch Preßluft-Reibungskupplungen erreicht.

6. Das Soden-Getriebe[1].

Das nach dem Prinzip der Sodenschaltung ausgeführte Getriebe der Triebwagen der Deutschen Reichsbahngesellschaft ist in Abb. 70a, b wiedergegeben; Abb. 71 zeigt das Schaltschema und in Abb. 72 sind die Zugkraft- und Leistungslinien abhängig von der Geschwindigkeit dargestellt.

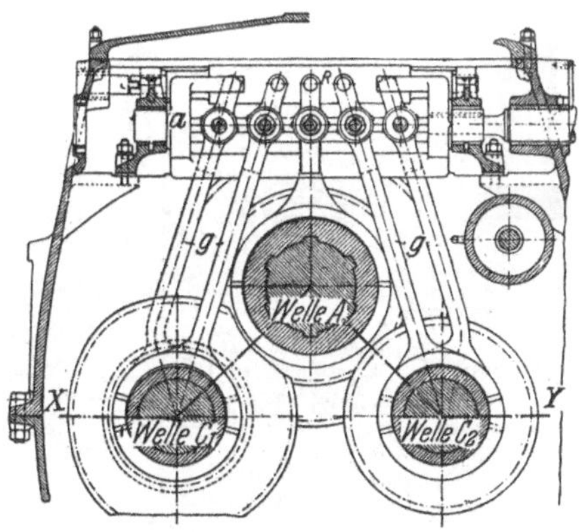

Abb. 70a. Soden-Getriebe.
(Organ Fortschr. Eisenbahnw. 1927, S. 231.)

Das Getriebe besteht aus einem Wende- und Wechselgetriebe mit 5 Schaltstufen und den Gesamtübersetzungen 1:18,63; 1:11,45; 1:6,97; 1:4,27 und 1:2,62; die Übersetzung des Wendegetriebes ist 1:2,62.

[1] Organ Fortschr. Eisenbahnwes. 1927, S. 214.

Das Wechselgetriebe hat eine in Kugel- und Rollenlager laufende Mittelwelle A und zwei Nebenwellen C_1 und C_2, auf denen lose die Schalträder für je zwei Gänge sitzen; das Schaltrad für den fünften Gang

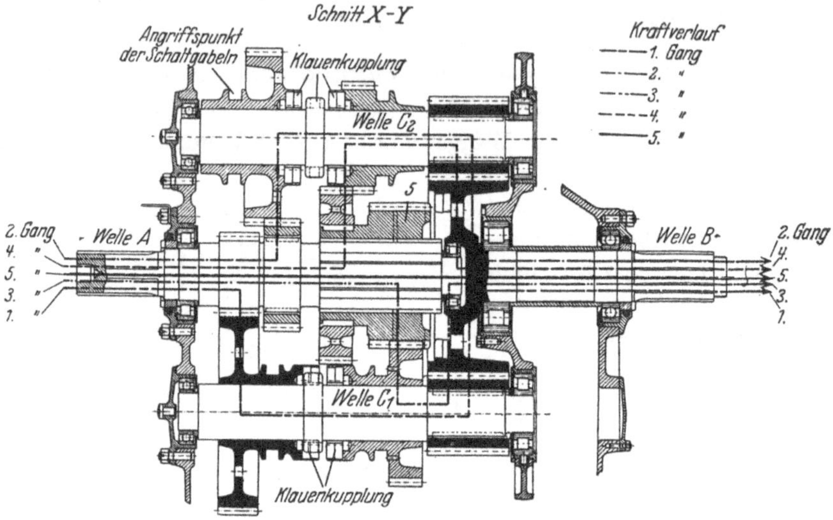

Abb. 70b. Soden-Getriebe. Schnitt $X—Y$ der Abb. 70a.

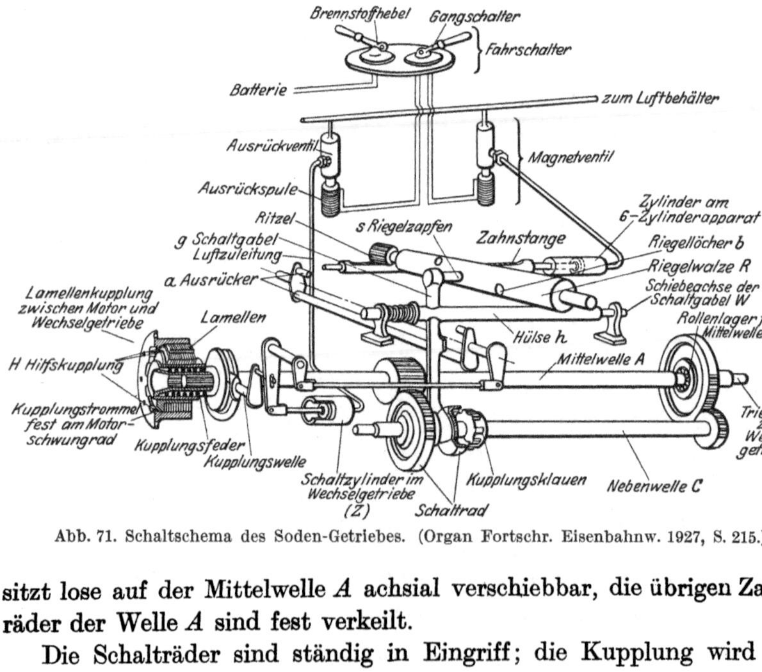

Abb. 71. Schaltschema des Soden-Getriebes. (Organ Fortschr. Eisenbahnw. 1927, S. 215.)

sitzt lose auf der Mittelwelle A achsial verschiebbar, die übrigen Zahnräder der Welle A sind fest verkeilt.

Die Schalträder sind ständig in Eingriff; die Kupplung wird mit

Klauenkupplungen und Schaltgabeln erreicht. Die Kupplungen werden dabei durch Preßluft ausgerückt und durch Federkraft eingerückt. Das Schalten der Kupplungen wird mit einer Riegelwalze mit fünf Bohrungen, in welche die Zapfen der einzelnen Schaltgabeln eingreifen, durchgeführt. Die Riegelwalze wird durch den Gangschalter über Magnetventile und Preßluftzylinder betätigt. Hierzu ist ein Sechszylinderapparat vorgesehen, in welchem die einzelnen Kolben der einzelnen Gänge stufenweise begrenzt sind und so die Zahnstange immer nur eine bestimmtes Stück bewegen können.

Der Schaltvorgang ist folgendermaßen:

1. Einstellen des Gangschalters auf den gewählten Gang; dadurch wird zuerst das Magnetventil der Lamellenkupplung und darauf dasjenige des Ganges betätigt,

2. die Lamellenkupplung löst aus, und der Riegelzapfen gibt die Riegelwalze frei,

3. Riegelwalze geht in die Gangstellung und neuer Gang rückt ein,

4. Lamellenkupplung rückt ein.

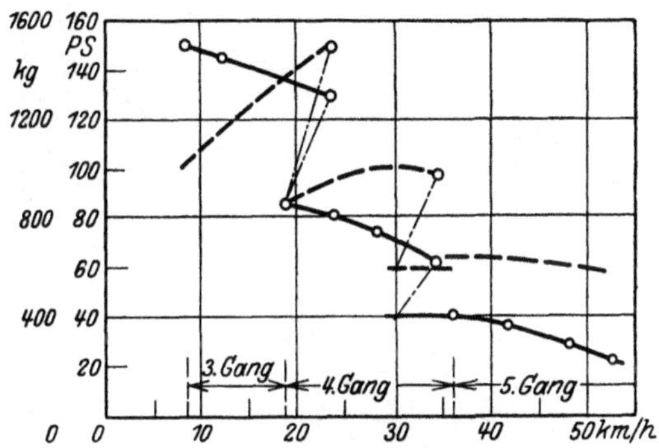

Abb. 72. Zugkrafts- und Leistungsverhältnisse während der Anfahrt des Triebwagens mit Soden-Getriebe.

Die Steuerung der Triebwagen ist wie bei den TAG-Getrieben stufenförmig; die entsprechenden Zugkräfte und Leistungen sind in Abb. 72 abhängig von der Geschwindigkeit wiedergegeben. Ähnlich wie beim AEG-Getriebe ist die Steuerung nur durch eine einfache Hebeldrehung zu erreichen, doch ist der Schaltmechanismus verwickelter: an Stelle von Riegelwalze, Sechszylinderapparat, Schaltgabeln, Schalträdern usw. sind beim TAG-Getriebe nur ein Steuerventil an der Fahrkurbel und die Preßluftzylinder vorhanden.

7. Getriebe der Schweizer Bundesbahnen[1].

Das vierstufige Wechselgetriebe der Triebwagen der Schweizer Bundesbahnen mit Druckölkupplung (Schweizer Lokomotiv- und Maschinenfabrik Winterthur) verwendet an Stelle von Preßluft Drucköl zur Kupplung.

[1] Schweiz. Bauzg. 1925, S. 117 usw.

Abb. 73 zeigt die vier Gänge des Wechselgetriebes; der Motor ist mit dem Getriebe durch Kardanwelle gekuppelt.

Die Reibungskupplungen (Abb. 20, siehe S. 20) der dauernd in Ein-

Abb. 73. Zahnräderwechselgetriebe der Triebwagen der Schweizer Bundesbahnen (offen).

Abb. 74. Zahnräderwechselgetriebe der Triebwagen der Schweizer Bundesbahnen (geschlossen).

griff stehenden Zahnräderpaare sitzen innerhalb der Zahnräder und werden durch Drucköl vom Führerstand aus betätigt. Bevor eine Stufe eingeschaltet wird, wird die vorhergehende selbsttätig gelöst.

Der Getriebekasten lagert auf der einen Seite auf der Treibachse, auf der anderen federnd am Wagengestell (Tatzlageraufhängung). Die Radstöße werden daher auf das Getriebe zum Teil übertragen, und der Oberbau der Gleisanlage wird stärker beansprucht, als bei den übrigen Getrieben. Zur Verminderung der Reibung laufen alle Wellen auf Rollenlagern und die Zahnräder in einem Ölbad.

Das Wendegetriebe ist ein im Wechselgetriebekasten befindliches Kegelradgetriebe. Die Umschaltung geschieht durch Verschiebung der Kegelräder auf ihrer Welle.

Dieses Getriebe ist für eine Übertragung von 170 PS gebaut und bietet eine sehr gute Lösung der Getriebefrage, weil Kupplungshebel, Leitungen u. dgl. fehlen. Insbesondere muß die gute Lösung der Kupplungsfrage Abb. 20 beachtet werden. Es müssen jedoch noch erst Versuchsergebnisse abgewartet werden zur Beurteilung der praktischen Bewährung.

B. Zahnrädergetriebe für Öllokomotiven.

1. Getriebe der Maschinenfabrik Eßlingen.

Ein Versuch, mittels Zahnrädergetriebe, ohne Kardangelenke größere Leistungen zu übertragen, stellt der in Abb. 75 gezeigte Entwurf der Maschinenfabrik Eßlingen[1] für eine 150/200 PS-Lokomotive dar. Grundsätzlich neu ist hier die Vereinigung von Motor und Getriebe zu einer Einheit. Unter Vermeidung von Kegelrädern und Kardangelenken wird die Leistung mit Stirnrädern auf die Blindwelle und von hier aus durch Kuppelstangen an die Treibräder übertragen.

Das Wechselgetriebe selbst unterscheidet sich kaum von den beschriebenen Triebwagengetrieben.

2. Getriebe Lomonossoff, Krupp[2].

Beschreibung. Ein wichtiger Versuch, Zahnräderübertragung bei Diesellokomotiven mit großen Leistungen zu verwenden, ist von Professor Lomonossoff im Verein mit der Hohenzollern A.G., Düsseldorf, und Krupp unternommen und gut durchgeführt worden.

Die Aufgabe bestand darin, die Leistung eines Sechszylinder-1200 PS-MAN-Dieselmotors mit 450 UpM mittels Zahnräderwechselgetriebes auf die Treibräder zu übertragen.

Diese Aufgabe wurde dadurch gelöst, daß zuerst das wechselnde Drehmoment des Dieselmotors durch Zwischenschaltung einer elektromagnetisch betätigten Reib- und Blattfederkupplung (Hauptkupplung Abb. 17) gleichmäßig an die Getriebewelle weitergegeben und von dort

[1] Z. V. d. I. 1926, S. 476.
[2] Z. V. d. I. 1927, S. 874.

aus je nach der eingeschalteten Stufe mit einem dreistufigen Wechselgetriebe (Abb. 17, 76, 140) in bekannter Weise über Blindwelle und

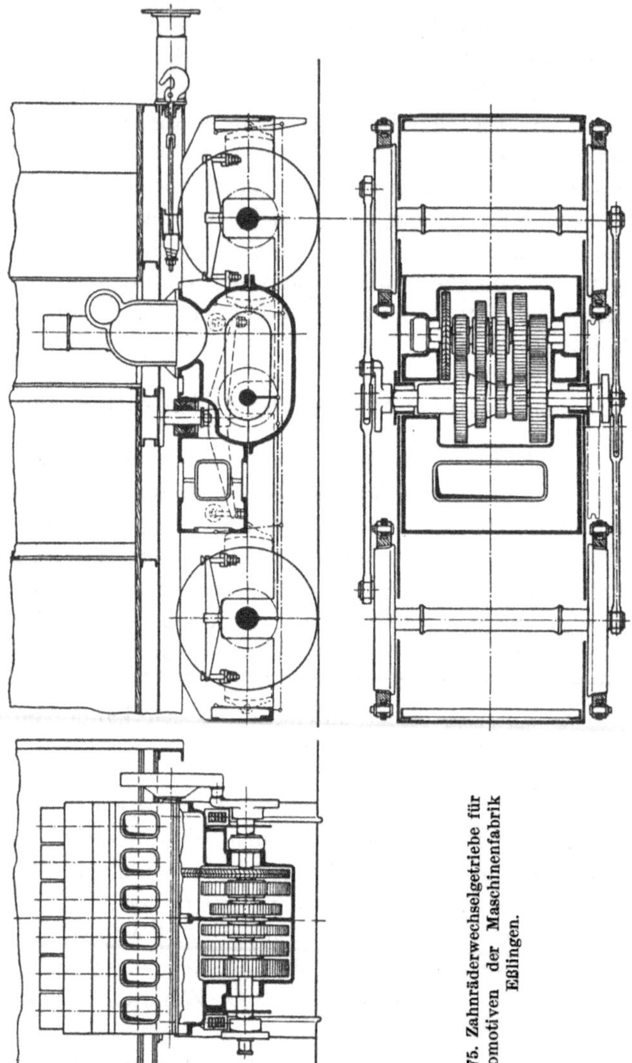

Abb. 75. Zahnräderwechselgetriebe für Öllokomotiven der Maschinenfabrik Eßlingen.

Parallel-Kurbelgetriebe an die Treibräder abgegeben wird. Das so im Getriebe erzielte Drehmoment soll sehr gleichmäßig sein.

Die Zahnräderpaare des Wechselgetriebes (Abb. 19 und 76) sind nach Kruppschem Verfahren[1] (S. 35) gehärtet und bleiben dauernd in Eingriff.

Steuerung. Die Kupplung der Zahnräder für die einzelnen Stufen geschieht durch magnetelektrische Kupplungen I, II und III (Abb. 19). Daraus ergeben sich drei Geschwindigkeitsstufen mit folgenden Übertragungsverhältnissen:

Zahlentafel 3.

Stufe	Geschwindigkeit km	Kupplung eingerückt	Kupplung ausgerückt	Zahnräder Last	Zahnräder unter Leerlauf
I	17	I	II, III	$z_1 + N$	z_3, z_2
II	28	II	I, III	$z_2 + N$	z_1, z_3
III	56	III	II, I	$z_3 + N$	z_1, z_2

Es sind also ständig ein Kegeltrieb und zwei Zahnräderpaare im Eingriff, während zwei Zahnräderpaare leer mitlaufen. Die erzielte Zugkraft und Leistung ergibt sich aus Abb. 77.

Wirkungsgrade, Gewichte. Der Wirkungsgrad des Getriebes wird mit 96% angegeben. Gegenüber der elektrischen Übertragung (Einzelachsantrieb) kommt aber noch der Getriebe-Wirkungsgrad der Kupplungsstangen hinzu von etwa 95%, so daß sich ein Gesamtgetriebe-Wirkungsgrad von 91% ergeben würde. Doch nach folgender Berechnung ist dies bedeutend zu hoch.

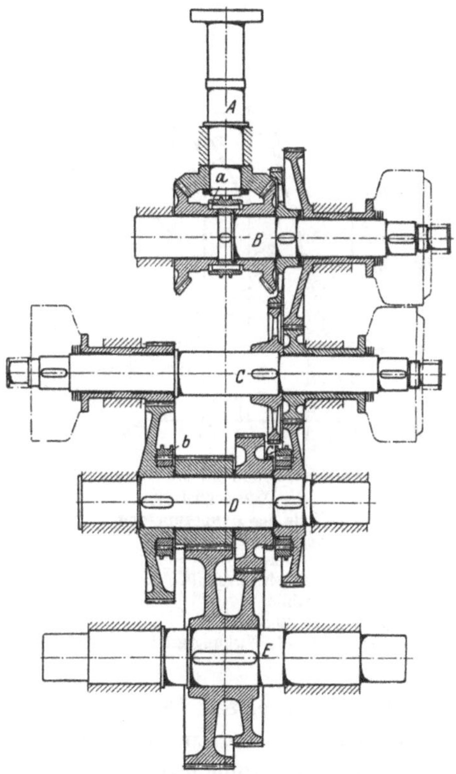

Abb. 76. Zahnräderwechselgetriebe für Diesellokomotiven von Krupp. (Getriebe-Sonderheft VDI 1928, S. 20, Abb. 7.)

Wenn man bedenkt, daß Krupp sonst für einen Kegelradantrieb 96% als Wirkungsgrad angibt und für ein Stirnradpaar bei bester Schmierung im Mittel 98—99% als Höchstgrenze gerechnet werden kann (insbesondere im Lokomotivdienst, bei welchem Stöße und Schwingungen auftreten), so ergibt sich als Gesamtwirkungsgrad:

[1] Verkehrstechn. 1925, S. 793.

$$\eta_{\mathrm{I}} = 0{,}96 \cdot 0{,}98 \cdot 0{,}99 = 0{,}93 \text{ bis zur Blindwelle und}$$
$$\eta_{\mathrm{II}} = 0{,}93 \cdot 0{,}95 = 0{,}88 \text{ bis zum Treibrad.}$$

Ähnliche Werte erhält man auch aus Abb. 77, 124 und 128.

Hierbei ist weiter zu bedenken, daß dies der Wirkungsgrad für die höchste Geschwindigkeitsstufe ist und daß die Verluste bei den anderen Stufen annähernd die gleichen sind, daß aber der Wirkungsgrad wegen der hier vorhandenen kleineren Leistung bedeutend schlechter wird. Man kann daher, wie beim AEG-Getriebe, ohne Wendegetriebe die strichpunktierte Wirkungsgradkurve der Abb. 64 angenähert zugrunde legen.

Die Umsteuerung des Getriebes wird durch Umsteuerung des Dieselmotors erreicht, wodurch das Wendegetriebe gespart wird. Das Gewicht wird ohne Kupplung zu 12000 kg angegeben, so daß man mit Kupplung etwa 11—12 kg/PS rechnen kann.

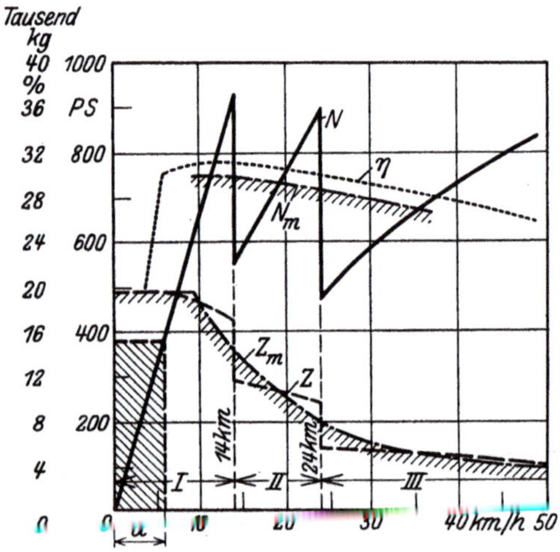

Abb. 77. Anfahrschaubild der Dieselzahnradlokomotiven von Krupp.
a Gleitperiode der Hauptkupplung.
I, II, III Schaltstufen.
N Leistungslinie.
N_m mittlere Leistungslinie.
Z Zugkraftslinie.
Z_m mittlere Zugkraft.
η gesamter Lok.-Wirkungsgrad bei größter Füllung.

Bei neueren Entwürfen[1] (Abb. 76) wird die Umsteuerung jedoch durch ein Kegelrad-Wendegetriebe mit einer Zahnkupplung *a* erreicht. Dieser Getriebeentwurf sieht außerdem noch die Umschaltung für Personen- und Schnellzugsdienst mit Zahnkupplung *b* und *e* vor. Bei einem weiteren Entwurf erreicht Krupp durch Antrieb von zwei Motoren über zwei Kegelantriebe in einem Getriebe eine Leistung von 2000 PS.

Der beim ersten Getriebe bestehende grundsätzliche Mangel der Zugkraft- und Leistungsunterbrechung bei Gangwechsel ist bei den neueren Ausführungen beseitigt worden, so daß eine bessere Schaltungsmöglichkeit vorhanden ist. Dennoch ist das Fahren von Zügen mit diesem Getriebe schwer und Zerreißen[2] von Zügen kann nur durch gute Schulung des Personals vermieden werden.

[1] Getriebe-Sonderheft VDI, S. 20, 21; Ebenda S. 21, Abb. 8 u. 9.
[2] Z. V. d. I. 1928, S. 91.

VII. Zahnrädergetriebe für geteilte Leistungsabgabe.

Das Prinzip der geteilten Leistungsabgabe wurde schon besprochen: Es gilt, im Getriebe zwei oder mehr Teile so beweglich zu machen, daß jeder dieser Teile einen Teil der Leistung weitergeben kann.

A. Getriebe mit senkrechten Motoren und Kegeltrieb.

Eine Ausführung für Antrieb von Fahrzeugen mit senkrechtem Elektromotor und Kegelrädern ist mit Patent Nr. 414917 bekannt geworden.

Als Leistungsträger werden sowohl Ständer als auch Läufer drehbar ausgeführt. Beide Teile übertragen damit je die halbe Gesamtleistung.

Die Welle des Läufers wird in der Hohlwelle des Ständers gelagert. Beide Wellen haben am Ende je ein Kegelrad, welches auf je ein auf der Blindwelle befestigtes Kegelrad arbeitet.

Die Räderpaare sind so bemessen, daß gleiche Übersetzungsverhältnisse vorhanden sind.

Diese Anordnung bietet folgende Vor- und Nachteile. Der Axialschub der Kegelräder wird in bezug auf die Blindwelle oder Treibachse aufgehoben, doch wirkt er auf die Wellen der Antriebszahnräder zurück und beansprucht sie auf Biegung; die Lagerung der Läuferwelle in der Hohlwelle bereitet Schwierigkeiten.

Bei gleicher Motorleistung werden die Kegelradabmessungen bedeutend kleiner, so daß größere Leistungsübertragungen bei kleinen Spurweiten gegenüber der einfachen Leistungsabgabe möglich sind; ebenfalls kann man bei gleicher absoluter Drehzahl des Motors die doppelt so große Leistung unterbringen, als bei ungeteilter Leistungsabgabe, aber dafür macht die Lagerausführung des drehbaren Stators bedeutende Schwierigkeiten. Schließlich müssen noch besondere Vorrichtungen zum Schutz des Kollektors vor Öl getroffen werden, so daß erst die praktische Ausführung beweisen wird, ob diese Getriebeart eine brauchbare Lösung ist.

B. Planetengetriebe.

Eine andere Lösung der geteilten Leistungsabgabe bietet das vom Werkzeugmaschinenbau bekannte Planetengetriebe.

Wenn in Abb. 78 die Antriebswelle *e* in Pfeilrichtung gedreht wird, die Welle *f* jedoch feststeht, muß sich das Rad III mit der Welle *d* in der gezeichneten Pfeilrichtung drehen; es liegt ungeteilte Leistungsabgabe vor. Ist jedoch sowohl die Welle *f* als auch *d* drehbar, so drehen sich beide Wellen in entgegengesetzter Richtung und übertragen je einen Teil der Gesamtleistung (geteilte Leistungsabgabe).

Der Anteil der Leistung richtet sich nach der Drehzahl der Wellen, die wieder durch Anzahl und Durchmesser der Planetenräder bestimmt ist.

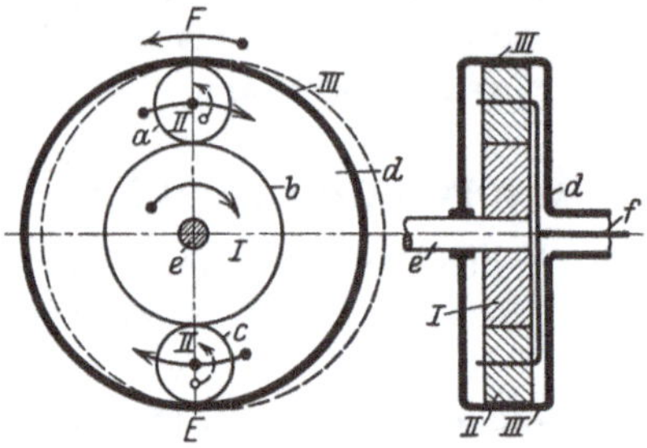

Abb. 78. Planetengetriebe und Schema der Reibradgetriebe nach Garrard.

Die Übersetzungsverhältnisse lassen sich für den gezeichneten Fall $\ddot{u} = \frac{\gamma_1}{\gamma_a} - 1$ nach den hierfür geltenden Formeln (Dubbel S. 1315 und Hütte II, S. 415) bestimmen. Doch schon die Anordnung der Lagerung der Räder und Wellen macht das Planetengetriebe für den Betrieb von Eisenbahnfahrzeugen ungeeignet. Für den Kraftwagenbau wird das Planetengetriebe in Ausführung mit Kegelrädern als Differentialgetriebe vielfach verwendet.

VIII. Unverzahnte Getriebe.

Diese Getriebe übertragen die Leistung mit Hilfe der Reibung (Reibradgetriebe, Freilaufgetriebe) oder mittels eines veränderlichen Hebelarmes beim Hebelumformer.

Von diesen Getrieben kommen die Hebelumformer zur Übertragung derartiger Leistungen, wie sie zum Antrieb von Fahrzeugen notwendig sind, nicht in Frage. Sie werden hauptsächlich bei Steuerungen, insbesondere von Verbrennungsmotoren, verwendet. Hier sei jedoch nur der Vollständigkeit halber darauf hingewiesen, daß sich eine vollkommen kontinuierliche Steuerung mit dem Hebelumformer erreichen läßt[1].

Bei den Reibradgetrieben ist die selbsttätige Anpassung des Anpressungsdruckes an die jeweils zu übertragende Leistung einerseits zur Vermeidung des Schlupfes und andererseits zur Verkleinerung der Reibungsverluste notwendig. Dies wird in vorzüglicher Weise beim Garrard-Getriebe erreicht, dessen Wirkungsweise aus Abb. 78 links hervorgeht.

Die Rollen *a*, *b* und *c* sind fest gelagert, während der Spannring *d* auf den Rollen *a* und *c* ruht. Wird nun die Rolle *a* angetrieben und ist zwischen *a* und *d* bei der Stelle *F* ein Schlupf vorhanden, so ist die Umfangsgeschwindigkeit bei *F* kleiner als bei *E*, so daß der Spannring in die gestrichelte Lage übergeht und die Rollen *a*, *b* und *c* gegeneinanderpreßt. Hierdurch wird der Anpressungsdruck selbsttätig geregelt und der Schlupf vermieden. Da außerdem die Lager vom Reibungs-

[1] Siehe Getriebe. Z. V. d. I. 1928, S. 36, 37.

druck frei sind, kann ein sehr guter und von Halblast an fast gleichbleibender Wirkungsgrad von 98% erzielt werden.

Wenn dieses Getriebe bisher noch nicht als Fahrzeuggetriebe verwendet worden ist, erscheint es doch nicht ausgeschlossen, daß es durch Umschaltung der einzelnen Rollen mit Kupplungen als Wechselgetriebe für Fahrzeuge durchgebildet werden kann.

Ein ganz anders ausgeführtes Reibradgetriebe ist das bekannte Automobilgetriebe von Lavaud. Dieses verwendet eine Pendelscheibe in Verbindung mit einem Freilauf, wie er im Fahrradbau üblich ist. Die hubförmigen Bewegungen der Pendelscheibe werden mit 6 Stangen auf das Freilaufgetriebe übertragen und von dort aus mit dem gebremsten Freilauf auf die Antriebswelle weitergegeben.

Das abgegebene Drehmoment ist gleichmäßig, weil immer die Hälfte der Schubstangen auf das Freilaufgetriebe wirken. Die Unmöglichkeit, mit einem Freilaufgetriebe große Momente zu übertragen, macht das Getriebe jedoch nur für kleine Fahrzeuge, wie Automobile, brauchbar, für die Zugförderung kommt es schon aus Gründen der Betriebssicherheit nicht in Frage.

IX. Getriebe mit mehr oder weniger kompressiblen Mitteln.

A. Allgemeines.

Während bei den bisher beschriebenen Getrieben Kräfte und Geschwindigkeiten mit starren Mitteln (Räder und Stangen) übertragen wurden, ohne daß es möglich war (bei Zahnräderwechselgetrieben innerhalb der eingeschalteten Stufe), die in das Getriebe gegebenen Kräfte wahlweise geändert an die Antriebswelle weiterzugeben, wird bei den folgenden Getrieben versucht, das Produkt Kraft mal Geschwindigkeit so zu übertragen, daß bei gleichbleibendem Produkt wahlweise die Faktoren geändert werden können.

Der Grundgedanke ist also derjenige: auf das Treibmittel (z. B. Flüssigkeit oder Gas) irgend eine Leistung

$$N_{\text{I}} = \frac{Md_{\text{I}} \cdot n_{\text{I}}}{716} \text{ PS}$$

zu übertragen und die Leistung

$$N_{\text{II}} = N_{\text{I}} = \frac{Md_{\text{II}} \cdot n_{\text{II}}}{716} \text{ PS}$$

unter beliebiger Wahl von Md_{II} und n_{II} aus dem Treibmittel zu entnehmen, wobei $Md_{\text{II}} \cdot n_{\text{II}}$ konstant bleibt.

Grundlegend notwendig ist daher ein Leistungserzeuger (Pumpe und Kompressor), ein geeignetes Übertragungsmittel (Flüssigkeit, Gas) und ein Leistungsabnehmer, der wahlweise ein bestimmtes Drehmoment abgeben kann.

Daneben sind selbstverständlich Sicherheitsorgane, Steuerungsteile usw. erforderlich.

Das Idealgetriebe erfüllt die Forderungen des Anfahrschaubildes:

1. Anfahrt mit konstantem Drehmoment,

2. gleichmäßige Steigerung der Leistung von $N=0$ bei $v=0$ auf $N=N_{\mathrm{I}}$ bei $v=v_{\mathrm{I}}$ und

3. $N_{\mathrm{I}}=\mathrm{const}$ (nach Anfahrt) bei wechselbarem

$$Md = \frac{N}{n} \cdot 716$$

dadurch, daß es die Fördermenge der Pumpe (Kompressor) von der Größe $V=0$ bei der Geschwindigkeit $v=0$ bis auf die Menge $V=V_{\mathrm{I}}$ bei der Zuggeschwindigkeit $v=v_{\mathrm{I}}$ gleichmäßig ändert und von v_{I} (Normalgeschwindigkeit) an die Leistung konstant hält (V vergrößert, p verkleinert), während die Schluckfähigkeit des Getriebemotors über den ganzen Fahrbereich gleich bleibt.

Diese allgemeinen Gesichtspunkte gelten für Flüssigkeits- als auch für Gasgetriebe, während aber bei jenen einfache Formeln angewendet werden können, muß bei diesen die Wärmetheorie zur Beurteilung der Leistungsverhältnisse herangezogen werden.

B. Flüssigkeitsgetriebe.

1. Leistungsverhältnisse, Drehmomente, Übersetzungen.

a) Einteilung der Flüssigkeitsgetriebe.

Für die in der Flüssigkeitspumpe erzeugte und durch das Getriebe flutende Leistung gilt:

$$\frac{Md_{\mathrm{I}} \cdot n_{\mathrm{I}}}{716} = N_{Fl} = \frac{Md_{\mathrm{II}} \cdot n_{\mathrm{II}}}{716}.$$

Die Leistung fließt also von der Antriebswelle des Getriebes über die Flüssigkeit zur Abtriebswelle des Getriebes. Wenn man in die Formel die Größen der Flüssigkeitsgetriebe einführt, ergibt sich:

$$\text{(kg/cm}^2\text{) (cm}^2\text{)}^m \text{ (Umdr/Min)}$$

$$N_{Fl} = \frac{p \cdot F \cdot s \cdot n \cdot \gamma}{60 \cdot 75} = \frac{p \cdot V \cdot n \cdot \gamma}{60 \cdot 75 \cdot 100},$$

wenn V in cm^3 = Fördermenge/Hub,
N_{Fl} = Flüssigkeitsleistung in PS,
p = $\mathrm{kg/cm}^2$ Flüssigkeitsdruck,
n = Drehzahl in der Minute und
γ = Einheitsgewicht ist.

Es gilt also beim verlustlosen Getriebe:

$$N_{\mathrm{I}} = N_{Fl} = \frac{V_{\mathrm{I}} \cdot p_{\mathrm{II}} \cdot \gamma \cdot n_{\mathrm{I}}}{60 \cdot 75 \cdot 100} = \frac{V_{\mathrm{II}} \cdot p_{\mathrm{II}} \cdot \gamma \cdot n_{\mathrm{II}}}{60 \cdot 75 \cdot 100}.$$

Da p_{I} und p_{II} einander gleich und nach oben hin begrenzt sind, kann man folgende Gruppen von Flüssigkeitsgetrieben unterscheiden:

Gruppe 1 Flüssigkeitsgetriebe, bei welchen V_{II} und V_{I} unveränderlich sind und n_{I} in bestimmten Grenzen geändert werden kann,

Gruppe 2 Flüssigkeitsgetriebe, bei welchen V_{II} konstant gehalten V_{I} stufenweise geändert und n_{I} in bestimmten Grenzen geregelt werden kann,

Gruppe 3 Flüssigkeitsgetriebe, bei welchen V_{I} gleichmäßig geändert und V_{II} und n_{I} konstant gehalten wird und schließlich

Gruppe 4 Flüssigkeitsgetriebe, bei welchen zur Erfüllung der geteilten Leistungsabgabe auch V_{II} gleichmäßig geändert werden kann.

b) Getriebe mit konstanten Pumpen und Motorvolumen.

Für den Fall V_{I} und V_{II} const; $n_{\mathrm{I}} =$ veränderlich, ergibt sich folgendes:

Übersetzungsverhältnisse

$$n_{\mathrm{I}} \cdot V_{\mathrm{I}} = \text{Fördermenge} = n_{\mathrm{II}} \cdot V_{\mathrm{II}}$$

und damit

$$\frac{n_{\mathrm{I}}}{n_{\mathrm{II}}} = \frac{V_{\mathrm{II}}}{V_{\mathrm{I}}}.$$

Die Drehzahlen verhalten sich umgekehrt wie die wirksamen Inhalte der zugehörigen Getriebeteile.

Drehmomente.

$$Md_{\mathrm{I}} = 716 \cdot \frac{N_{\mathrm{I}}}{n_{\mathrm{I}}}, \qquad N_{\mathrm{I}} = N_{\mathrm{II}},$$

$$Md_{\mathrm{II}} = 716 \cdot \frac{N_{\mathrm{II}}}{n_{\mathrm{II}}}, \qquad \frac{Md_{\mathrm{II}}}{Md_{\mathrm{I}}} = \frac{n_{\mathrm{I}}}{n_{\mathrm{II}}}.$$

Die Drehmomente verhalten sich umgekehrt wie die Drehzahlen der zugehörigen Getriebeteile.

Leistungsverhältnisse.

Eine Veränderung der Leistung von

$$N = 0 \text{ bei } n = 0 \text{ und } N = N_{\mathrm{I}} \text{ bei } n = n_{\mathrm{I}}$$

ist bei dem konstanten Übersetzungsverhältnis nur möglich durch Änderung von $n_{\mathrm{I}} = 0$ bis n_{I}. Die Steuerung muß also durch Drehzahländerung der Antriebsmaschine erreicht werden.

Nach der Anfahrperiode kann jedoch N nur konstant gehalten werden bei Änderung von n_{II}, wenn n_{I} und p_{I} geändert werden, weil der Getriebemotor je Umdrehung eine konstante Flüssigkeitsmenge schluckt.

Aus diesen Gründen sind Getriebe dieser Art, zu denen der Föttinger Umformer gehört, für Fahrzeuge nicht geeignet.

c) Getriebe mit stufenweiser Änderung des Pumpenvolumens.

Kann in einem Flüssigkeitsgetriebe V_{I} bei konstantem V_{II} stufenweise geändert werden und läßt sich dabei n_{I} in gewisssen Grenzen regeln, so gelten folgende Beziehungen:

Übersetzungsverhältnisse:

Für jede Stufe ist:

$$\frac{n_{\mathrm{I}}}{n_{\mathrm{II}}} = \frac{V_{\mathrm{II}}}{V_{\mathrm{I}}}.$$

Da die Drehzahl der Antriebsmaschine innerhalb der Schaltstufe bei konstantem Flüssigkeitsdruck geändert werden kann, lassen sich bei günstiger Wahl z. B.

$$V_{\mathrm{II}} = 2 \cdot V_{\mathrm{I}}.$$

Stufe 1 mit V_{I},
Stufe 2 mit V_{II} und
Stufe 3 mit $V_{\mathrm{I}} + V_{\mathrm{II}} = 3 \cdot V_{\mathrm{I}}$,

also schon drei Schaltstufen erreichen mit nur zwei verschiedenen Pumpeninhalten.

Man kann also die Zuggeschwindigkeit wie beim Zahnradgetriebe (Abb. 63, 67, 72, 77, 85 und 117, 125) zwischen den Stufen durch Änderung der Drehzahl der Antriebswelle regulieren, wenn der Überschuß der geförderten Flüssigkeitsmenge unterhalb der Zünddrehzahl des Antriebsmotors durch einen Umlauf vom Flüssigkeitsmotor ferngehalten wird.

Hält man jedoch die Drehzahl des Ölmotors konstant, so ändert sich der Flüssigkeitsdruck bei Steigerung der Drehzahl des Flüssigkeitsmotors. Da aber Flüssigkeitspumpe und Motor durch den Flüssigkeitsstrom zwangläufig gekuppelt sind, wird der Dieselmotor von einer bestimmten Drehzahl des Flüssigkeitsmotors ab beschleunigt, wenn zwischen Flüssigkeitsgrenze und Motor nicht Ausgleichs- oder Sammelbehälter geschaltet werden, die unter dem Druck der Flüssigkeit stehen.

Das Verfahren, die Drehzahländerung des Antriebsmotors zur Zugbeschleunigung heranzuziehen, ist der Stufenschaltung des Zahnradgetriebes gleichwertig: es erfolgt Unterbrechung der Zugkraft beim Umschalten auf eine andere Stufe (Abb. 85), wenn die neue Stufe nicht im gleichen Maße zugeschaltet wie die alte Stufe abgeschaltet wird.

Bei konstanter Antriebs-Motordrehzahl hingegen sinkt der Druck von einem Höchstwert bis auf einen Endwert für die augenblickliche Stufe. Soll nun aber beim Zuschalten der neuen Stufe die Drehzahl des Antriebsmotors gleich bleiben, so muß so geschaltet werden können, daß keine stoßartige Drucksteigerung erfolgt, d. h. der größte Teil der Flüssigkeitsmenge muß leer umlaufen können, bis sie vom Flüssigkeitsmotor berarbeitet werden kann.

Man erhält so eine stufenförmige Zugkraftkurve (Abb. 85), wobei die Zugkraft konstant ist, solange der Flüssigkeitsüberschuß durch Umlauf gedrosselt wird und die Zugkraft nach der annähernden Zugkrafthyperbel sinkt, wenn der Umlauf gesperrt und der Flüssigkeitsdruck abfällt.

Die im Umlauf gedrosselte Leistung ist eine Verlustleistung, die den Wirkungsgrad der Flüssigkeitsgetriebe dieser Art bedeutend herabdrückt.

Drehmomente, Leistungsverhältnisse.

$$Md_{II} = \frac{N_{II}}{n_{II}} \cdot 716 .$$

$N_{II} = N_I$ für alle Drehzahlen über der Höchstdrehzahl der ersten Schaltstufe, wenn man die Drehzahl der Antriebswelle innerhalb der Schaltstufen zur Zugbeschleunigung heranzieht.

$$N_I = \frac{V_I \cdot p_I \cdot n_I \cdot \gamma}{60 \cdot 75 \cdot 100},$$

wobei für die Anfahrt

$p_I = p_{II} = \text{const}$, bei $N_{II} = 0$ bis $N = N_I$,
$n_I =$ veränderlich, $v_I =$ veränderlich und für die Dauerfahrt,
$p_I = p_{II} =$ veränderlich für $N_{II} = \text{const}$,
$n_I =$ veränderlich $V_I =$ veränderlich ist.

Das an die Treibräder abgegebene Drehmoment ermittelt sich damit aus

$$Md_{II} = \frac{V_I \cdot p_I \cdot n_I \cdot \gamma}{n_{II}} \frac{716}{60 \cdot 75 \cdot 100} = 0{,}00159 \cdot V_I \cdot p_I \cdot \gamma \cdot \frac{n_I}{n_{II}} \cdot$$

wenn der Getriebe-Wirkungsgrad außer Betracht gelassen wird und n_I die Drehzahl der Antriebswelle und n_{II} die Drehzahl der Abtriebswelle ist.

Für jede Stufe ist die Fördermenge/Hub der Pumpe unveränderlich und das an die Treibräder abgegebene Drehmoment

$$Md_{II} = \text{const}\ \frac{n_I}{n_{II}}$$

nur dann gleichbleibend, wenn $\frac{n_I}{n_{II}}$ gleich groß gehalten wird, d. h. wenn die Drehzahl des Antriebsmotors der Steigerung der Zuggeschwindigkeit angepaßt wird. (Beim Ölmotor durch Brennstoffzufuhr.)

Bei Umschalten von einer Stufe auf die andere bleibt das Drehmoment nur dann gleich groß, wenn $V_I \cdot n_I$ gleich bleibt, d. h. wenn vor Einschalten der nächsten Stufe n_I (beim Ölmotor durch Brennstoffdrosselung) so verringert wird, daß die neue Drehzahl beim Umschalten

$$n'_I = \frac{V_I \cdot n_I}{V_{II}} \text{ ist.}$$

Steuerung:

Die Anfahrt der Flüssigkeitsgetriebe dieser Gruppe gestaltet sich wie folgt:

Herabminderung der Motordrehzahl,

Öffnen des Flüssigkeits-Drosselventiles der Stufe 1,

Einschalten von Stufe 1,

Langsames Schließen des Drosselventils der Stufe 1, wenn geschlossen,

Steigerung der Motordrehzahl bis zum Höchstwert und weiter zum Übergang auf Stufe 2,

Verkleinerung der Motordrehzahl,

Öffnen des Drosselventils der Stufe 2,

Einschalten von Stufe 2 usw.

Diese Getriebe sind wohl für Fahrzeuge geeignet, doch verschlechtert sich der Anfahrwirkungsgrad durch die Drosselverluste. Eine weitere Verschlechterung des Wirkungsgrades des Antriebsmotors tritt durch die Art der Steuerung ein, wie es z. B. für Ölmaschinen aus Abb. 7 hervorgeht. Außerdem wird die Steuerung unübersichtlich.

Man kann natürlich, wie beim verbesserten Lenzgetriebe, einen Zwischenweg einschlagen und den Druck nur so lange konstant halten, als das Drosselventil geöffnet ist und ihn dann bis zur Einschaltung der nächsten Stufe kleiner werden lassen. Dann ergibt die Zugkraftlinie eine stufenförmige Kurve, wie Abb. 85 zeigt.

d) Getriebe mit gleichmäßig veränderlichem Pumpenhub.

Bei Flüssigkeitsgetrieben, die eine gleichmäßige Änderung von V_I/Hub bei unveränderlichem V_{II}/Hub gestatten, gilt folgendes:

Übersetzungsverhältnisse:

$V_{II} = C \cdot V_I$, wenn C die jeweilige Übersetzung $= \frac{V_{II}}{V_I}$ ist. Abgesehen von den Verlusten und für $\gamma = 1$ ist

$$N_I = N_{II} = \frac{V_I \cdot p_I \cdot n_I}{100 \cdot 60 \cdot 75} = \cdot \frac{V_{II} \cdot p_{II} \cdot n_{II}}{100 \cdot 60 \cdot 75}.$$

Wenn nun n konstant gehalten wird, ist

$$n_{II} = \frac{V_I \cdot p_I \cdot n_I}{V_{II} \cdot p_{II}}.$$

Da weiter in der Anfahrperiode von $v = 0$ bis $v = v_1 = 0{,}5\, v_{\max}$, $p_I = p_{II} = \text{const}$ sein muß nach dem ideellen Anfahrschaubild Abb. 1, ist mit der gleichmäßigen Änderung von V_I

$$n_{II} = c \cdot \frac{V_I \cdot n_I}{V_{II}}.$$

Nach Beendigung der Anfahrperiode soll $N_I = N_{II} = \text{const}$ sein. Daraus ergibt sich:

$$p_{II} = p_I = \frac{N_I \cdot 100 \cdot 60 \cdot 75}{V_{II} \cdot n_{II}},$$

$$p = k \cdot \frac{1}{n_{II}},$$

d. h. der Druck muß nach einer Hyperbel abfallen bei linear verlaufender Zunahme von n_{II}.

Drehmomente:

$n_I = \text{const}$; $p_I = p_{II} = \text{const}$ für Anfahrt, veränderlich für Dauerfahrt; $V_I =$ veränderlich, $V_{II} = \text{const}$; N_I const für Dauerfahrt; veränderlich für Anfahrt, dann ist:

$$M d_{II} = \frac{N_I \cdot 716}{n_{II}} = \frac{716}{60 \cdot 75 \cdot 100} \cdot V_I \cdot p_{II} \frac{n_I}{n_{II}}.$$

Damit wird für Anfahrt ($p = \text{const}$)

$$M d_{II} = \frac{716}{60 \cdot 75 \cdot 100} \cdot p_I \cdot n_I \cdot \frac{V_I}{n_{II}} = k_1 \frac{V_I}{n_{II}};$$

dies ist nur dann const, wenn $\frac{V_I}{n_{II}}$ gleich bleibt, also V_I linear mit n_{II} durch die Steuerung geändert wird.

Für Dauerfahrt ist die Bedingung $Md_{II} \,.\, n_{II} = \text{const}$ nach Abb. 1, bei $n_I = \text{const}$ also:

$$n_{II} \cdot M d_{II} = k_2 \cdot V_1 \cdot p_1 = \text{const}$$

nur erfüllt, wenn $p = \frac{1}{V_I}$ ist, wenn also p mit gleichmäßiger Vergrößerung von V_I nach der Hyperbel abfällt.

Leistungsverhältnisse:

$$N_I \cdot \eta = N_{II} = \frac{V_I \cdot p_I \cdot n_I \cdot \eta}{100 \cdot 60 \cdot 75}.$$

Die Leistung N_{II} ist dann verhältnisgleich der steigenden Zuggeschwindigkeit (Abb. 1), wenn bei const p_I und n_I; V_I verhältnisgleich der Geschwindigkeit geändert wird.

In der Dauerfahrt bleibt die Leistung konstant, wenn mit der durch die größere (der Zuggeschwindigkeit proportionalen) Schluckfähigkeit des Flüssigkeitsmotors bedingten Steigerung von V_I der Flüssigkeitsdruck im Verhältnis $\frac{1}{V_I}$ sinkt.

Die Flüssigkeitsgetriebe dieser Art vermögen also durch Veränderung von V_I über den gesamten Fahrbereich dadurch das Anfahrschaubild in idealer Weise zu erfüllen, daß V_f verhältnisgleich mit der Zuggeschwindigkeit geändert, p_I während der Anfahrperiode konstant gehalten, also während der Dauerfahrt im Verhältnis $\frac{1}{V_I}$ geändert wird.

Diese Getriebe gestatten also verlustlose Anfahrt mit einem const vielfachen Drehmoment an der Treibachse, schmiegen sich in der Dauerfahrt der Zugkraft und Leistungslinie des idealen Anfahrschaubildes an und gewähren bei const Antriebsmotordrehzahl den günstigsten mechanischen Wirkungsgrad des Antriebsmotors.

e) Getriebe mit gleichmäßig veränderlichem Pumpen- und Motorhub.

Soll ein Flüssigkeitsgetriebe für geteilte Leistungsabgabe durchgebildet werden, so muß einerseits sowohl Ständer als auch Läufer des Druckerzeugers drehbar gemacht werden, andererseits aber auch die vom Flüssigkeitsmotor gebrauchte Flüssigkeitsmenge von einem Höchstwert entsprechend dem Leistungsanteil auf 0 herabgemindert werden können. Es wird hier also erforderlich, V_{II}/Hub von einem Höchstwert auf 0 herabzuregulieren. Damit ist an der Blindwelle

$$Md_{\text{gesamt}} = Md_{I} + Md_{II},$$

wobei Md_I = Drehmoment des Antriebsmotors (direkt vom drehbaren Pumpenteil übertragenes Drehmoment) und Md_{II} = Drehmoment des Flüssigkeitsmotors ist.

Dementsprechend erhält man folgende Leistungsverhältnisse:

$$N_{\text{gesamt}} = N_{\text{mech}} + N_{II},$$

wenn N_{mech} vom drehbar ausgeführten Ständer abgegeben wird und N_{II} die Flüssigkeitsleistung ist.

Die Leistung teilt sich also im Druckerzeuger, flutet zu einem Teil mechanisch und zu einem anderen Teil als Flüssigkeitsleistung zur Blindwelle und geht von hier als Summe zum Treibrad.

Ganz allgemein gelten dann nach Abb. 104 folgende Beziehungen:

Übersetzungsverhältnisse:

$n_1 = \text{const},$

$n_2 = n_4 \cdot k_1$, wenn $k_1 = \frac{z_4}{z_2}$ und $n_3 = n_4 \cdot k_2$ ist, und $k_2 = \frac{z'_4}{z_3}$

gesetzt werden kann. Andererseits ist im Flüssigkeitsmotor

$$nFl = \frac{p_{II} \cdot V_{II} \cdot \frac{c_1}{c_2} \cdot n_3 \cdot \gamma}{60 \cdot 75 \cdot 100},$$

wobei c_2 = Höchsthub, c_1 = augenblicklich eingestellter Pumpenhub ist. Für $p_I = p_{II} = p$ = const wird dann für den Motor

$$N_{Fl} = \frac{p \cdot \gamma}{100 \cdot 60 \cdot 75} \cdot n_3 \cdot \frac{c_1}{c_2} \cdot V_{II},$$

$$N_{Fl} = k \cdot n_3 \cdot \frac{c_1}{c_2} \cdot V_{II}.$$

Nun läßt sich schreiben:

$$N_{Fl} = k \cdot n_3 \cdot \frac{c_1}{c_2} \cdot V_{II} = k \cdot n_{fl} \cdot V_{fl},$$

wenn $n_{fl} = (n_1 - n_2)$ = relative Drehzahl zwischen den beiden drehbaren Teilen der Flüssigkeitspumpe und V_{Fl} das augenblickliche Volumen der Pumpe/Hub ist. Dann ist

$$V_{Fl} = V_{\mathrm{I}} \cdot \frac{c_3}{c_4},$$

wenn c_4 Höchsthub und c_3 augenblicklicher Hub der Pumpe ist.

$$N_{Fl} = \frac{p \cdot \gamma}{100 \cdot 60 \cdot 75} \cdot V_{\mathrm{I}} \cdot \frac{c_3}{c_4} (n_{\mathrm{I}} - n_4 \cdot k_1),$$

wenn $n_4 \,.\, k_1 = n_2$ ist.

Soll das augenblickliche Volumen von Pumpe und Motor vom Höchstvolumen ausgedrückt werden, dann wird

$$a_{\mathrm{I}} = V_{\mathrm{I}} \cdot \frac{c_3}{c_4} \cdot 100; \quad a_{\mathrm{II}} = V_{\mathrm{II}} \cdot \frac{c_1}{c_2} \cdot 100$$

und auf die Pumpe bezogen:

$$N_{Fl} = \frac{p \cdot \gamma}{60 \cdot 75 \cdot 100 \cdot 100} \cdot a_{\mathrm{I}} \cdot (n_{\mathrm{I}} - n_4 \cdot k_1),$$

auf den Motor bezogen:

$$N_{Fl} = \frac{p \cdot \gamma}{60 \cdot 75 \cdot 100 \cdot 100} a_{\mathrm{II}} \cdot n_4 \cdot k_2;$$

da $n_3 = n_4 \cdot k_2$ ist.

Durch Gegenüberstellung erhält man:

$$a_{\mathrm{I}} \cdot (n_{\mathrm{I}} - n_4 \cdot k_1) = a_{\mathrm{II}} \cdot n_4 \cdot k_2$$

und daraus

$$a_{\mathrm{I}} \cdot n_{\mathrm{I}} = n_4 (a_{\mathrm{II}} \cdot k_2 + a_{\mathrm{I}} \cdot k_1)$$

und

$$n_4 = \frac{a_{\mathrm{I}} \cdot n_{\mathrm{I}}}{a_{\mathrm{I}}\, k_{\mathrm{I}} + a_{\mathrm{II}} \cdot k_2}$$

oder

$$n_4 = \frac{n_{\mathrm{I}}}{k_{\mathrm{I}} + \frac{a_{\mathrm{II}} \cdot k_2}{a_{\mathrm{I}}}}$$

und, da

$$\frac{a_{\mathrm{II}}}{a_{\mathrm{I}}} = \frac{V_{\mathrm{II}} \cdot \frac{c_1}{c_2} \cdot 100}{V \cdot \frac{c_3}{c_4} \cdot 100} = \frac{V_{\mathrm{II}}}{V_{\mathrm{I}}} \cdot \frac{c_1}{c_2} \cdot \frac{c_4}{c_3}$$

ist, wird schließlich

$$\boxed{n_4 = \frac{n_{\mathrm{I}}}{\frac{z_4}{z_2} + \frac{V_{\mathrm{II}}}{V_{\mathrm{I}}} \cdot \frac{c_1}{c_2} \cdot \frac{c_4}{c_3} \cdot \frac{z_4'}{z_3}}}$$

wobei

c_2 = Höchsthub des Motors,
c_1 = eingestellter Hub des Motors,
c_3 = „ „ der Pumpe,
c_4 = Höchsthub „ „ ,
$k_{\mathrm{I}} = \frac{z_4}{z_2}$; $k_2 = \frac{z_4^{\mathrm{I}}}{z_3}$ ist.

Drehmomente:

$$Md_4 = 716 \cdot \frac{N_{Fl}}{n_4} + Md_{\text{mech}}$$

oder da

$$Md_{\text{mech}} = Md_{\text{Diesel}} \cdot k_{\text{I}} = Md_{\text{Diesel}} \cdot \frac{z_4}{z_2}$$

ist, wird

$$Md_4 = 716 \cdot \frac{N_{Fl}}{n_4} + M_{\text{Diesel}}\, k_{\text{I}}\,.$$

Dem Drehmoment der Dieselmaschine wird also ein Moment überlagert, welches ein Anpassen an die Zugkrafthyperbel gestattet (siehe Abb. 109 beim Schneider-Getriebe).

Leistungsverhältnisse.

$$N_4 = \frac{M_{\text{Diesel}} \cdot k_{\text{I}} \cdot n_4}{716} + N_{Fl}$$

und bei Berücksichtigung der Wirkungsgrade

$$N_4 = N_{\text{I}} \cdot \eta_{\text{g}} = N_{\text{I mech}} \cdot \eta_{\text{mech}} + N_{\text{I}\,Fl} \cdot \eta_{Fl}\,,$$

$$N_4 = \frac{M_{\text{Diesel}} \cdot k_{\text{I}} \cdot n_4 \cdot \eta_{\text{mech}}}{716} + N_{Fl} \cdot \eta_{Fl}\,.$$

Hieraus ergibt sich, daß der an der Blindwelle abgegebene Teil der mechanischen Leistung nach einer Geraden verläuft. Dementsprechend muß der Leistungsanteil der Flüssigkeit vermindert werden durch Verkleinerung von N_{Fl}. Dies geschieht einerseits durch Verkleinerung der relativen Drehzahl, andererseits durch Hubverkleinerung (s. Abb. 110). Da η_{mech} groß ist im Verhältnis zu η_{Fl}, ergibt sich schließlich als Vorteil der geteilten Leistungsabgabe ein hoher Gesamtwirkungsgrad.

2. Ausgeführte Getriebe

a) Allgemeines.

Zur Druckerzeugung in einem durch das Flüssigkeitsgetriebe flutenden Flüssigkeitsstrom und zur Umwandlung der so erzeugten Flüssigkeitsleistung in mechanische Leistung sind sowohl Kapselpumpen, Kolbenpumpen als auch nach dem Zentrifugalprinzip arbeitende Pumpen verwendet worden.

Zentrifugalpumpen als Druckerzeuger erfordern hohe Flüssigkeitsgeschwindigkeiten; weil die drehbaren Pumpenteile aber mit dem Quadrate der Geschwindigkeit steigend mechanisch beansprucht werden, ist die höchste Druckgrenze einerseits abhängig vom spezifischen Gewicht der Flüssigkeit, andererseits vom spezifischen Gewicht und der Zugfestigkeit der drehbaren Teile des Pumpenmaterials.

Es lassen sich so wohl höchste Drücke durch Zentrifugalwirkung erzeugen, doch bieten die großen Geschwindigkeiten der Flüssigkeit

Schwierigkeiten bei der Vermeidung von Stoß- und Wirbelverlusten, so daß bei hohen Drücken schlechte Wirkungsgrade erzielt werden. Außerdem können veränderliche Übersetzungsverhältnisse nur durch Pumpenstufen erreicht werden.

Daneben sind Getriebe bekannt geworden, die das Prinzip der Schiffspropeller anwenden, indem sie mit einem mit der Antriebswelle verbundenen Propeller einen Flüssigkeitsstrom erzeugen, der nun auf einen zweiten mit der Triebachse verbundenen Propeller arbeitet. Durch Verdrehung der Schaufeln radial um ihre eine Achse ist es möglich, bei gleichbleibender Drehzahl des Antriebspropellers eine verschiedene Flüssigkeitsgeschwindigkeit und damit eine verschiedene Drehzahl des zweiten Propellers zu erzielen, die Lokomotive also verlustlos anfahren zu lassen.

Diese Anordnung erfordert jedoch höchste Flüssigkeitsgeschwindigkeiten, wenn das Getriebe kleine Abmessungen erhalten soll. Der Wirkungsgrad des Getriebes muß unter diesen Umständen schlecht ausfallen, so daß eine Verwendung des Getriebes bei Lokomotiven aussichtslos erscheint.

Kapselpumpen bieten wohl die Möglichkeit, große Flüssigkeitsmengen zu bewältigen, doch erlaubt die Dichtung zwischen Schaufel und Zylinderwandung keine hohen Drücke, weil sonst die Flüssigkeitsverluste zu groß werden.

Kolbenpumpen bieten die beste Möglichkeit der Abdichtung und damit die Erzeugung höchster Drücke. Durch Änderung des Kolbenhubes kann die geförderte Flüssigkeitsmenge im Gegensatz zu Kapselpumpen, bei denen mehrere Pumpenstufen vorgesehen werden müssen, beliebig geändert werden.

b) Rieseler-Turbogetriebe.

Das Rieseler-Getriebe verwendet sowohl zur Druckerzeugung als auch zum Antrieb des Fahrzeuges Schleuderpumpen. Nach den Formeln für die Schleuderpumpen ist die erzeugte Druckhöhe verhältnisgleich dem Quadrate der Flüssigkeitsgeschwindigkeit und bei gegebenem Durchmesser daher auch verhältnisgleich dem Quadrate der Drehzahl. Daher sind einerseits große Drehzahlen des Antriebsmotors zur Erzeugung genügend großer Drücke bei kleinen Getriebeabmessungen (wie sie für Fahrzeuge notwendig sind) notwendig, andererseits muß der Antriebsmotor möglichst mit gleicher Drehzahl laufen, damit das nach dem allgemeinen Anfahrschaubild (Abb. 1) geforderte Drehmoment vorhanden ist. Hieraus ergibt sich weiter, daß die Fördermenge der Pumpe durch Anwendung von einzelnen Stufen geändert werden muß; erst nach der Anfahrt kann wegen der Zugkrafthyperbel (Abb. 1) die Drehzahl des Antriebsmotors zur Steuerung mit herangezogen werden.

Beim ausgeführten Rieseler-Getriebe für Automobile, Abb. 79, werden zwei Turbinen-Vorwärtsgänge für den Flüssigkeitsmotor, und ein Turbinen-Rückwärtsgang vom Schaufelkranz und Leitkranz der verschiebbaren Primärturbine (Flüssigkeitspumpe) gespeist. Die Verschiebung der Primärturbine wird vermittels einer Hohlwelle, die auf der Antriebswelle in Längsrichtung verschiebbar angeordnet ist, und einem Hebelwerk erreicht. Außerdem ist es möglich, mit dem Hebelwerk Primärturbine und Sekundärturbine fest miteinander zu verbinden, also auf einen direkten Gang überzugehen.

Dieses Getriebe unterscheidet sich im Prinzip nicht vom Föttinger-Umformer, macht jedoch Primärteil und Sekundärteil des Umformers

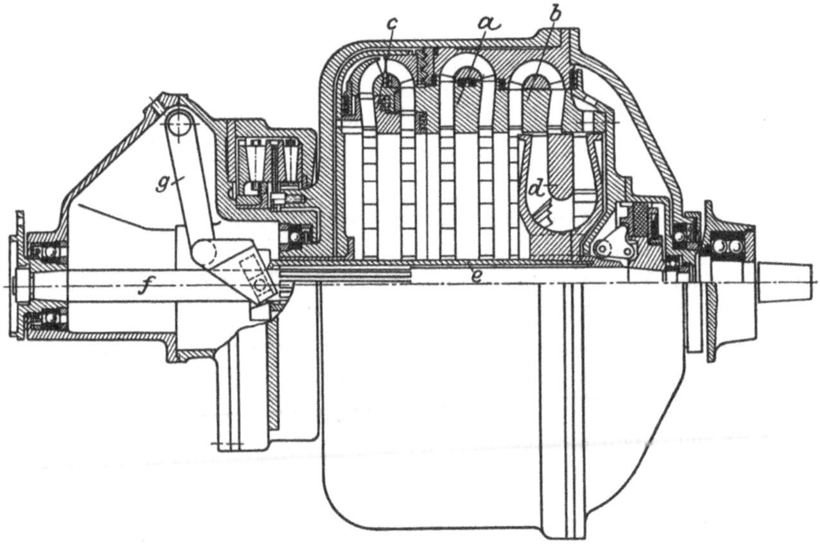

Abb. 79. Rieseler-Turbogetriebe. (Der Motorwagen 1925, S. 736.)
a, *b* Stufen der Primärturbine, *c* Rückwärtsstufe der Primärturbine, *d* Sekundärturbine = Getriebemotor (auf Welle *f* verschiebbar), *e* Hohlwelle, *g* Steuerhebel.

gegeneinander verschieblich, so daß mehrere Stufen eingeschaltet werden können.

Das Getriebe muß als gute Lösung betrachtet werden, wenn es auch keine kontinuierliche Steuerung ergibt. Das Drehmoment des Sekundärteiles ist beim Beginn der Anfahrt 2,6fach, bei 50% der Höchstgeschwindigkeit etwa 1,7fach; der Wirkungsgrad schwankt zwischen 80 und 86% und ist in der Dauerfahrt etwa 97%[1].

Es muß jedoch hervorgehoben werden, daß das Rieseler-Getriebe nur für Motoren mit etwa 2000 Tourenzahlen und darüber kleine Gewichte erhält und daher nur für Automobile in Frage kommt.

[1] Der Motorwagen 1925, S. 735—739; 1926, S. 164—166; 1928, S. 173.

c) Kapselgetriebe.

α) Lenz-Getriebe.

Das Verdienst, ein für Fahrzeuge geeignetes Kapselgetriebe durchgebildet zu haben, gebührt dem Baurat Lenz.

Der Aufbau des Lenz-Getriebes geht aus der Abb. 80 hervor. Im zylindrischen Gehäuse Abb. 80 links wird vom Antriebsmotor mit der Welle W_p eine Trommel gedreht, welche die Kapselschieber in Nuten hält. Bei Drehung der Welle und der Trommel werden die Kapsel-

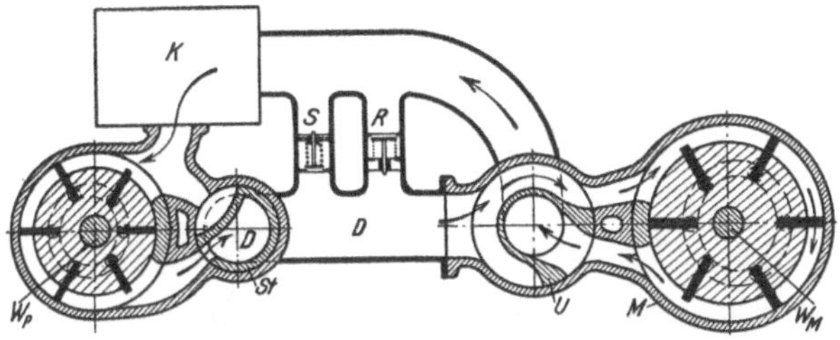

Abb. 80. Schema des Lenz-Getriebes.

schieber durch eine Kurvenbahn (gestrichelt) so geführt, daß sie bei der steuernden Kante L Abb. 82 in den Zylinder hineingezogen und an der gegenüberliegenden Seite gegen die Zylinderwand gedrückt werden. Bei der Drehung wird Flüssigkeit aus dem Ausgleichsbehälter K mit den

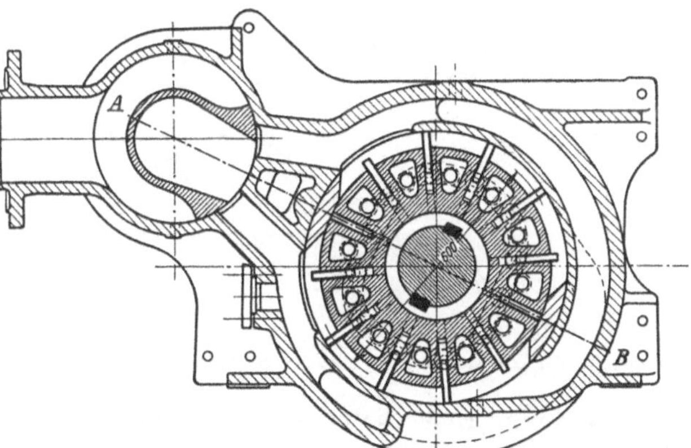

Abb. 81 a. Kapselmotor des Lenz-Getriebes. (Dieselmaschinen II. S. 72.)

Kapselschiebern mitgenommen, über den Drehschieber St zum Druckraum D befördert und gelangt über den Umschalter U in den Ölmotor (Abb. 80, rechter Teil). Hier wirkt die Druckflüssigkeit auf die Flächen der Kapselschieber und erzeugt ein Drehmoment um die Motorwelle. Nach Drehung der Motorwelle gelangt die Flüssigkeit durch den Schieber U zum Ausgleichsbehälter K zurück, Das Sicherheitsventil *S* gibt bei Überdruck der Druckflüssigkeit den Weg von Druckkraft zum Sammelbehälter frei.

Das Fahrventil *R* soll verhindern, daß der Zug gebremst wird, wenn vom Flüssigkeitsmotor bei Talfahrt oder bei Abschalten die Pumpe vom Flüssigkeitsmotor mehr Flüssigkeit gebraucht, als von der Pumpe gefördert wird. Dies wird dadurch erreicht, daß bei Auftreten von Druck im Saugraum Flüssigkeit durch das Ventil *R* in den Druckraum *D* gelangen kann.

Der genaue Aufbau der Flüssigkeitspumpe, die bei dem verbesserten

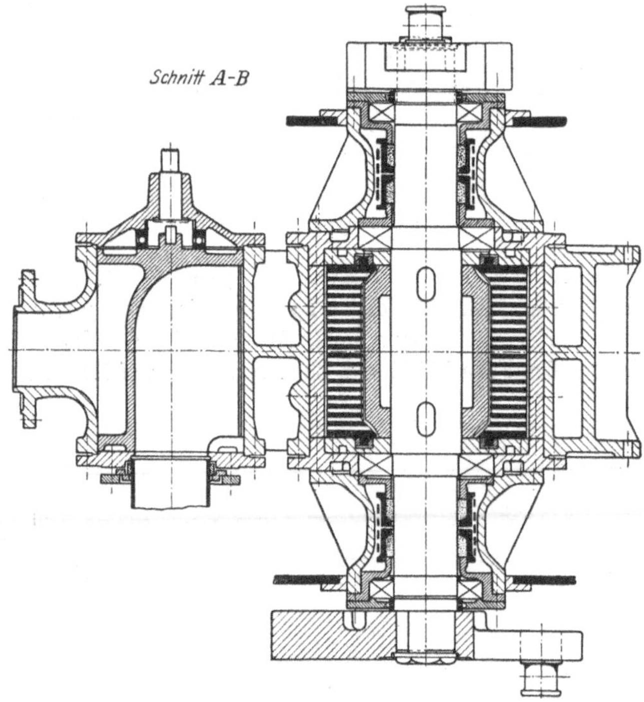

Abb. 81 b. Kapselmotor des Lenz-Getriebes. Schnitt *A—B* der Abb. 81 a. (Dieselmaschinen II. S. 72.)

Lenz-Getriebe 4 Kammern enthält, geht aus Abb. 84a, b hervor. Der Aufbau des Flüssigkeitsmotors ist aus Abb. 81 a, b ersichtlich.

S t e u e r u n g d e s v e r b e s s e r t e n L e n z - G e t r i e b e s. Der Antriebsmotor wird leer angelassen. Die Steuerung geschieht nach Abb. 80, 82 durch Drehschieber *St*, die Umsteuerung durch Umsteuerschieber *U*, Abb. 80.

Bei Stillstand der Lokomotive und Leerlauf des Dieselmotors laufen alle Kammern leer, d. h. die Flüssigkeit wird durch den Kanal *L* befördert, ohne in den Druckraum zu gelangen.

Bei Anfahrt wird der Schieber der Kammer P_1 (Abb. 82) langsam gedreht, dabei gibt die steuernde Kante k einen Teil der Öffnung nach D frei, so daß Druckflüssigkeit in den Druckraum D gelangen kann. Wird der Zug nun vom Drehmoment des Flüssigkeitsmotors in Bewegung gesetzt, so wird gleichzeitig mit weiterer Drehung des Schiebers und weiterem Öffnen des Kanales k die Arbeitsflüssigkeit vergrößert. Die leerlaufende Flüssigkeit der Pumpe P_1 nimmt dabei immer mehr ab und die nach D gelangende Arbeitsflüssigkeit immer mehr zu. Der Flüssigkeitsdruck ist während dieses Vorganges theoretisch abhängig vom Anfahrtsdrehmoment des Zuges, also so lange annähernd konstant, als der Kanal k durch die Drehung des Schiebers St freigegeben wird. Da die Drehung des Schiebers St praktisch aber nicht der vom Flüssigkeitsmotor geforderten Flüssigkeitsmenge angepaßt werden kann, ist der Flüssigkeitsdruck mehr oder weniger abhängig von der geschickten Steuerung des Lokomotivführers.

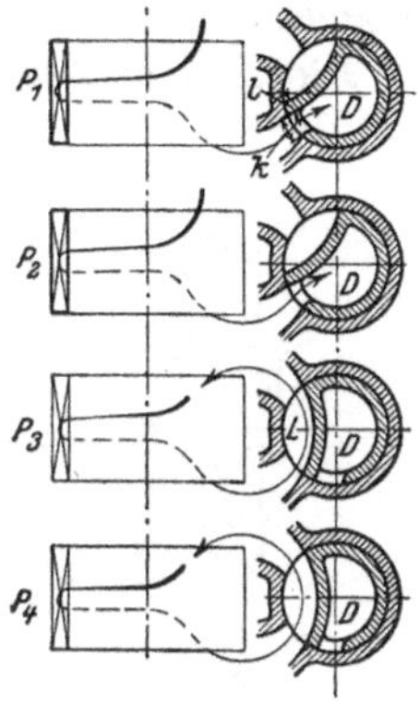

Abb. 82. Steuerschema des Lenz-Getriebes. (Dieselmaschinen II. S. 70.)

Nachdem k vollkommen freigegeben ist, sinkt der Flüssigkeitsdruck (Abb. 83)

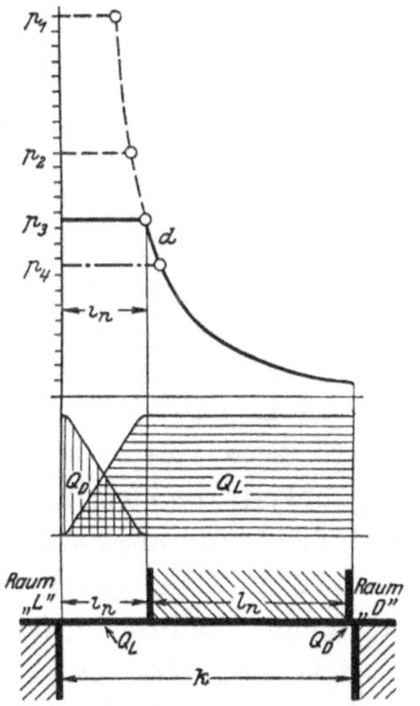

Abb. 83. Öldruckverhalten im Lenz-Getriebe. (Dieselmaschinen II. S. 70.)

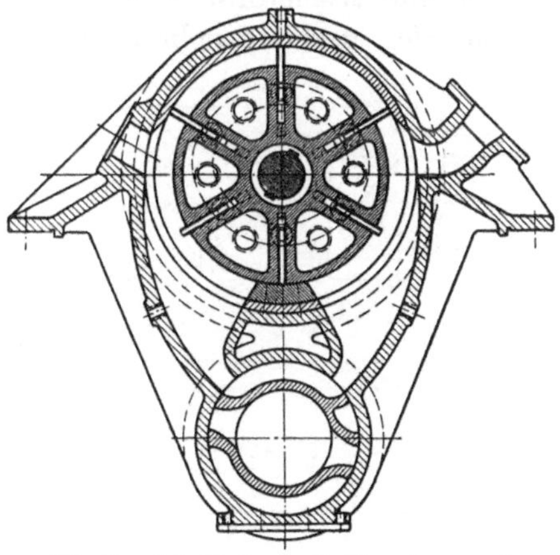

Abb. 84a. Schnitt durch die Kapselpumpe des Lenz-Getriebes.

bis auf einen bestimmten Betrag, bei welchem das Zuschalten der zweiten Pumpenkammer wie eben beschrieben durchgeführt wird.

Die weiteren Pumpenkammern der Kapselpumpen Abb. 84 werden danach in bestimmtem Abstand in gleicher Weise zugeschaltet, so daß sich für den ganzen Fahrbereich etwa die in Abb. 85 dargestellte Zugkraftlinie ergibt, die hauptsächlich im ersten Teil stark von der ideellen Zugkraftlinie abweicht.

Die Bestimmung der notwendigen Steuerkanten ist nach Abb. 83 möglich.

Die Anfahr-Zugkraft paßt sich nach Abb. 85 bei annähernd kon-

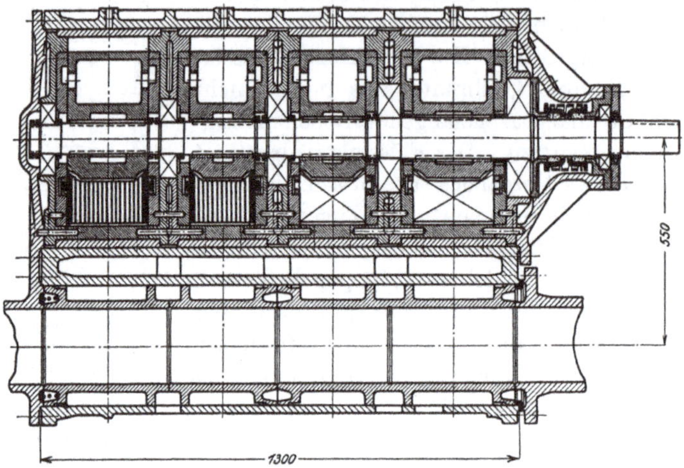

Abb. 84 b. Kapselpumpe des Lenz-Getriebes.

stanter Antriebsmotordrehzahl entsprechend der Stufenzahl mehr oder weniger der ideellen Zugkraftlinie an.

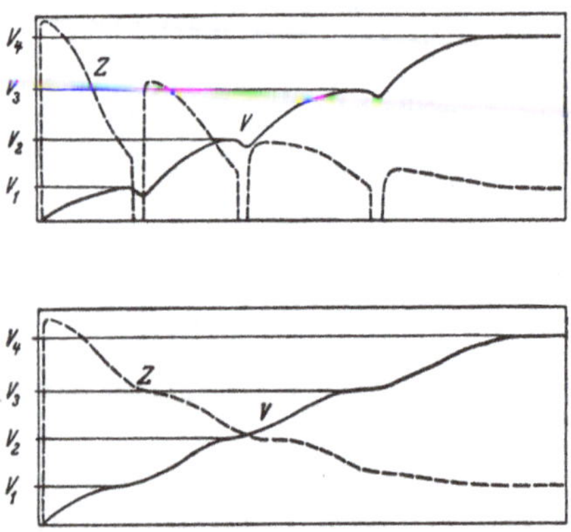

Abb. 85. Anfahrzugkräfte beim alten und dem verbesserten Lenz-Getriebe. Z Zugkraft. V Geschwindigkeit.

Während das alte Lenz-Getriebe mit konstantem Raum der Stufen und stoßweisem Zuschalten der Drosselung des Dieselmotors, genau wie Zahnradgetriebeanfuhr (Abb. 85), bietet das verbesserte Lenz-Getriebe die Möglichkeit, die Zugkraft bei Anfahrt nicht zu unterbrechen.

Dichtungen. Die Dichtung der Kapselpumpe bietet größere Schwierigkeiten. Die steuernde Kante k läßt sich wohl genügend abdichten, doch die Zwischenräume zwischen Zylinderwand und Kapselschieber können schlecht abgedichtet werden. Die Kapselschieber sind zu schmal und geben nach Verschleiß der Kurvenbahn zu großen Leckverlusten Veranlassung.

Der Wirkungsgrad ist allgemein abhängig von den Leck-, den Leerlauf- und den mechanischen Verlusten; beim Lenz-Getriebe sind die Leck- und Leerlaufverluste so groß, daß der Wirkungsgrad zwischen 60 und 80% schwankt.

Das Gewicht des Lenz-Getriebes (s. Abb. 130) ist verhältnismäßig groß, die Betriebssicherheit wird durch die konstruktive schwierige Durchbildung der Kapselschieber stark beeinträchtigt.

β) Verbessertes Lenz-Getriebe nach Bischof.

Eine Verbesserung des Lenz-Getriebes ist von Bischof in folgenden Punkten erzielt worden:

1. Die Kurvenbahn ist durch einen Kreis ersetzt.
2. Die Flüssigkeitsmenge wird nicht durch Zuschalten von neuen Kammern, sondern durch Veränderung des Hubes, der Kapselschieber erzielt. Die leer umlaufende Flüssigkeit bewegt sich in Kreisen um den Kolbenschieber entsprechend der Hubgröße der Kapselschieber vom Druck- zum Saugraum zurück. Damit fallen sämtliche Schieber usw. fort, und Drosselverluste werden vermieden, weil die Druckdifferenz zwischen Saug- und Druckraum nicht durch ein Drosselventil vernichtet, sondern sich als Drehmoment auf die Antriebswelle auswirkt.
3. Die Dichtung zwischen Kapselschieber und Zylinderwand wird mit besonderen Dichtungsteilen erreicht, die vom Flüssigkeitsdruck angepreßt werden.
4. Die Wellenlager werden durch Anordnung von mehreren Kammern, deren Druck- und Saugseite räumlich wechseln, entlastet.

Im verbesserten Lenz-Getriebe nach Bischof ist ein Getriebe entwickelt, bei welchem sich die Zugkraft besser als beim Lenz-Getriebe der ideellen Anfahr-Zugkraft- und Leistungslinie anpaßt und dabei einen höheren Wirkungsgrad ergibt.

γ) Schneider-Kapselgetriebe.

Das Schneider-Kapselgetriebe ist nur für kleine Leistungen, z. B. wie Werkzeugmaschinen, geeignet. Die Hubverstellung geschieht ähnlich wie beim Bischof-Getriebe; Schneider ordnet aber die Flüssigkeitspumpe innerhalb des Flüssigkeitsmotors an.

δ) Schwartzkopff-Huviler-Getriebe.

Das Schwartzkopff-Huviler-Getriebe[1], Abb. 86, 87, 144, ist ein Kapselgetriebe ähnlich dem Lenz-Getriebe. Gegenüber diesem hat es jedoch den großen Vorteil einer kontinuierlichen Steuerung und eines besseren Wirkungsgrades.

[1] Dieselmaschinen II. Sonderheft VDI 1926, S. 33, 34; Getriebe VDI 1928, S. 35; VDI 1927, S. 919.

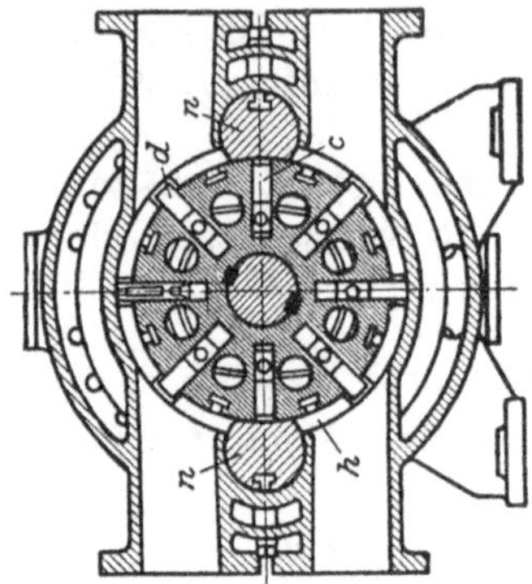

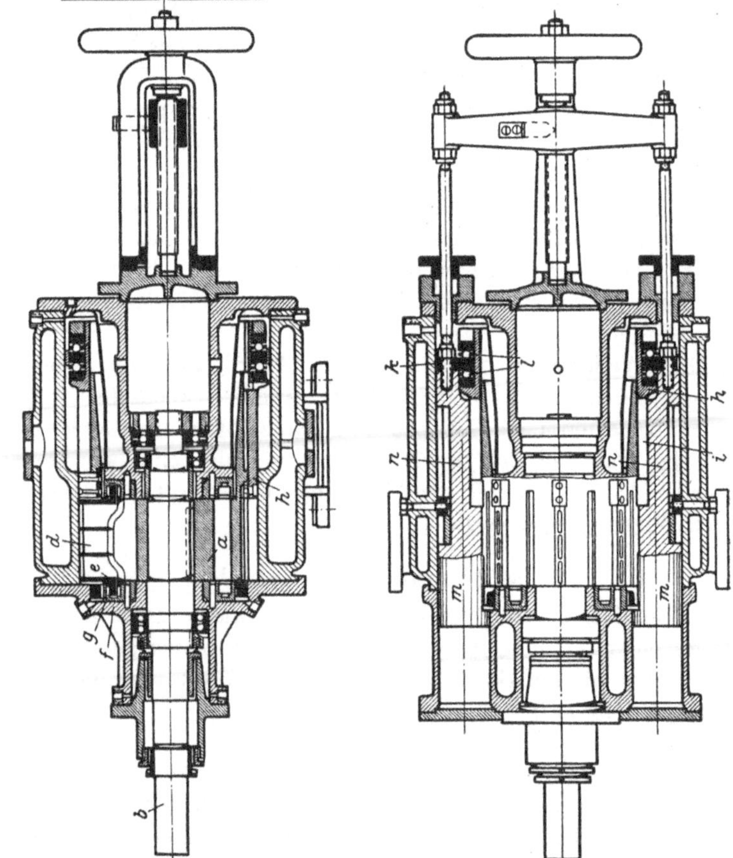

Abb. 86 a—c. Schwartzkopff-Huviler-Getriebe.

a Trommelkörper
b Antriebswelle
c Schlitz
d Kolben (Schaufeln)
e Zapfen
f Endflansch
g Kurvenbahn
h Verdrängerhülse
i Schlitz
k Verstellvorrichtung tragender Ring
l Kugellager
m Druckölkolben
n verschiebbares Zwischenlager

Der Aufbau des Getriebes geht aus Abb. 86, 87 hervor. An Stelle der Kammern des Lenz-Getriebes Abb. 84 wird die Änderung der geförderten Flüssigkeitsmenge beim Schwartzkopff-Huviler-Getriebe durch eine Verdrängerhülse erreicht. Diese wird mit zwei Druckölkolben mehr oder weniger über den Trommelkörper *a* der Pumpe geschoben. Dadurch wird die wirksame Fläche der Kapselkolben *d* entsprechend vergrößert oder verkleinert.

So ist es möglich, eine sehr gute Steuerung des Fahrzeuges zu erreichen. In Abbild. 88 sind die Zugkrafts- und Leistungsverhältnisse abhängig von der Drehzahl der Blindwelle aufgetragen. Diese Werte sind den in VDI 1927, S. 922 mitgeteilten Versuchsergebnissen entnommen. Dabei sind den vielen Zahlenangaben nur die folgenden

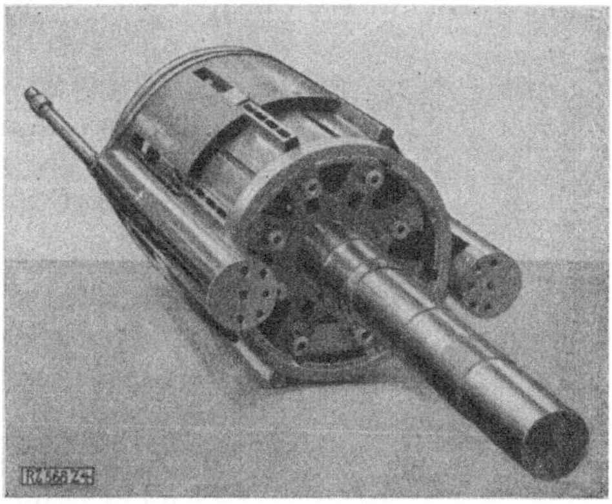

Abb. 87. Trommel der Flüssigkeitspumpe mit Verdrängerhülse des Schwartzkopff-Huviler-Getriebes.

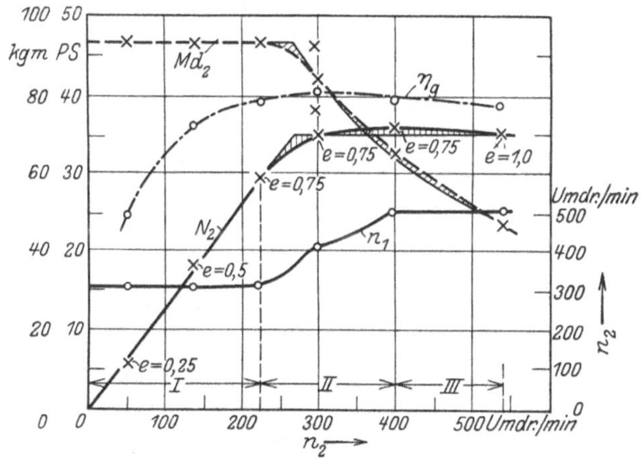

Abb. 88. Anfahrschaubild des Schwartzkopff-Huviler-Getriebes. — — × — Md_2 Motordrehmoment; — × —— N_2 Motorleistung; —o—o n_1 Pumpendrehzahl; — · —o— · — η_g Getriebewirkungsgrad; *I* n_1 = const., Regelung durch Verdrängerhülse; *II* n_1 = veränd., Regelung durch Änderung d. Pumpendrehzahl; *III* n_1 = const., Regelung durch Verdrängerhülse.

Werte entnommen, die zur Erfüllung des allgemeinen Anfahrschaubildes, Abb. 1, notwendig sind:

Zahlentafel 4.

e	Md_{II}	N_{II}	n_{II}	η	n_I
0,25	93	6,52	50,2	49,7	304
0,50	93	17,80	137,2	72,4	304
0,75	93	29,00	224,0	79,0	304
0,75	83,70	35,20	300	80,5	403
0,75	93,00	38,30	296	79,0	403
0,75	65,10	35,70	392	79,3	502
1	46,50	35,30	543	76,60	502

Aus der Kurve n_I der Abb. 88 ist ersichtlich, daß die Steuerung

in Abschnitt I durch Füllungsänderung (*e*)
in Abschnitt II durch Drehzahlregelung des Antriebsmotors und
in Abschnitt III wieder durch Füllungsänderung erreicht wird.

Der Wirkungsgrad des Getriebes (Abb. 88) schwankt von Halbkraft an fast nicht, ist aber leider etwas niedrig.

ε) Rosen-Getriebe[1].

Das Rosén-Getriebe unterscheidet sich bedeutend vom Lenz-Getriebe. In Abb. 90 ist *a* die Flüssigkeitspumpe und *b* der Flüssigkeitsmotor. Auf der Antriebswelle w_1 ist das Pumpenrad *d* befestigt, welches radial einige Schaufeln *g* trägt. Diese Schaufeln sind um ihre Achse drehbar. Die Drehung wird durch kleine Führungsrollen und Führungsschienen *h* erreicht.

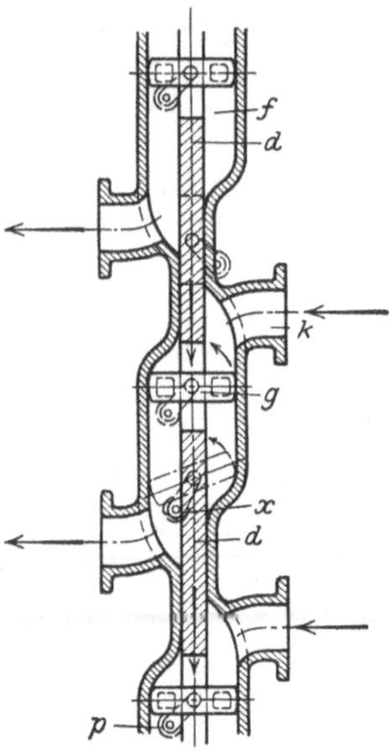

Abb. 89. Abgewickelter Schaufelkreis des Rosén-Getriebes. Bezeichnung siehe Abb. 90.

Das Pumpenrad läuft im Pumpengehäuse, welches einzelne Hohlräume *f* (Kammern) enthält, die durch Stege voneinander getrennt sind. Damit die Pumpenschaufeln von einer Kammer zur nächsten bei Drehung des Pumpenrades hindurchgelangen können, haben die Stege einen Schlitz, der genau so breit ist wie die Dicke der Schaufeln.

Die Wirkungsweise ist folgende: tritt eine Schaufel aus dem Steg heraus und in die Kammer, so wird sie durch die Führungsrolle und Schiene *h* senkrecht zum Steg gedreht, so daß sie quer in der Kammer steht und bei Drehung des Pumpenrades die Flüssigkeit aus der Kammer durch die Rohrleitungen *k* zum Pumpenmotor drückt. Ist nun die Kammer durchlaufen, so wird die Schaufel wieder parallel zum Steg gedreht, so daß sie durch den Schlitz im Steg zur nächsten Kammer hindurchgeführt werden kann. Diese Wirkungsweise ist gut aus dem Prinzipbild des abgewickelten Schaufelkreisumfanges (Abb. 89) ersichtlich.

Der Flüssigkeitsmotor ist nach dem gleichen Prinzip aufgebaut wie die Pumpe. Zur Regelung der Schluckfähigkeit sind jedoch zwei

---

[1] Tekn. Tidskr. Meckanik 1926, Nr. 5; Getriebe, Sonderheft VDI 1928, S. 31; VDI 1927, S. 389.

Schaufeln radial angeordnet, so daß sich die Stufen erreichen lassen durch Einschaltung

1. der inneren Schaufelreihe,
2. der äußeren Schaufelreihe und
3. beider Schaufelreihen.

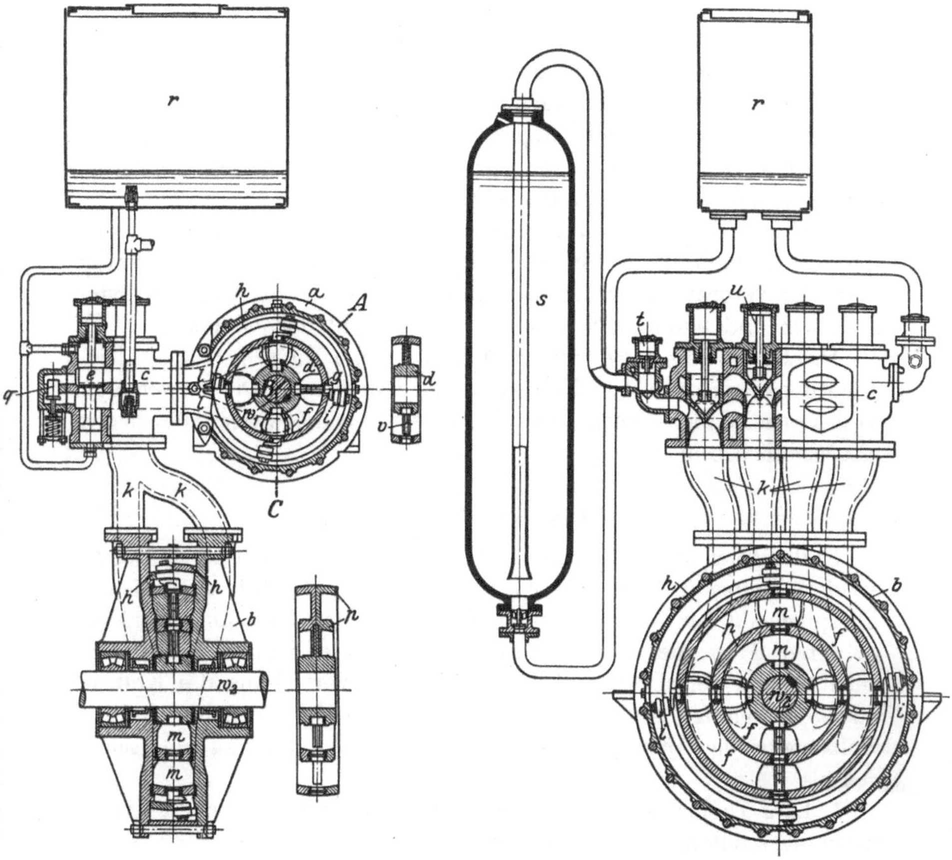

Abb. 90. Ausgeführtes Rosén-Getriebe.

a Kapselpumpe
b Kapselmotor
c Ventilkasten
d Pumpenrad
e Sicherheitsventil
f Kammern, Druck- oder Saug-
g Kolbenschaufel (Pumpe)
h Führungsschiene
i Führungsrolle
k Rohrleitungen
l Ölkanäle
m Kolbenschaufeln (Motor)
p Motor-Kolben-Rad
q Dämpfer
r Ausgleichbehälter
s Öldruckgefäß zum Dieselmotor-Anlassen
t, *u* Ventile
v Kolbenzapfen
w_1 Antriebswelle
w_2 Blindwelle

Die Steuerung wird dementsprechend durch Schaltung der einzelnen Stufen erreicht, zur Regelung der Fördermenge zwischen diesen Stufen muß die Drehzahl des Antriebsmotors geändert werden, unterhalb der Zünddrehzahl des Ölmotors ist schließlich notwendig, daß die zu viel geförderte Flüssigkeitsmenge in einen Sammelbehälter durch ein Druckventil geleitet wird, die hierzu notwendige Schaltung wird mit einzelnen Ventilen in Ventilkasten *c* durchgeführt.

Die wirtschaftlich günstigste Steuerung ist daher folgendermaßen:

1. Leerlauf der ersten Pumpenkammer, langsame Drosselung der Leerlaufflüssigkeit unter gleichzeitiger Verminderung der Drehzahl des Ölmotors, bis die ganze Leerlaufs-Flüssigkeitsmenge vom Flüssigkeitsmotor verbraucht wird und Steigerung der Ölmotordrehzahl,

2. Zuschalten der leerlaufenden zweiten Kammer, Drosselung des Leerumlaufes unter gleichzeitiger Verminderung der Drehzahl des Ölmotors und Öffnung des Leerlaufes der ersten Kammer sowie Steigerung der Drehzahl des Ölmotors und schließlich

3. Herabminderung der Drehzahl des Ölmotors, wenn die ganze bei der Höchstdrehzahl geförderte Flüssigkeitsmenge von der zweiten Kammer verbraucht wird, unter gleichzeitiger Zuschaltung der ersten Kammer und endlich Steigerung der Drehzahl des Ölmotors.

Die Dichtung hat dieselben Mängel wie die Kapselgetriebe: kleine Dichtungsfläche zwischen Kolben und Zylinderwand. Die verwendeten Drücke sind daher gering. Der Wirkungsgrad soll etwa bei 80% liegen, also ziemlich schlecht sein.

d) Kolbengetriebe.

Kolbengetriebe verwenden zur Druckerzeugung und zum Fahrzeugantrieb Kolbenpumpen, die einen veränderlichen Hub ermöglichen. Entsprechend der Anordnung der Kolben in Sternform mit radial gerichtetem Hub oder in Sternform mit achsial gerichtetem Hub sind auch baulich verschiedene Ausführungen zur Verstellung des Kolbenhubes notwendig. Neben der Art der Dichtung des Getriebes sind die Kolbengetriebe daher nach der Art der Hubverstellung zu unterscheiden als:

1. Lauf-Thoma-, Hele-Shaw-, Hele-Shaw-Bechamgetriebe mit Exzentrizitätsverstellung durch Leitfläche,

2. Janney, Waterbury, Prött-Getriebe mit Pendelscheibe.

Außerdem ist von Schneider ein Kolbengetriebe durchgebildet, welches die geteilte Leistungsabgabe gestattet.

α) Das Lauf-Thoma und diesem ähnliche Kolben-Getriebe[1].

Die Anordnung des Lauf-Thoma-Getriebes geht aus Abb. 91a u. b hervor. Die Antriebswelle *a* ist durch die Kupplung *c* mit einem Kolbenträger *b* verbunden. Der Kolbenträger *b* dreht sich um den Drehzapfen *g* und enthält Bohrungen zur Aufnahme der Kolben *d*. Der Drehzapfen

[1] Glasers Annalen 1924, S. 297; Getriebe. Sonderheft VDI 1928, S. 29.

teilt die Pumpe durch die steuernden Kanten *g* in eine Druck- und Saughälfte ein. Die Kolben *d* werden mit den Rollen *h* auf einer kreisförmigen Leitfläche *i* geführt. Diese Leitfläche kann senkrecht zum

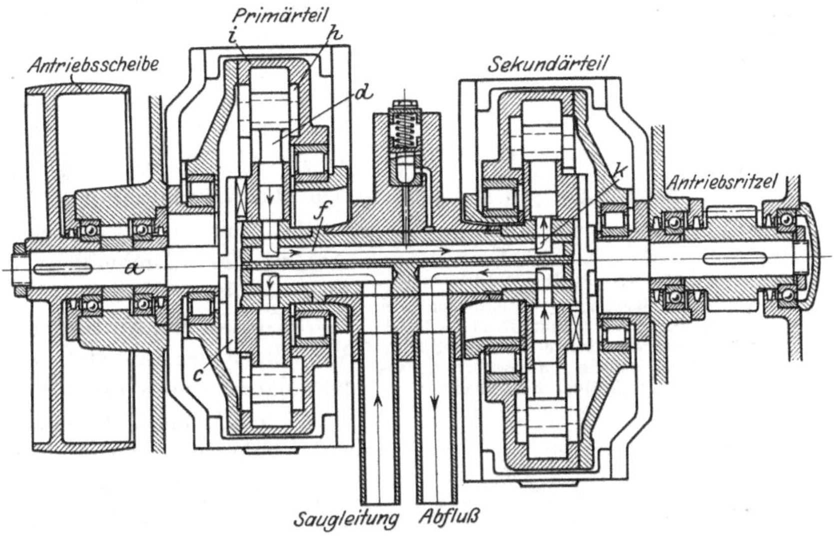

Abb. 91 a. Lauf-Thoma-Getriebe.

a Antriebswelle, *b* Kolbenträger, *c* Kupplung, *d* Kolben, *f* Bohrung, *h* Führungsrolle, *i* Leitfläche, *k* Flüssigkeitskanal

Drehzapfen verschoben werden, so daß ein Hub bei Drehung des Kolbenträgers *b* erzielt wird. Die Druckflüssigkeit gelangt durch die Bohrung *f* und Kanal *k* zum Flüssigkeitsmotor, der genau wie die Pumpen ausgebildet ist.

Das **Drehmoment** entsteht wie folgt (Abb. 92): Der Druck der Flüssigkeit wirkt senkrecht auf die Kolben, deren Kolbenkräfte durch den Mittelpunkt M_b des Kolbenträgers gehen, also auf den Drehzapfen M_b kein Drehmoment ausüben können. Die Rolle *h* läßt die Kolbenkräfte als Normalkräfte auf die Leitfläche *i* wirken; diese müssen daher

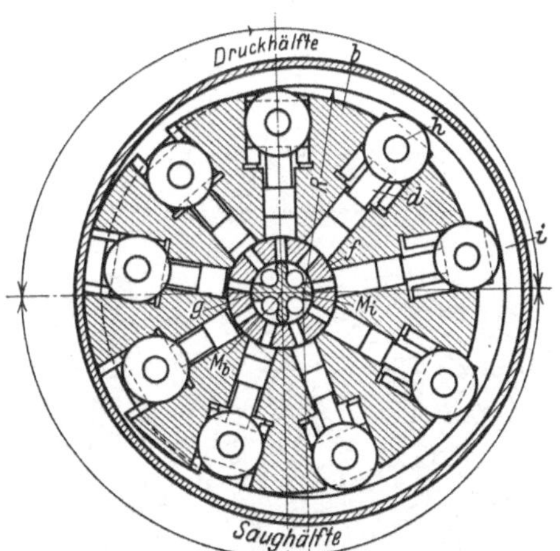

Abb. 91 b. Lauf-Thoma-Getriebe. Schnitt durch Kolbenträger.

b Kolbenträger. *d* Kolben. *f* Bohrung. *g* steuernde Kante des Drehzapfens. *h* Führungsrolle. *i* Leitfläche. M_b Mittelpunkt des Kolbenträgers. M_i Mittelpunkt der Leitfläche. Σ Exzentrizität.

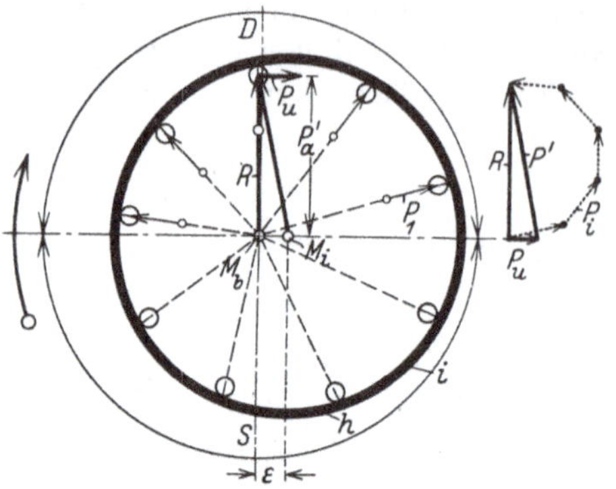

Abb. 92. Kräfteplan des Lauf-Thoma-Getriebes.
M_b Mittelpunkt des Kolbenträgers. M_i Mittelpunkt der Leitfläche. ε Exzentrizität. P_1 Kolbenkraft. a Hebelarm für P_u. P' Resultierende Kraft der einzelnen Kolbenkräfte. P_u Kraft am Umfang. R Resultierende aus P' und P_u. D Druckhälfte. S Saughälfte.

durch den Mittelpunkt M_i der Leitfläche gehen. Die verschiedenen Kolbenkräfte setzen sich zu einer Resultierenden R zusammen, die durch M_b geht, die Normalkräfte zur resultierenden Normalkraft P', die durch M_i geht. Aus beiden ergibt sich die Umfangskraft P_u, welche mit dem Hebelarm a das Drehmoment $P_u \cdot a$ ergibt.

Die Steuerung wird durch Verstellung der Leitfläche und damit durch die Verstellung der Exzentrizität zwischen Kolbenträger und Leitfläche erzielt. Die Umkehr der Motordrehzahl wird durch negative Einstellung der Exzentrizität ermöglicht.

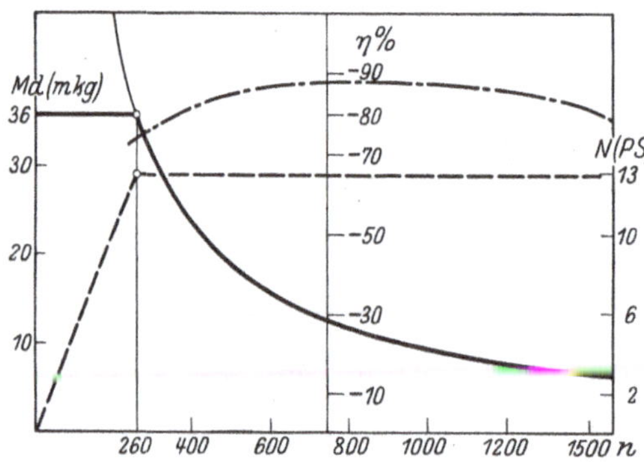

Abb. 93. Schaubild des Lauf-Thoma-Getriebes.

Der Wirkungsgrad des Getriebes ist nach Abb. 93 sehr hoch. Die Dichtungsflächen des Drehschiebers sind

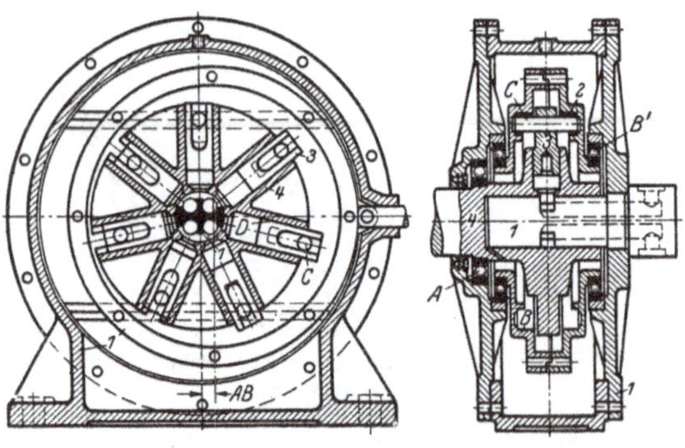

Abb. 94. Hele-Shaw-Pumpe.
(Getriebe VDI Sonderheft 1928, S. 28.)

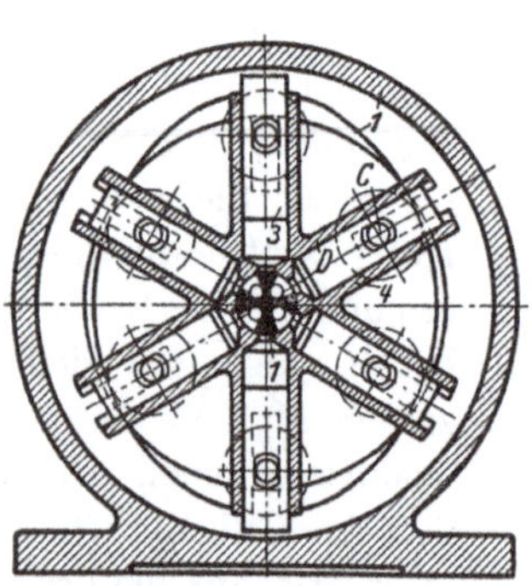

Abb. 95. Hele-Shaw-Motor.
(Getriebe VDI Sonderheft 1926, S. 29.)

sorgfältig eingeschliffen, welche Drücke bis zu 150 kg/qcm erlauben.

Die starken Kolbenkräfte erfordern bestes Material der Leitrolle *h* aus.

Fast nicht vom Lauf-Thoma-Getriebe unterscheidet sich das Hele-Shaw-Getriebe (Abb. 94, 95).

Der Pumpenhub ist durch eine Leitfläche verstellbar; der Motorhub

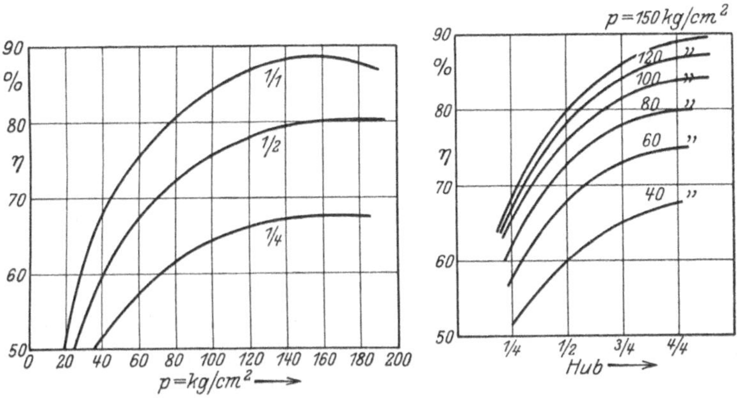

Abb. 96. Wirkungsgrade des Hele-Shaw-Getriebes.

kann jedoch nicht verstellt werden, die Hubwirkung wird durch eine unrunde Führungsbahn (Abb. 95) erzielt, welche die Leitscheibe des Lauf-Thoma-Motors ersetzt.

Die Wirkungsgradkurven, Abb. 96, zeigen die starke Abhängigkeit

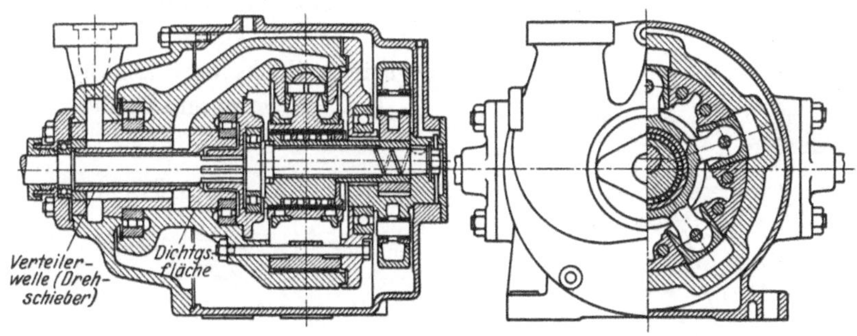

Abb. 97. Hele-Shaw-Becham-Pumpe.

des Wirkungsgrades vom Flüssigkeitsdruck: bei etwa 150 kg/qcm ist der Wirkungsgrad am günstigsten, darüber hinaus steigen die Leckverluste stark, unter 150 kg/qcm sind die Reibungsverluste zu groß.

Das Hele-Shaw-Becham-Getriebe[1] (Abb. 97—100) ersetzt die

[1] Engineering 1925, S. 478.

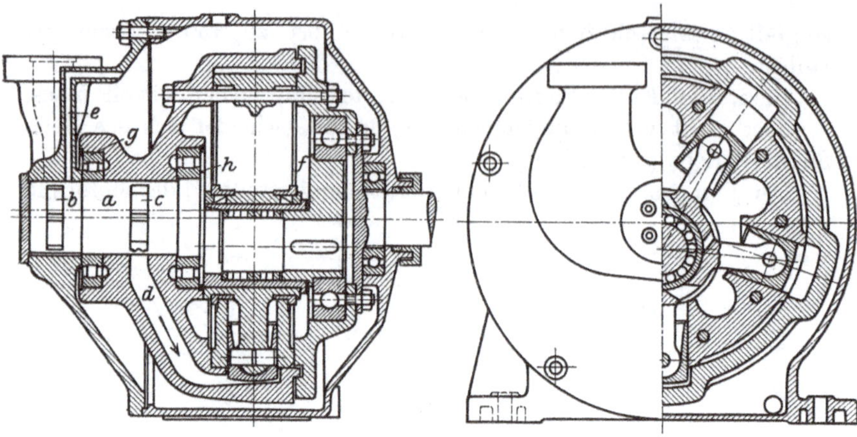

Abb. 98. Hele-Shaw-Becham-Motor.

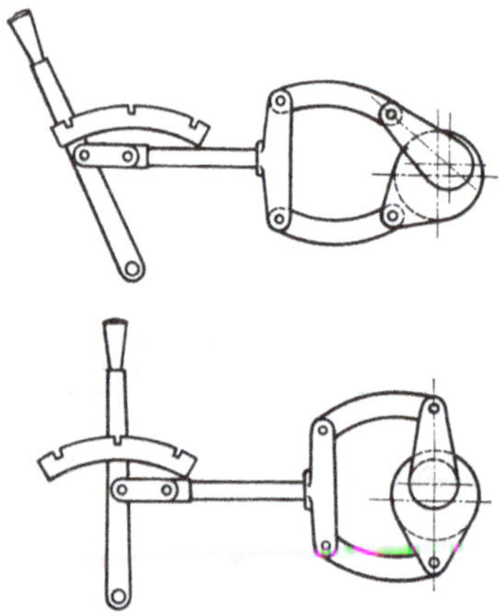

Abb. 99.
Steuerung des Hele-Shaw-Becham-Getriebes.

Kolbenleitfläche nach Abb. 98 durch eine Kurbelwelle mit verstellbarem Hub. Die Steuerung wird durch die Verteilerwelle (Abb. 97) erreicht. Die Dichtungsflächen sind wie beim Lauf-Thoma-Getriebe, eingeschliffene Flächen und dichten noch bei höchsten Drücken ab.

Zur Steuerung wird mit ein doppelter Exzenter betätigt (Abb. 99), welcher eine Verstellung des Hubes von 0 bis zu einem positiven und negativen Höchstwert erlaubt.

Der Wirkungsgrad der Flüs-

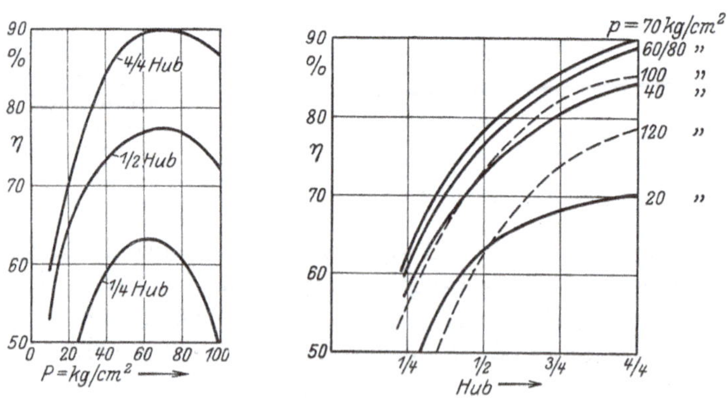

Abb. 100. Wirkungsgrade des Hele-Shaw-Becham-Getriebes.

sigkeitspumpe ist sehr gut und erreicht bei vollem Kolbenhub etwa 94%.

Aus diesen Kurven ist in Abb. 100 eine Kurvenschar für die Wirkungsgrade des Gesamtgetriebes ermittelt, unter Annahme, daß Motor und Pumpe annähernd gleichen Wirkungsgrad haben. Der Wirkungsgrad

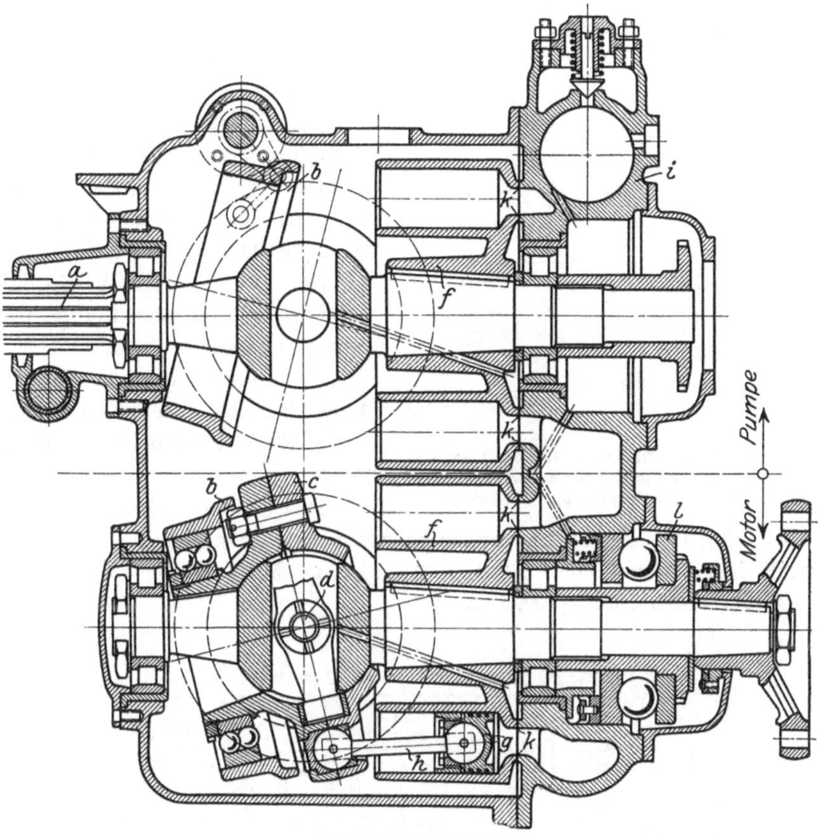

Abb. 101. Prött-Getriebe.

a Antriebswelle
b Leitscheibe für Pendelscheibe
c Pendelscheibe
d Zapfen
g Kolben
h Kolbenstange
f Kolbenträger
i Steuerschieber
k Dichtungskanten

des Getriebes ist danach höchstens etwa 90%. Der Verlauf dieser Kurve zeigt, daß für das Getriebe bei einem Druck von etwa 70 kg/qcm der beste Wirkungsgrad erzielt wird.

β) Prött- und andere Taumelscheiben-Getriebe.

Nach Abb. 101 wird beim Prött-Getriebe mit der Antriebswelle die Pendelscheibe *c* in der Leitscheibe *b* mit Kugellagern geführt und kann um den Zapfen *d* um einen bestimmten Winkel α schwingen.

Dieser Winkel α kann durch einen Kurbelmechanismus beliebig eingestellt werden. Die Kolben g sind mit der Pendelscheibe c mit an den Enden zu Kugelflächen ausgebildeten Kolbenstangen h verbunden und machen einen dem eingestellten Winkel α der Pendelscheibe entsprechenden Hub.

Der Kolbenträger f ist mit der Welle verbunden und dreht sich mit der gleichen Drehzahl. Die Steuerung wird mit dem Schieber i durchgeführt. Die Dichtung wird mit den Dichtungskanten k erreicht.

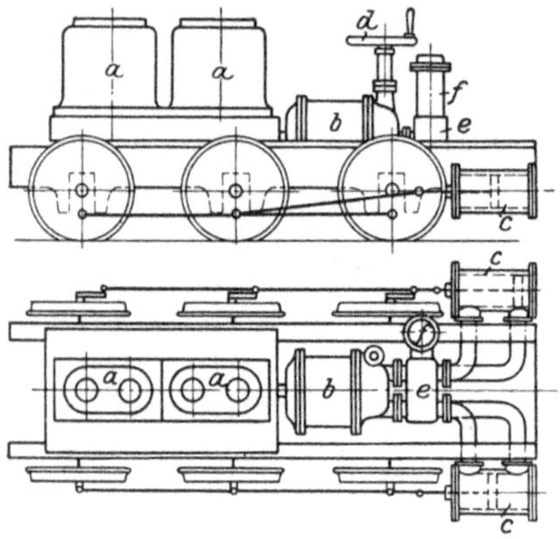

Abb. 102. Prött-Getriebe für Lokomotivantrieb. a Ölmotor. b Flüssigkeitspumpe. c Flüssigkeitsmotor, Lokomotivzylinder. d Steuerkurbel.

Der Ölmotor ist in Abb. 101 der untere Teil, während die Ölpumpe der obere Teil des Getriebes ist. Bei Lokomotivantrieb wird der Ölmotor nach Abb. 102 (Patent 418195) durch die bekannte Zylinderanordnung der Dampflokomotive ersetzt.

Das Janney- und das Waterbury-Getriebe unterscheidet sich vom Prött-Getriebe im Prinzip nicht.

Das Gewicht des Getriebes, Abb. 130, ist kleiner als dasjenige der bisher besprochenen Getriebe, weil die zu den Wellen parallele Anordnung der Zylinder eine bessere Materialausnutzung gestattet.

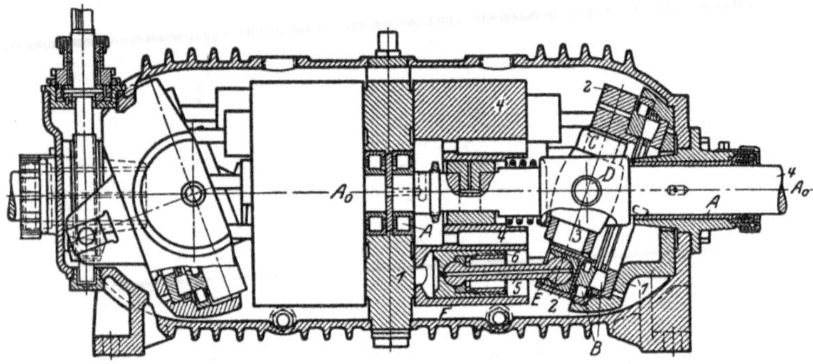

Abb. 103. Janney-Getriebe. (Getriebe VDI Sonderheft, 1928 S. 33.)

Zur Steuerung der Lokomotive wird bei Anfahrt die Kolbenleitfläche um einen bestimmten Winkel gedreht. Durch Vergrößerung dieses Winkels wird bei größeren Zuggeschwindigkeiten eine größere Fördermenge erreicht. Die Steigerung der Pumpenfördermenge ist daher gleichmäßig veränderlich. Die Umsteuerung geschieht durch negative Einstellung des Winkels.

e) Getriebe für geteilte Leistungsabgabe.

Notwendig zur Erzielung der geteilten Leistungsabgabe ist für jedes Getriebe die Anordnung von zwei drehbaren Teilen im Energieerzeuger, die beide ein Drehmoment übertragen können. Alle Getriebe, wie Lauf-Thoma, Prött usw. gestatten also eine konstruktive Durchbildung der geteilten Leistungsabgabe.

Der Unterschied im Flüssigkeitsmotor bei Leistungsteilergetrieben gegenüber Getrieben der ungeteilten Leistungsabgabe besteht darin, daß der Hub des Flüssigkeitsmotors von einem Höchstwert bis auf 0 herunterreguliert werden muß, damit der Anteil der Flüssigkeitsleistung nach und nach bei konstanter Antriebsmotorleistung an den mechanischen Leistungsträger abgegeben werden kann.

α) Beschreibung des Schneider-Getriebes[1].

Das praktisch durchgeführte und erprobte Getriebe für geteilte Leistungsabgabe ist das Schneider-Getriebe, welches allerdings nicht die Bedingung des idealen Flüssigkeitsgetriebes: gleichmäßige Hubverstellung in der Flüssigkeitspumpe von 0 bis zum Höchstwert (Gruppe 4 der allgemeinen Einteilung) erfüllt.

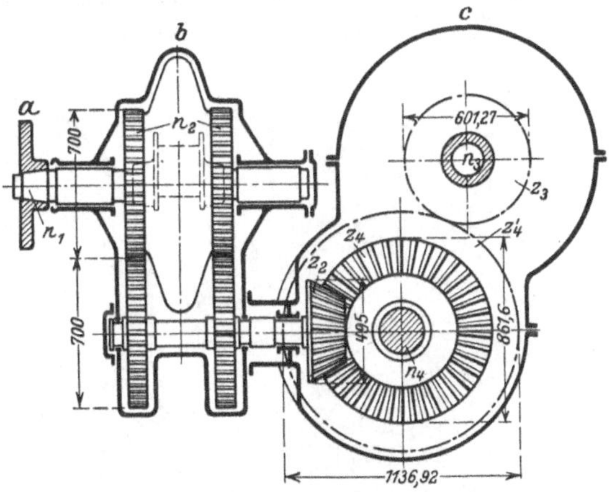

Abb. 104. Zahnradschema des Schneider-Kolben-Getriebes. *a* Antriebsscheibe. *b* Pumpe: Primärgetriebe. *c* Motor: Sekundärgetriebe. n_{1-4} Wellen. z_{1-4} Zahnräder.

Abb. 106 zeigt einen Längsschnitt durch das Primärgetriebe und einen Querschnitt durch das Sekundärgetriebe, Abb. 107 einen Längsschnitt durch das Sekundär- und einen Querschnitt durch das Primärgetriebe, Abb. 108, den Grundriß und Abb. 104, 105 stellen das Schema der Getriebeanordnung dar.

Die geteilte Leistungsabgabe wird nach Abb. 104 dadurch erreicht, daß der Pumpenrotor über Zahnkränze und Zahn- und Kegelräder mit der Blindwelle verbunden ist und so mechanisch einen Teil der Leistung auf diesem Wege abgibt, während der andere Teil als Flüssigkeitsleistung dem Sekundärgetriebe zugeführt wird.

[1] Dieselmaschinen II. VDI, S. 36—42; Schweiz. Bauzg. Bd. 85, 1925, S. 123 u. 151; Das Getriebe. Sonderheft VDI 1928, S. 32.

Der Aufbau des Getriebes ist folgendermaßen:

Auf der gekröpften Antriebswelle *c* sitzt drehbar auf dem Kurbelhals ein sternförmiger Sechszylinderkörper *d*, dessen Punkte mit der Bewegung der Antriebskurbel kreisförmige Bewegungen machen. Der Zylinderkörper enthält die Kolben *e*, welche durch Pleuelstangen *g* drehbar mit dem Rotor *a* verbunden sind. Durch 3 Kurbeln *f* wird der Zylinderkörper so mit dem Rotor verbunden, daß er einerseits die Umdrehung des Rotors mitmacht, jeder seiner Punkte aber andererseits der Hubkreisbewegung der Antriebswelle folgt. Der Zylinderblock führt so seine scheuernde Bewegung gegenüber dem Rotor aus; am Schema des Getriebes Abb. 105 ist diese Wirkungsweise gut erkenntlich. Durch

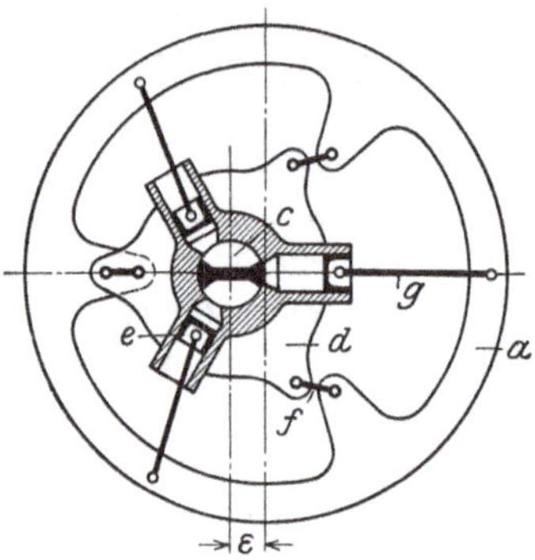

Abb. 105. Schema des Schneider-Kolben-Getriebes.
a Pumpenrotor. *c* Steuerwelle. *d* Zylinderkörper. *e* Kolben. *f* Kurbeln.

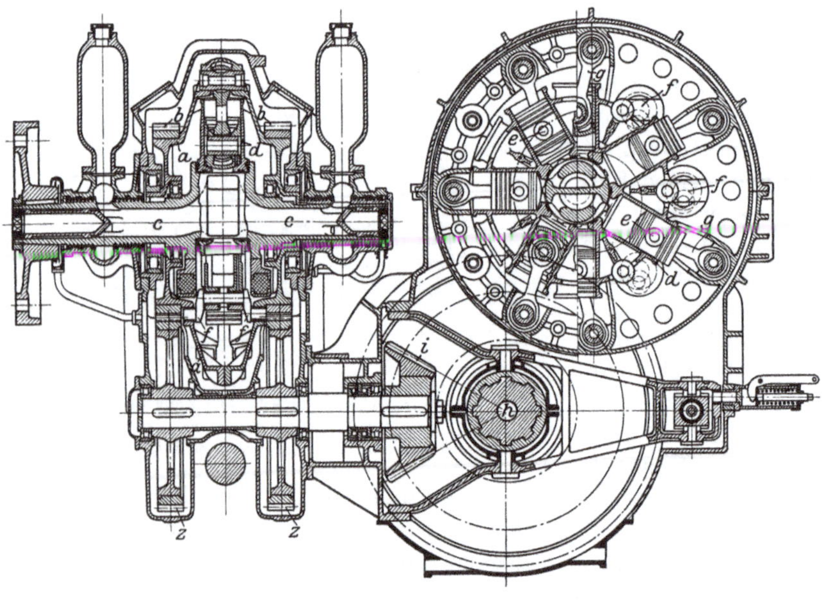

Abb. 106. Schneider-Kolben-Getriebe. Längsschnitt durch das Primärgetriebe. Querschnitt durch das Sekundärgetriebe. (Schweiz. Bauzg. 1925, S. 125.)
a Pumpenrotor. *b* Zahnkranz. *c* Antriebswelle, zugleich Steuerwelle. *d* Sechs-Zylinderkörper. *e* Kolben. *g* Pleuelstange. *f* Kurbel. *h* Blindwelle. *i* Kegelrad. *z* Zahnrad.

Zahnkränze *b* ist der Rotor schließlich über die Zahnräder und Kegelräder mit der Blindwelle *h* verbunden.

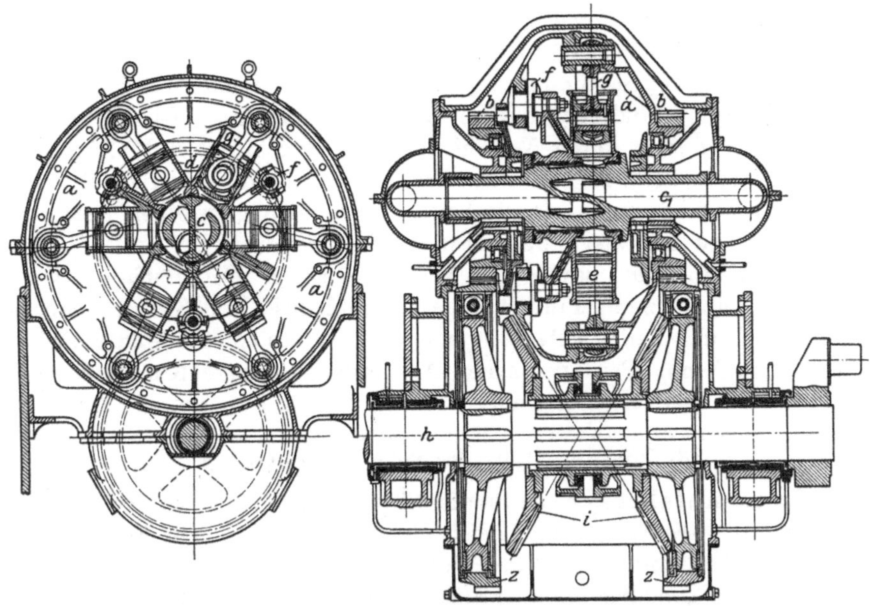

Abb. 107. Schneider-Kolben-Getriebe. Querschnitt durch das Primärgetriebe und Längsschnitt durch das Sekundärgetriebe. (Schweiz. Bauzg. 1925, S. 125.)

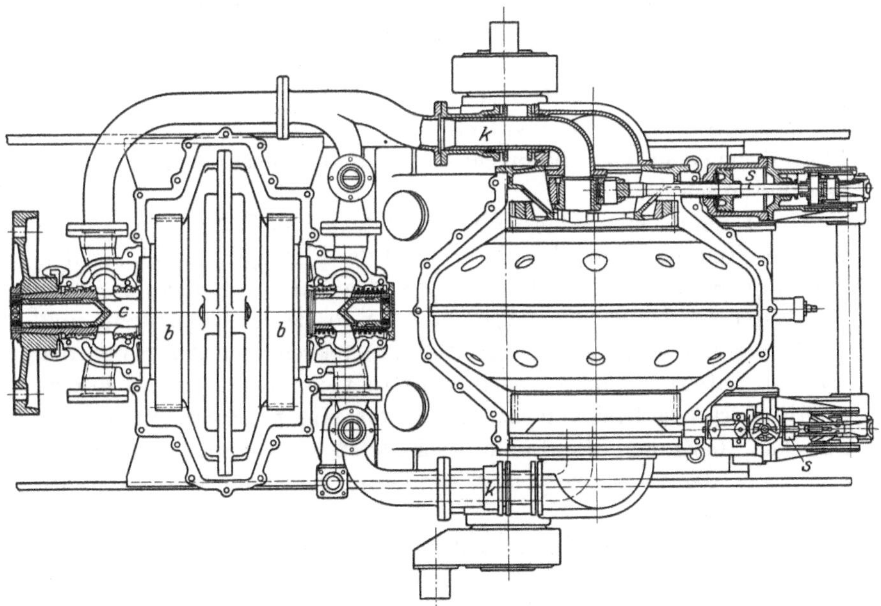

Abb. 108. Grundriß des Schneider-Kolben-Getriebes. (Schweiz. Bauzg. 1925, S. 124. *k* Stopfbüchse.

Die Kurbel der Welle *c* enthält die Zu- und Ableitungsbohrungen und ist als Drehschieber ausgeführt, der die Zylinder in eine Druck- und

Saugseite teilt. Die Welle selbst enthält die Bohrungen für die Zu- und Abführung der Flüssigkeit zwischen Pumpe und Motor.

Der Flüssigkeitsmotor unterscheidet sich von der Pumpe nur dadurch, daß er einen veränderlichen Hub und 12 Zylinder hat. Die Hubverstellung wird hier durch Verschiebung der ungekröpften Welle mit Servomotoren, Abb. 108, erreicht. Die Flüssigkeit wird durch die Hohlwelle zu- und abgeführt. Die Rohrleitungsverbindung zwischen Pumpe und Motor ist mit einer Stopfbüchse (*k*), Abb. 108, versehen, welche die zur Hubveränderung notwendige Verschiebung der Welle zuläßt. Die Kurbeln *f* haben zur Veränderung des Hubes Kulisse und Kulissenstein, damit sich ihre Länge selbsttätig entsprechend des eingestellten Hubes verändern kann. Bei einer neuen Ausführung ist diese Konstruktion durch die Ganzsche Kupplung, Abb. 26, ersetzt.

β) Wirkungsweise des Schneider-Getriebes.

Bei der Anfahrt steht zuerst die Blindwelle und damit der Pumpenmotor still. Die Welle *c* dreht sich entsprechend der Umdrehungszahl des Antriebsmotors, die bei der Diesellokomotive nach Schneider bis auf die zur Zündung nötige kritische Drehzahl herabgedrosselt wird (etwa $^1/_3$ bis $^1/_2$ der Höchstdrehzahl), da die Pumpe einen konstanten Hub hat, wird Flüssigkeit gefördert. Der Motor gebraucht aber zuerst nur wenig Flüssigkeit mit hohem Druck (hohes Anfahrmoment), so daß es notwendig wird, die zuviel geförderte Flüssigkeitsmenge der Pumpensaugseite durch ein Drosselventil zurückzuführen. Dies geschieht durch ein Umlaufventil, welches entsprechend der vom Motor verlangten Flüssigkeitsmenge und entsprechend der Blindwellendrehzahl langsam geschlossen wird.

Das Drehmoment der Blindwelle entsteht zum Teil in der Pumpe und zum Teil im Motor. Im Motor wirkt der Flüssigkeitsdruck auf den Kolbenquerschnitt. Die entstehende Kolbenkraft überträgt durch die Schrägstellung der Kolbenstangen eine der Größe der Kolbenkraft und des Hubes verhältnisgleiche tangentiale Komponente auf den Rotor, die mit der Entfernung ihres Angriffspunktes vom Drehpunkt des Rotors multipliziert das Drehmoment des Rotors ergibt. Entsprechend der zwischen Rotor und Blindwelle geschalteten Übersetzung vergrößert, ergibt sich daraus das vom Flüssigkeitsrotor herrührende Moment M_{I} der Blindwelle.

In der Pumpe wirkt der Flüssigkeitsdruck ebenfalls auf den Kolbenquerschnitt und überträgt entsprechend der Schrägstellung der Kolbenstangen eine tangentiale Komponente auf den Pumpenrotor, die entsprechend der Entfernung des Angriffspunktes vom Rotordrehpunkt und der zwischengeschalteten Zahnräder das vom Drehmoment herrührende Drehmoment M_{II} auf die Blindwelle überträgt.

Die Flüssigkeit wirkt aber in der Pumpe gleichzeitig auf die Zylinderkörper und die Kurbelwelle der Pumpe zurück und erzeugt so um den Drehpunkt der Kurbelwelle ein Drehmoment, welches gleich der Kolbenkraft mal Kurbelradius ist und von der Antriebswelle überwunden werden muß, und gleich dem Drehmoment M_{I} des Pumpenmotors ist. Daraus ergibt sich das Drehmoment der Blindwelle zu

$$M_{\mathrm{I}} + M_{\mathrm{II}} = M_{\mathrm{Blindwelle}},$$

wenn M_{I} von der Pumpe und M_{II} vom Motor herrührt.

Die Leistung wird also entsprechend der Rotordrehzahlen, multipliziert mit M_{I} bzw. M_{II} geteilt an die Blindwelle gegeben.

Hat die Blindwellendrehzahl eine derartige Höhe erreicht, daß der Motor die gesamte geförderte Flüssigkeitsmenge verbraucht, so wird das Umlaufventil geschlossen und die Fördermenge durch Vergrößerung der Antriebswellendrehzahl vergrößert, bis die Höchstdrehzahl der Antriebswelle erreicht ist.

Bei dieser Drehzahl fließt der Blindwelle eine bestimmte mechanische Leistung und die höchste Flüssigkeitsleistung zu, wobei die Summe beider gleich der Höchstleistung des Antriebsmotors ist. Eine weitere Steigerung der Blindwellendrehzahl vergrößert den Anteil der mechanisch übertragenen Leistung. Daher wird die Flüssigkeitsleistung entsprechend verkleinert bis sie bei einer bestimmten Drehzahl gleich Null wird.

In der Regelfahrt wird in diesem Augenblick ein in der Flüssigkeitsleitung befindlicher Hahn geschlossen und damit die Flüssigkeit in den Pumpenzylindern gesperrt, also Rotor und Kurbelwelle starr gekuppelt. Änderungen der Zuggeschwindigkeit werden nun durch die Veränderung der Antriebswellendrehzahl des Dieselmotors erreicht. Nach oben hin kann die Geschwindigkeit höchstens um 20% gesteigert, nach unten hin nur verkleinert werden, wenn der Dieselmotor das zum Fahren (und kleiner als normale) notwendige Drehmoment hergeben kann.

Über die Geschwindigkeit der Regelfahrt hinaus muß auch der Pumpenrotor eine größere Drehzahl haben als die Antriebswelle. Die Pumpe (Hahn geöffnet) kann daher nicht mehr als Pumpe wirken, sondern muß Flüssigkeit vom Motor aufnehmen. Dazu wird der Hub des Flüssigkeitsmotors negativ eingestellt. Die Pumpe überträgt dann (entsprechend der Rotordrehzahl) eine größere mechanische Leistung an die Blindwelle als die Antriebswelle liefert. Da aber die Pumpe vom Flüssigkeitsmotor (der augenblicklich fördert) gleichzeitig (entsprechend dem Drehzahlunterschiede zwischen Antriebswelle und Pumpenrotor) Flüssigkeitsleistung vom Sekundärteil des Getriebes aufnimmt, ist der Leistungskreislauf geschlossen.

Beim Rückwärtsgang wird der Motorhub negativ eingestellt, womit Umkehr der Drehrichtung verbunden ist. Wie beim Vorwärtsgang fördert die Pumpe eine Flüssigkeitsmenge, die teils durch das Umlaufventil geführt wird, teils der Motor erhält. Mit Drehung der Blindwellen dreht sich aber der Pumpenmotor entgegengesetzt der Antriebswelle, so daß die Pumpe mehr Leistung fördert als im Vorwärtsgang (entsprechend der Summe der Drehzahlen der Antriebswelle und des Rotors). Diese geförderte Pumpenleistung setzt sich aus drei Teilen zusammen: dem durch das Umlaufventil vernichtenden Leistungsteil, dem an die Pumpe gegebenen und schließlich dem Leistungsteil, welcher die Blindwelle an den Pumpenrotor überträgt, um ihn gegen die Antriebswellendrehzahl anzutreiben. Die Leistung fließt also von der Antriebswelle zur Flüssigkeitspumpe, zur Blindwelle, zum Flüssigkeitsmotor und von hier aus über die Blindwelle einesteils mechanisch an das Treibrad und andererseits zurück an den Pumpenrotor, wo sie sich in Flüssigkeitsleistung entsprechend der absoluten Rotordrehzahl umsetzt. Mit diesem Leistungsrückfluß sind natürlich bedeutende Verluste verbunden, die bei Rückwärtsfahrt nach Schluß des Umlaufventils und bei größter Antriebsmotordrehzahl einen sehr schlechten Wirkungsgrad zur Folge haben.

Während nun im Vorwärtslauf das Umlaufventil dann geschlossen wird, wenn die von der Pumpe entsprechend der niedrigsten Antriebsmotorendrehzahl geförderten Flüssigkeitsmengen ganz vom Motor aufgenommen werden, kann es bei Rückwärtsfahrt erst bedeutend später geschlossen werden, wenn nämlich der Motor außer der Umlaufflüssigkeit bei Vorwärtsfahrt noch die entsprechend der absoluten Rotordrehzahl geförderte Flüssigkeitsmenge verbraucht. Damit werden die Arbeitsverluste sehr groß. Zugleich ist die Nutzkraft an der Blindwelle bedeutend kleiner als bei Vorwärtsfahrt, so daß Schneider möglichst an Stelle des Rückwärtslaufes mittels des Flüssigkeitsgetriebes ein Kegelradgetriebe, Abb. 58, oder Umsteuerung durch den Antriebsmotor verwendet. Bei der in Abb. 146 dargestellten Schneider-Lokomotive ist daher auch der Dieselmotor umsteuerbar ausgeführt.

γ) Drehmomente und Zugkräfte.

In Abb. 109 sind die Drehmomente und Zugkräfte dargestellt, und zwar ist

$$M_d = M_{\mathrm{I}} + M_{\mathrm{II}},$$

wobei

$$M_{\mathrm{I}} = \text{const für Dieselmotoren},$$

$$M_{\mathrm{II}} = M_{\mathrm{Fl}} = \text{Flüssigkeitsmotormoment ist.}$$

1. Anfahrt. $M = M_{\mathrm{I}} + M_{\mathrm{Fl}} = \text{const} + M_{\mathrm{Fl}}$.

M_{Fl} kann durch Veränderung des Sekundärhubes gleichmäßig verkleinert werden. Daraus ergibt sich, daß die Zugkraftlinie sich der ideellen vollkommen anpaßt.

2. Regelfahrt (Hahn geschlossen). $M_{\mathrm{Fl}} = 0$; $M = M_{\mathrm{I}} = \text{const.}$

Das Drehmoment ist also bei größter Drehzahl größer als sie die Regelfahrt fordert. Damit ist eine Überlastung des Antriebsmotors verbunden, wenn der mittlere Druck im Dieselzylinder nicht entsprechend der Steigerung der Zuggeschwindigkeit verkleinert wird. Dazu kommt, daß die Drehzahl des Dieselmotors um höchstens (Kompressorverfahren) 20% überlastet werden kann, so daß die Fahrt mit geschlossenem Hahn nach oben hin nur in einem kleinen Geschwindigkeitsabschnitt möglich ist.

Bei kleinerer Drehzahl als die Regeldrehzahl kann ebenfalls wegen der geringen Überlastbarkeit des Dieselmotors nur gefahren werden, wenn das Drehmoment des Zuges kleiner ist als das Drehmoment des Dieselmotors. Andererseits verlangsamt sich der Zug so lange, bis der Fahrwiderstand so gefallen ist, daß der Dieselmotor die entsprechende Zugkraft hergibt. Beide Male tritt aber eine Verschlechterung des Dieselmotorwirkungsgrades ein (Abb. 7), welche größer sein kann als die von Schneider mit gesperrtem Hahn erzielte Wirkungsgraderhöhung.

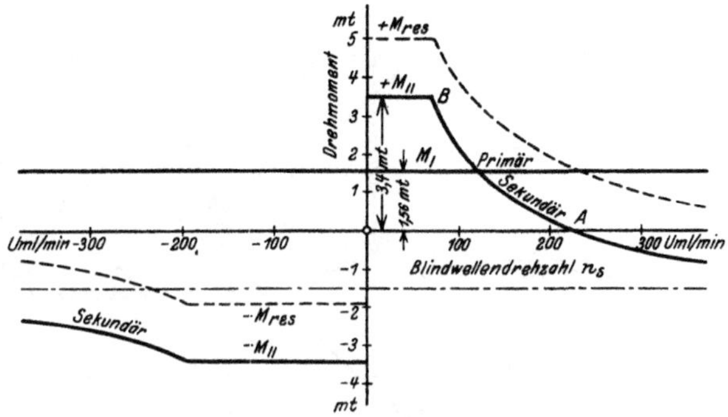

Abb. 109. Drehmomente des Schneider-Kolben-Getriebes. M_I Antriebsmotor-Drehmoment. M_{II} Flüssigkeitsmotor-Drehmoment. M_{res} Moment der Blindwelle.

Die Regelfahrt ist daher nur ein Vorteil, wenn die Lokomotive mit Regelgeschwindigkeit fährt und erfordert geschickte Steuerung.

3. Schnellfahrt. $M_{\mathrm{II}} = -$; $M_{\mathrm{I}} = +$;
$$M = M_{\mathrm{I}} - M_{\mathrm{II}} = \text{positiv}.$$

4. Rückwärtslauf. $M_{\mathrm{II}} = -$; $M_{\mathrm{I}} = +$;
$$M = M_{\mathrm{I}} - M_{\mathrm{II}} = \text{negativ}.$$

δ) Leistungsverhältnisse.

Für die Leistungsverhältnisse des Schneider-Getriebes sind im Schrifttum Kurven angegeben, die nicht die tatsächlichen Leistungsverhältnisse wiedergeben, sondern nur ein Bild über den theoretischen Zusammenhang zwischen dem Hub und den Leistungen sind. Es hat hiernach den Anschein, als ob die Antriebsmaschine während des ganzen Fahrbereiches konstante Leistung hergibt, was einen unmöglichen Betriebswirkungsgrad ergeben würde. Dieser wäre ja $\eta = \frac{N_z}{\text{const}}$, wenn N_z die Zugleistung ist. N_z steigt aber nach dem ideellen Anfahrschaubild von 0 bis auf einen Höchstwert, der, abgesehen von den Verlusten, gleich dem Nenner wird. Daher ist das Schaubild der Literatur irreführend und an seine Stelle das Betriebsdiagramm, Abb. 110, gezeichnet (unter Vernachlässigung der Getriebeverluste).

Die schwarze Fläche ist die im Umlauf verbrauchte Verlustarbeit der

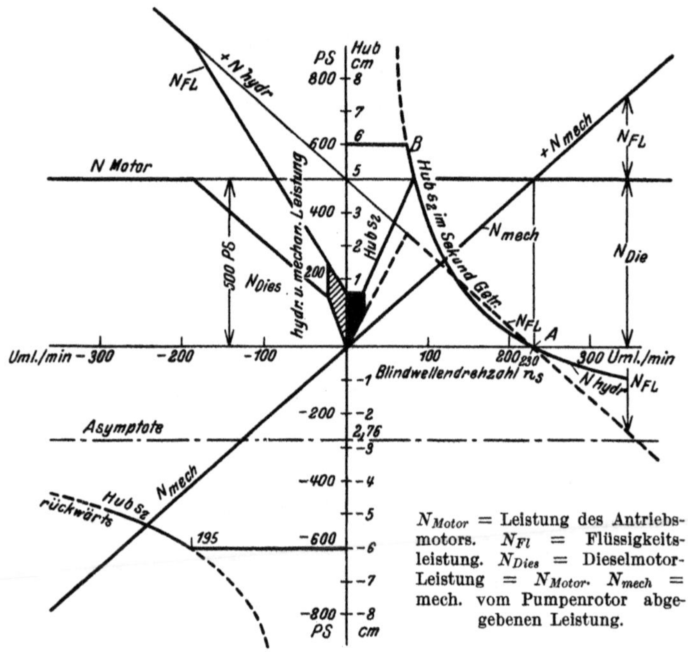

N_{Motor} = Leistung des Antriebsmotors. N_{Fl} = Flüssigkeitsleistung. N_{Dies} = Dieselmotor-Leistung = N_{Motor}. N_{mech} = mech. vom Pumpenrotor abgegebenen Leistung.

Abb. 110. Schaubild über Leistungen und Zugkräfte des Schneider-Kolben-Getriebes.

Umlaufflüssigkeit bei Vorwärtsfahrt, die schraffierte diejenige bei Rückwärtsfahrt. Die Flüssigkeitsleistung (gestrichelt) steigt von 0 bis auf einen bestimmten der Antriebsmotordrehzahl entsprechenden Leistung sinkt bis auf 0 bei der Regeldrehzahl und wird dann negativ. Die mechanische Leistung steigt geradlinig von 0 an. Die Dieselleistung steigt von dem bei der kritischen Drehzahl konstanten Wert geradlinig auf den Höchstwert und bleibt konstant.

Bei Rückwärtslauf ist die mechanische Leistung der Flüssigkeitspumpe negativ, d. h. sie wird dem Rotor zugeführt, dafür ist aber die Flüssigkeitsleistung entsprechend größer als bei Vorwärtslauf.

Der Versuchswirkungsgrad geht aus Abb. 111 hervor. In diese Kurven ist auch der Anfahrwirkungsgrad gestrichelt hineingezeichnet, der sich aus den übrigen Kurven ergibt. Dabei ist angenommen, daß die Anfahrt bei 72,5 Blindwellendrehzahl beendet sei.

Hieraus ist ersichtlich, daß der Wirkungsgrad nach beendeter Anlaufperiode gut ist und während der ganzen Dauerfahrt (88%) fast gleich bleibt.

Bei Regelfahrt ist er bei geschlossenem Hahn 93%, also sehr gut.

Die Gewichte und Preise des Getriebes sind in Abb. 130, 131 festgestellt. Die Gewichte und Preise sind ungünstig.

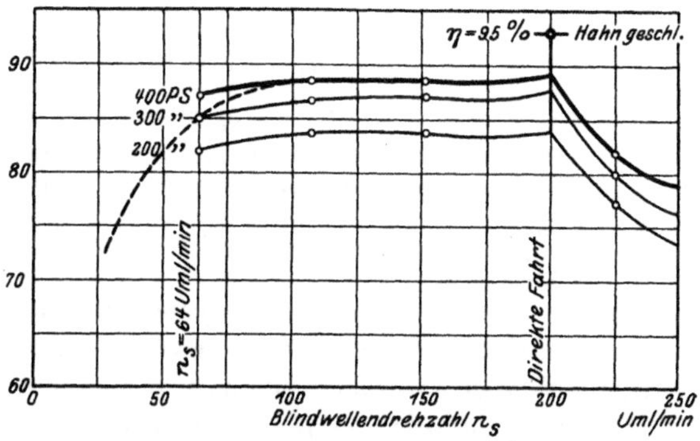

Abb. 111. Wirkungsgrade des Schneider-Kolben-Getriebes.

Wie ersichtlich, sind die Verhältnisse beim Schneider-Getriebe sehr verwickelt, weil der Primärhub unverstellbar ist. Bei anderen Leistungsteilergetrieben läßt sich die geförderte Flüssigkeitsmenge immer der verbrauchten anpassen und sowohl die leerumlaufende als auch die beim Rückwärtslauf bei Schneider vom Flüssigkeitsmotor in die Pumpe zurückgeförderte Leistung vermeiden.

ζ) Andere Leistungsteilergetriebe.

Als Leistungsteilergetriebe können alle Kolbengetriebe gebaut werden, wenn:

1. im Primärgetriebe außer dem Kolbenträger auch noch die Kolbenlauffläche drehbar angeordnet wird;

2. der Steuerschieber gleichlaufend mit der zugehörigen Leitfläche rotiert, damit seine Lage relativ zur Leitfläche unveränderlich ist und, wenn schließlich

3. bei Getrieben mit veränderlichem primären Hub die Hubverstelleinrichtung mit der Achse der Verstellung rotiert.

Als Vorteile der geteilten Leistungsabgabe für Flüssigkeitsgetriebe kann angeführt werden:

1. bester Wirkungsgrad;

2. kleine Größe der Pumpe und des Motors. Aus Abb. 110 geht hervor, daß die Flüssigkeitsleistung um den Teil der mechanischen Leistung kleiner ausfällt, d. i. etwa 30—40%.

3. Vergleich der Flüssigkeitsgetriebe.

Nicht der Wirkungsgrad allein ist für die Brauchbarkeit der Flüssigkeitsgetriebe maßgebend, sondern auch die möglichst gute Erfüllung der Forderungen des praktischen Fahrbetriebes. Hiernach sind die Flüssigkeitsgetriebe zu vergleichen nach

1. Betriebssicherheit;
2. Steuerung, Umsteuerung, Anpassung an das ideelle Fahrschaubild;
3. Gewichte, Preise und
4. Wirkungsgrad.

a) Betriebssicherheit.

Für den praktischen Fahrzeugbetrieb ist die Betriebssicherheit das Wichtigste. Ein Flüssigkeitsgetriebe darf auch bei sofortiger Umsteuerung keinen Anlaß zum Bruch eines Teiles geben. Ist jedoch während des Betriebes ein Teil beschädigt, so muß dennoch der Betrieb aufrecht erhalten werden können.

Ganz allgemein läßt sich in bezug auf Flüssigkeitsgetriebe sagen: Die Betriebssicherheit ist am größten, wenn das Getriebe baulich einfach ist, wenn es wenig Teile hat, und diese relativ kräftig sind. Dies setzt voraus, daß alle ungünstigen Beanspruchungen vermieden werden. Alle Kolben sind kräftig auszubilden; Kurbeln, Rollen usw. sind zweckmäßig zu vermeiden. Als führende Kurvenbahn kommt praktisch am besten der Kreis in Betracht, weil hier die sanftesten Übergänge vorhanden sind und Ursachen für Schwingungen vermieden werden.

Von den besprochenen Getrieben werden diese Bedingungen verschieden erfüllt, je nachdem ein Getriebe mit Kolben und Kapselpumpen mit geteilter oder ungeteilter Leistungsabgabe vorliegt.

α) Kapselgetriebe.

Die Kapselgetriebe erfordern wegen der Dichtung zwischen der schmalen Kolbenfläche und der Zylinderwand ein sehr gutes Laufen in der Kolbenführungsbahn. Schon ein Verschleiß von $^1/_{10}$ mm bringt bei den Betriebsdrücken derartige Verluste mit sich, daß eine Konkurrenz mit anderen Getrieben ausgeschlossen erscheint. Dieser Verschleiß läßt sich aber nur gering halten durch Verwendung von leichten Kolben, weil nur so für ihre Bewegung kleinste Beschleunigungs- und Verzögerungskräfte von der Kurvenbahn auf die Kolben zu übertragen sind. Nur Kolben aus Leichtmetall oder hohle Kolben erfüllen diese Bedingungen bei den notwendigen Drehzahlen. Diese Kolben haben aber geringe Festigkeit, was eine Gefahr des Bruches für die Kolben und damit Gefahr der Betriebsstörung mit sich bringt, wie auch die Erfahrung mit dem alten Lenz-Getriebe zeigt. Ist aber ein Kolben gebrochen, so werden alle anderen mit zerstört, so daß ein Betrieb, auch mit verminderter Flüssigkeitsleistung ausgeschlossen erscheint.

Das Einschalten der verschiedenen Stufen bei Kapselgetrieben ist fast immer mit auftretenden Druckstößen verbunden, auch das Anwenden von Sicherheits- und Umlaufventilen läßt diese nicht ganz vermeiden (z. B. wie beim verbesserten Lenz-Getriebe). Die Anordnung nach Bischoff (Veränderung des Kolbenhubes durch Exzentrizitätsveränderung) gibt weit besser die Möglichkeit stoßfreien Anfahrens als das Lenz-Getriebe. Ebenfalls ermöglicht die Füllungsänderung mit einer Verdrängerhülse beim Schwartzkopff-Huviler-Getriebe (Abb. 87) eine stoßfreie kontinuierliche Steuerung.

Wenn das Bischoff- und Schwartzkopff-Huviler-Getriebe gegenüber dem Lenz-Getriebe wegen der besseren Regulierung der Flüssigkeitsmenge, der Vermeidung jeglicher Umlaufventile und der Anwendung von Kreisen als Führungsbahnen bzw. Verdrängerhülsen bedeutend betriebssicherer ist als das Lenz-Getriebe, bergen doch die Kapselkolben die gleichen Gefahrquellen der Betriebsstörung in sich wie bei den übrigen Kapselgetrieben.

Betriebssicherer als die Kapselgetriebe ist das Rosén-Getriebe: es sind viel weniger Kolben vorhanden, die sich mit genügender Festigkeit herstellen lassen; und zur Führung ist eine einfache Kurvenform der Führungsschiene vorgesehen, bei welcher ein Verschleiß keinen Einfluß auf die Dichtung zwischen Kolben und Zylinderwand hat. Mit der scharfen Drehung der Kolben ist jedoch eine starke Beanspruchung der Führungsrolle verbunden, die zum Bruch führen kann. Ist ein Bruch erfolgt, so kann das Getriebe unter Umständen (im Gegensatz zu Kapselgetrieben) betriebsbereit bleiben, wenn auch mit verminderter Leistung und größeren Verlusten; bricht aber der Kolbendrehzapfen, so ist eine Zerstörung des Getriebes nicht zu vermeiden. Die Zapfen lassen sich jedoch mit genügend großer Festigkeit herstellen, wenn auch hierdurch die Leistungsfähigkeit der Getriebeeinheiten nach oben hin begrenzt wird. Die Steuerung durch Zuschaltung von Kammern birgt schließlich die Gefahr von Schaltstößen in sich.

Von den für Fahrzeuggetrieben geeigneten Kapselgetrieben sind daher das Rosén-, Schwartzkopff-Huviler-, Bischoff-Getriebe in der gewählten Reihenfolge betriebssicherer als das Lenz-Getriebe zu bezeichnen.

β) Kolbengetriebe.

Bei den Kolbengetrieben muß man unterscheiden zwischen Getrieben, die mit einer Kurbel oder mit einer Leitscheibe als Kolbenführung arbeiten.

Von den Getrieben mit Leitscheiben ist das Lauf-Thoma- und Hele-Shaw-Getriebe wohl als am betriebssichersten anzusprechen:

Kolben, Drehzapfen, Kolbenträger und Leitscheibe sind einfache Maschinenteile, die sich unbedingt betriebssicher herstellen lassen. Der einzige Teil, welcher Bruchgefahr in sich birgt, ist die Laufrolle mit Bolzen, die starken Drücken ausgesetzt ist, denn um bei kleinem Hub große Umfangskräfte zu erzeugen, sind bedeutende Kräfte erforderlich. Da aber der Hebelarm der Umfangskräfte groß ist, lassen sich genügend große Momente durch Kolbenkräfte erzeugen, die vollkommen betriebssicher von der Rolle und dem Rollenlager aufgenommen werden können.

Die Möglichkeit, durch gleichmäßiges Verstellen des Kolbenhubes Schaltstöße zu vermeiden, und das Fehlen sämtlicher Ventile und Kurbeln macht das Lauf-Thoma-Getriebe und Hele-Shaw-Getriebe zu einem der betriebssichersten der Kolbengetriebe.

Während beim Lauf-Thoma- und Hele-Shaw-Getriebe die Kolbenführung von einer ringförmigen Leitscheibe übernommen wird, ist hierfür bei Getrieben mit parallel zur Welle gelagerten Zylindern eine Pendelscheibe (auch Schwank- oder Taumelscheibe genannt) vorgesehen. Die Verbindung dieser Scheibe mit der Welle durch einen Drehzapfen bringt jedoch bei großen Leistungen bedeutende technische Schwierigkeiten mit sich, da das ganze Getriebemoment von diesen Zapfen übertragen werden muß.

Prött hat dies auch erkannt und für sein Getriebe den Flüssigkeitsmotor bei großen Leistungen durch eine Anordnung der bekannten Dampfmaschinenzylinder ersetzt (Abb. 102).

Professor Meinecke und Professor Lomonossoff sahen sich genötigt, die bauliche Durchführung des Janney-Getriebes wegen unüberwindlicher technischer Schwierigkeiten aufzugeben[1]. Die Leitscheibenanordnung erfordert außerdem gelenkige Kolbenstangen, die natürlich ungünstiger sind als die Kolben der Lauf-Thoma-Anordnung. Die beim Lauf-Thoma-Getriebe verwendeten Führungsrollen sind den im Pendelscheibengetriebe notwendigen Kugel- und Rollenlager gleich zu bewerten.

Die Steuerung des Getriebes erfordert die Überwindung bedeutender Kräfte bei den Pendelscheibengetrieben. Die Steuerungsanordnung muß das gesamte Moment der resultierenden Kolbenkräfte um den Drehzapfen überwinden. Bei der Lauf-Thoma-Anordnung fällt diese Resultierende der Kolbenkräfte in Richtung senkrecht zur Verstellung der Exzentrizität, so daß von der Verstelleinrichtung fast keine Kräfte zu überwinden sind (nur die wegen der endlichen Zahl der Zylinder pulsierend auftretende Resultierende). Wenn auch die Pendelscheibe eine größere Hubverstellung gestattet als die Lauf-Thoma-Anordnung, bei

[1] Eisenbahnwesen. S. 56. VDI-Verlag.

gleichen Ausmaßen und daher die Komponente in Richtung des Drehmomentes größer ist, als beim Lauf-Thoma-Getriebe, so ist aber wieder der Hebelarm bei Pendelscheibengetriebe bedeutend kleiner, so daß vom Steuerungsmechanismus bei Pendelscheibengetrieben ein Vielfaches der Kräfte beim Lauf-Thoma-Getriebe zu überwinden ist.

Als Getriebe mit Kurbelanordnung kommt, abgesehen vom Leistungsteilergetriebe nach Schneider das Hele-Shaw-Becham-Getriebe in Frage. Dieses kann dem Lauf-Thoma- und Hele-Shaw-Getriebe als gleichwertig erachtet werden.

γ) Getriebe mit geteilter Leistungsabgabe.

Die geteilte Leistungsabgabe macht die Getriebe bedeutend verwickelter; es sind Zahnräder notwendig und bei der Pumpe müssen sowohl Ständer als auch Läufer drehbar angeordnet werden. Mit dem Ständer verbunden ist die Hubverstellung, weil die Achse, in welche die Hubverstellung erfolgt, mit der Leitscheibe räumlich festliegt, also mit Drehung der Leitscheibe rotieren muß. Das gleiche gilt vom Steuerschieber, dessen Steuerkanten immer in Richtung der Verstellkraft liegen müssen.

Schneider sucht diese Schwierigkeit zu vermeiden, indem er einfach einen festen Pumpenhub verwendet. Dafür muß er aber den schlechteren Wirkungsgrad, bei Schnellfahrt eine verwickelte Steuerung, Rückwärtslauf durch Kegelradwendegetriebe oder durch Dieselmotorumsteuerung und Anfahrt mit Arbeitsverlusten in Kauf nehmen, wobei der Dieselmotor nicht mit dem günstigsten Wirkungsgrad arbeitet.

Das Schneider-Getriebe ist das verwickelteste aller Flüssigkeitsgetriebe. Schätzungsweise sind in ihm dreimal so viel bewegliche Teile vorhanden als im Lauf-Thoma-Getriebe. Es sind über 30 Kurbeln zu zählen, während das Lauf-Thoma-Getriebe keine hat. Beim alten Schneider-Getriebe sind sogar zur Hubverstellung des Motors Kulissen mit Kulissensteinen in den Rotorkurbeln vorgesehen. Beim neuen Getriebe sind diese durch die Ganzsche Kupplung, Abb. 26, ersetzt. Es läßt sich daher wohl sicher sagen, daß das Schneider-Getriebe in bezug auf Betriebssicherheit hinter dem Lauf-Thoma- und Hele-Shaw-Getriebe (auch bei Durchbildung dieser für die geteilte Leistungsabgabe) zurücksteht.

δ) Zusammenfassung.

Als Ergebnis der Untersuchung der Getriebe auf Betriebssicherheit läßt sich sagen:

1. Kolbengetriebe sind betriebssicherer als Kapselgetriebe.

2. Kolbengetriebe für ungeteilte Leistungsabgabe sind betriebssicherer als solche für geteilte Leistungsabgabe.

3. Nach der Reihenfolge der Betriebssicherheit sind etwa zu setzen:
a) Lauf-Thoma-, Hele-Shaw-, Hele-Shaw-Becham-,
b) Schneider-,
c) Prött-, Janney-,
d) Rosén-, Schwartzkopff-Huviler-, Bischoff- und schließlich
e) Lenz-Getriebe.

b) Anpassung an das ideelle Fahrschaubild.

Bei der Betrachtung der Flüssigkeitsgetriebe nach diesem Gesichtspunkt kommen zuerst die Getriebe mit gleichmäßiger Hubverstellung der Pumpe in Frage wie

a) Lauf-Thoma-, Prött-, Hele-Shaw-, Hele-Shaw-Becham- und
b) Schwartzkopff-Huviler-, Bischoff-, Schneider-Getriebe und schließlich
c) das Lenz- und Rosén-Getriebe.

Die unter a aufgeführten Getriebe erfüllen die Forderungen des ideellen Fahrschaubildes vollkommen, die unter b genannten mit Hilfe der Drehzahländerung des Dieselmotors von dessen kritischer Drehzahl ab und die unter c nur stufenweise.

In bezug auf Umsteuerung sind die unter a bis c genannten gleichwertig, bis auf das Schneider-Getriebe. Bei diesem ist die Umsteuerung bedeutend schlechter zu erreichen.

c) Gewichte und Preise.

Die Gewichte sind für den Bau von Lokomotiven von großer Wichtigkeit, damit die Lokomotiven nicht zu schwer werden. Die Preise bestimmen zusammen mit den Verlusten die Wirtschaftlichkeit.

In Abb. 130 sind die Gewichte in kg/PS, abhängig von dem PS, aufgetragen. Die hierfür benutzten Werte sind teils aus Angeboten, teils aus dem Schrifttum entnommen und teils berechnet worden.

Nach diesen Kurven sind I Lenz- und Schneider- ungefähr gleichwertig, dann folgt II Lauf-Thoma- und schließlich kommt III das Prött- und Rosén-Getriebe. Das Verhältnis bei etwa 1000 PS ist ungefähr $III:II:I = 1:2:4$; das Schwartzkopff-Huviler- und Bischoff-Getriebe wird zwischen I und II liegen.

Die Preise sind wohl abhängig vom Gewicht, aber auch entsprechend der Ausführung des Getriebes verschieden. Das Schneider-Getriebe von 500 PS_e kostet bei 500 Umdr. etwa 6,5 M/kg.

Bei Normalbau wird es, wenn man für Entwicklungskosten etwa 40% rechnet 4,5 M/kg kosten bei Annahme des Schweizer Frankenkurses von

$$1 \text{ Franc} = 0{,}8 \text{ M}.$$

Weiter beträgt der Kilopreis für das Lauf-Thoma-Getriebe etwa 4,8 M. Für das Prött-Getriebe sind nach seinen Angaben etwa das Doppelte zu setzen und für Zahnradgetriebe kommen etwa 4,5 M. in Betracht. Man kann also für den Vergleich der Kosten der Getriebe etwa sagen:

für Flüssigkeitsgetriebe 5 M/kg und
für Zahnradgetriebe 4,5 M/kg.

Da das Prött-Getriebe schließlich etwa halb so schwer ist als das Lauf-Thoma-Getriebe, andererseits aber doppelt so viel kostet, kann man vom Standpunkt der Anlagekosten aus das Prött- und Lauf-Thoma-Getriebe als gleichwertig betrachten.

Unter Benutzung der Werte der Abb. 130 sind so die Anlagekosten in M/PS für die verschiedenen Getriebe in Abb. 131 ermittelt. Außerdem sind noch die Kurven für die elektrischen Getriebe eingetragen, die erst weiter unten besprochen werden.

d) Wirkungsgrade.

Für die Güte eines Getriebes ist der erzielte Wirkungsgrad von Bedeutung, weil einerseits Verlustenergien vermieden werden müssen, andererseits für jede Verlustleistung ein entsprechend größerer Antriebsmotor einzubauen ist. Als Wirkungsgrad kann man entweder den Wirkungsgrad zugrunde legen, den man auf dem Prüfstand z. B. bei konstantem sekundären Drehmoment und veränderlicher Drehzahl erhält, oder den Betriebswirkungsgrad, d. h. den Wirkungsgrad, den man nach einer Anfahrt entsprechend dem Anfahrschaubild bekommt. Naturgemäß weichen beide Wirkungsgrade voneinander ab, weil sich sowohl das Drehmoment als auch die Drehzahl bei der Betriebsfahrt dauernd ändert.

Um einen Überblick über die Betriebswirkungsgrade zu bekommen, sind in Abb. 127 die Wirkungsgrade der verschiedenen Getriebe unter Annahme gleicher Fahrtverhältnisse über der Zuggeschwindigkeit in Prozenten aufgetragen. Dabei ist angenommen, daß bei 50% der Höchstgeschwindigkeit die Anfahrt beendet sei.

Die so ermittelten Kurven zeigen, daß bei Flüssigkeitsgetrieben um 90% Wirkungsgrad nur bei Anwendung geteilter Leistungsabgabe zu erreichen ist und daß Kapselgetriebe weit hinter Kolbengetrieben zurückstehen.

Die Wirkungsgradkurve für das Hele-Shaw-Becham-Getriebe ist derart ermittelt, daß der Pumpenwirkungsgrad gleich dem Motorwirkungsgrad gesetzt und der Getriebewirkungsgrad für kg/qcm umgerechnet wurde.

Der Wirkungsgrad für das Lauf-Thoma-Getriebe ist aus Abb. 93 übertragen worden.

Die Anfahrwirkungsgrade für das Hele-Shaw-, das Schneider- und das Hele-Shaw-Becham-Getriebe sind gleich gut. Ebenfalls die Wirkungsgrade für Dauerfahrt. Allerdings ist das Schneider-Getriebe wegen der gestellten Leistung (d. h. weil ein Teil der Leistung mechanisch mit höchstem Wirkungsgrad übertragen wird), dem Getriebe ohne geteilte Leistungsabgabe überlegen. Als Mittelwert kann man für die Flüssigkeitsgetriebe etwa errechnen:

1. Lauf-Thoma 86—87%,
2. Hele-Shaw etwa 85—86%,
3. Hele-Shaw-Becham 87%,
4. Schneider 89%,
5. Kapselgetriebe, höchstens 80%,
6. Prött, etwa 70—75%.

Außerdem sind in Abb. 127 die Wirkungsgrade für die schon besprochenen Zahnrädergetriebe und das noch zu besprechende elektrische Getriebe der Generator-Motorart eingetragen, auf das später eingegangen werden soll.

Der von Schneider hervorgehobene Wirkungsgrad von 93% (Hahn geschlossen) hat nur bei langen mit Regelgeschwindigkeit befahrenen Strecken einen zu beachtenden Einfluß auf die Dauerverluste. Der Vorteil wird oft durch den schlechten Schnellaufwirkungsgrad und schlechten Dieselmotorwirkungsgrad wieder ausgeglichen.

Der für Zahnrädergetriebe (Krupp-Getriebe) genannte hohe Wirkungsgrad ist ein Versuchswirkungsgrad, der sich im Betrieb mit dem Verschleiß der Zahnräder verschlechtert. Als mittlerer Dauerwirkungsgrad kommt etwa 90% in Frage. Dies geht auch aus Abb. 124 η_3 hervor.

Die Wirkungsgrade der Jahresarbeit, bei denen auch die Anfahrt eine Rolle spielt, weichen natürlich von den Wirkungsgraden der Abb. 127 entsprechend der Häufigkeit der Anfahrt mehr oder weniger ab. Sie können nur von Fall zu Fall bestimmt werden aus dem Brennstoffverbrauch und der geleisteten Arbeit.

C. Die Gasgetriebe.

1. Allgemeines.

Bei Gasgetrieben wird als Leistungsträger an Stelle der Flüssigkeit bei Flüssigkeitsgetrieben irgendein gasartiger Stoff gewählt.

An Stelle der einfachen mechanischen Gesetze der Theorie der Flüssigkeitsgetriebe tritt daher auch die Wärmetheorie der Gase.

Während also bei Flüssigkeitsgetrieben nur die mechanische Leistung des Dieselmotors in Flüssigkeitsleistung umgesetzt werden kann, ermöglichen die Gasgetriebe außerdem noch die Ausnutzung eines Teiles der Wärme, in den Auspuffgasen. Das Prinzip bei Gasgetrieben ist demnach: Umsetzen der mechanischen Energie in thermische und Ausnutzen der thermischen Energie zum Antrieb der Lokomotive.

Hierzu ist es notwendig, daß ein gasförmiger Stoff von einem Kompressor verdichtet, in einem Gasmotor zur Arbeitsleistung ausgenutzt und die erzielte mechanische Arbeit auf die Triebräder übertragen wird.

Die dabei auftretenden Strahlungsverluste, sowie die mechanischen Verluste werden nach den verschiedenen Ausführungen der Gasgetriebe durch Zufuhr der Wärmeenergie in den Auspuffgasen mehr oder weniger wieder ausgeglichen. Die Art und Weise wie dies geschieht und die Wahl des Arbeitsmittels unterscheidet die verschiedenen Gasgetriebe.

2. Die wärmetechnischen Vorgänge.

Für die rechnerische Erfassung der Wärmevorgänge im Getriebe gelten folgende Formeln:

$p \,.\, V = G \,.\, R \,.\, T$. Allgemeine Zustandsgleichung[1].

$$\frac{p_1}{p_2} = \left(\frac{V_2}{V_1}\right)^n \text{ für polytropische Zustandsänderung,}$$

$$\frac{T_2}{T_1} = \left(\frac{p_2}{p_1}\right)^{\frac{n-1}{n}} \quad \text{„} \quad \text{„} \quad \text{„}$$

Dabei ist p_1 Anfangsdruck p_2 Enddruck,
V_1 Anfangsvolumen, V_2 Endvolumen,
T_1 Anfangstemperatur, T_2 Endtemperatur (absolut),
n = Exponent = 1,41—1,0,
R = Gaskonstante für Luft 29, 27,
G = Gewicht des Gases in Kilogramm.

Nach Hütte I, 24. Aufl., S. 488 können die entsprechenden Werte für $\frac{p_1}{p_2}$ und $\frac{T_2}{T_1}$ bei Wahl n entnommen werden.

Diese Formeln gelten für alle möglichen Arbeitsmittel und sowohl für die Verdichtung als auch für Dehnung. Der Arbeitsvorgang soll nachstehend kurz an einem Luftgetriebe besprochen werden.

Bei diesem wird Luft als Arbeitsgas von einem Verdichter angesaugt, auf etwa 12—15 kg/qcm verdichtet, in einen Sammelbehälter gedrückt und schließlich dem Lokomotivarbeitszylinder zugeführt.

Der Verdichter muß daher zwei- oder mehrstufig sein und mit Zwischenkühlung arbeiten, damit die Temperatur der Luft bei der Verdichtung nicht so hoch steigt, daß das Schmieröl sich entzündet.

Der erwähnte Sammelbehälter wirkt gleichzeitig als kleiner Puffer und hat dementsprechend ein etwa 15—25faches Volumen des Lokomotiv-Arbeitszylinders. Die Arbeitszylinder der Lokomotive werden zweckmäßig nach dem Gleichstromprinzip gebaut, damit die Temperatur gegenüber der Arbeitsluft an den verschiedenen Zylinderpunkten gleich

[1] Dubbel: S. 365ff. Hütte I, 24. Aufl. S. 487ff.

bleibt, und so ein Wärmeaustausch zwischen Arbeitsluft und Zylinder vermieden wird.

Die Zugkraft der Lokomotive ist abhängig vom mittleren Zylinderdruck. Dieser ist aber durch die Größe der Füllung und der sekundlichen Drehzahl der Räder bestimmt. Bei kleiner Drehzahl und größerer Füllung kann man wie bei der Dampflokomotive große Zugkräfte in der Anfahrt erhalten. Bei großen Geschwindigkeiten dagegen lassen sich die Zugkräfte der Zughyperbel anpassen. Die Steuerung geschieht mithin durch Füllungsänderung.

Bei dem allgemeinen Arbeitsvorgang sind folgende Verluste zu verzeichnen:

1. die mechanischen Getriebeverluste, zu denen ein Wirkungsgrad von etwa 0,85 gehört,
2. die Kühlverluste bei Stufenkompression,
3. die Strahlungsverluste und schließlich
4. die Verluste durch unvollkommene Dehnung.

Der Gesamtwirkungsgrad der Lokomotive wird also bei mit Luft arbeitendem Getriebe sehr klein (etwa 15—20%), gegenüber der dieselelektrischen Übertragung und Dieselzahnradübertragung; zur Verbesserung des Wirkungsgrades müssen also die Abgaswärmen herangezogen werden.

Bevor auf die sich hieraus ergebenden verschiedenen Arten der Gasgetriebe eingegangen wird, sei kurz noch darauf hingewiesen, daß die Verluste zu 2 durch entsprechende Wahl des Enddruckes und des Arbeitsmittels stark vermindert, ja unter Umständen ganz vermieden werden können. Wird jedoch das Arbeitsmittel während der Verdichtung gekühlt, so verlangt es diese Wärmemenge bei der Dehnung im Arbeitszylinder wieder zurück. Zur Vermeidung von Eisbildung muß daher dem Arbeitszylinder entsprechend Wärme zugeführt werden. Dazu läßt sich ein Teil der Abgase verwenden, wobei außerdem eine Verbesserung der Arbeitsleistung des Arbeitszylinders erzielt werden kann.

Doch auch die mechanischen Verluste lassen sich verbessern, wenn der Dieselmotor selbst als Verdichter benutzt wird.

3. Ausgeführte Getriebe.

a) Allgemeines.

Der Vorschlag, Gasgetriebe zur Übertragung der Dieselmotorleistung auf die Treibräder zu verwenden, ist alt; und wurde schon 1909 von A. Stukenberg angegeben. Später hat Dunlop eine 1000 PS- und eine 1100 PS-Lokomotive entworfen, die jedoch beide nicht ausgeführt worden sind. Weiter hat Christiania 1923 eine 900 PS-Lokomotive gebaut, von der noch keine Erfahrungen vorliegen; in Deutschland ist schließlich eine 220 PS-Lokomotive der „Waggon- und Maschinenfabrik

Görlitz“ und eine 1200 PS-Lokomotive gebaut, von denen die letzte augenblicklich dem Betriebe der Deutschen Reichsbahngesellschaft übergeben wird. Die geschichtliche Entwicklung zeigt, daß die Diesellokomotive mit Gasgetriebe noch am Anfang der Entwicklung steht und Erfahrungen noch abzuwarten sind.

b) Die Still-Lokomotive[1].

Neben dem Vorschlage der Lokomotive mit Gasgetriebe ist noch von Still ein Verfahren durchgeführt worden, bei welchem die Dieselmotoren die Achsen unmittelbar antreiben und die Abgase zur Erzeugung von Dampf in einem Dampfkessel zum Antrieb der Lokomotive mit einer Dampfmaschine ausgenutzt wird. Bei dieser Lokomotive (Abb. 147) wird unterhalb der Zünddrehzahl des Dieselmotors mit der Dampfmaschine angefahren; nach der Anfahrt dient die Dampfmaschine nur als Zusatzmaschine. Diese Lokomotive ist von E. Kitson Clark gebaut worden und seit dem 8. März 1928 in Betrieb[2]. Sie besteht außer Rahmen, Laufgestell usw. aus einem Ölfeuerungs- und Abgaskessel, dem Getriebe, bestehend aus Kurbelwelle, Vorgelege, Blindwelle, Parallelkurbelgetriebe und den 8 Zylindern. Diese arbeiten im Viertakt, je 4 Zylinder auf einer Halbkurbelwelle, dabei wirkt die eine Seite des Kolbens als Dieselmotor und die andere als Dampfmaschine. Die Höchstleistung der Lokomotive dieselmotorseitig beträgt 1000 PS; die Gesamtleistung 1200 PS. Der Getriebewirkungsgrad beträgt etwa 80%, die Leistung am Radumfang dementsprechend 800 bzw. 960 PS. Die Lokomotive hat bei der Anfahrt 11000 kg und bei 72 km/h 3200 kg Zugkraft, erfüllt also mit Hilfe der Dampfmaschine das allgemeine Anfahrschaubild, Abb. 1, gut. Man kann daher die Diesellokomotive als gute Lösung betrachten, obgleich sie den empfindlichsten Teil der Dampflokomotive, die Kessel, beibehält.

c) Einteilung der Übertragungsarten.

Die verschiedenen Übertragungsarten mit gasförmigen Füllstoffen unterscheiden sich sowohl nach der Art des Füllstoffes als auch nach der Art der Abwärmeausnutzung. Hiernach soll folgende Einteilung gewählt werden:

1. Übertragung mit durch die Abgase überhitzte Luft als Füllstoff und besonderem Verdichter (MAN, Maschinenfabrik Eßlingen).
2. Übertragung mit Luft als Füllstoff und Dieselmotor als Verdichter (nach Bauer).
3. Übertragung mit Dampf als Füllstoff (Bauart Christiania).

---

[1] Organ Fortschr. Eisenbahnwes. 1927, S. 413; Dieselmaschinen II. Sonderheft VDI, S. 48, Abb. 12—15.

[2] Z. V. d. I. 1928, S. 715.

4. Übertragung mit Luftdampfgemisch als Füllstoff (Bauart Zarlatti).

5. Übertragung mit den Abgasen unter Dampfzusatz als Füllstoff (Waggon- und Maschinenfabrik Görlitz).

6. Übertragung mit Dieselmotor als Explosionszylinder (Bauart Wagner).

Diese verschiedenen Getriebe sollen nachstehend kurz betrachtet werden.

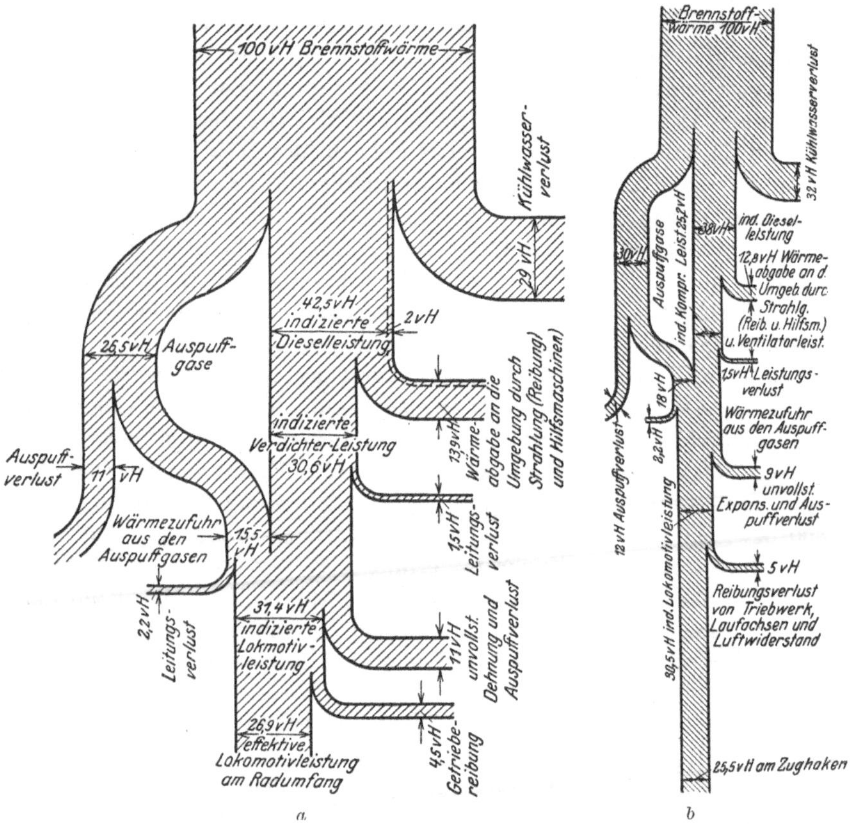

Abb. 112. Wärmefluß der Diesel-Druckluft-Lokomotiven. (Dieselmaschinen II 1926, S. 46 u. S. 46. *a* Ausführung der Maschinenfabrik Augsburg-Nürnberg. *b* Ausführung der Maschinenfabrik Eßlingen.

d) Die Kraftübertragungen.

α) Übertragung mit durch die Abgase überhitzte Luft als Füllstoff und besonderem Verdichter.

Bei dem Gasgetriebe der MAN (VDI 1925, S. 646) und der Maschinenfabrik Eßlingen (Abb. 112a)[1] wird Außenluft von einem Verdichter angesaugt, verdichtet und dann durch die Abgase stark

[1] Z. V. d. J. 1925, S. 636.

überhitzt. Diese hochverdichtete Luft wird in gewöhnlichen Lokomotivzylindern zur Arbeitsleistung ausgenutzt. Die Steuerung des Getriebes wird wie bei der Dampflokomotive durch Füllungsregulierung erreicht.

Eine Gefahr der Ölzündung soll nach den Angaben des Schrifttums nicht vorhanden sein.

Um einen Überblick über die Wärmeausnutzung zu bekommen, ist in Abb. 112 das Wärmeschaubild wiedergegeben. Trotz des 11% igen Verlustes durch unvollkommene Dehnung wird noch ein Lokomotivwirkungsgrad von 26,9% erzielt. Nach dem Schaubild der Maschinenfabrik Eßlingen, Abb. 112b, beträgt der Lokomotivwirkungsgrad etwa 25,5%, so daß sich wohl eine Wärmeausnutzung von 25—27% bei diesem Getriebe ergibt. Der Gasverbrauch des Getriebes verläuft aber ähnlich wie der Dampfverbrauch der Dampflokomotive nach Abb. 4, der Betriebswirkungsgrad wird daher in der Anfahrt stark abfallen.

Das ungefähre Gewicht des Gasgetriebes kann schätzungsweise zu etwa 60% des Dieselmotorgewichts angenommen werden. Abb. 130 (ähnlich Schneider).

β) Übertragung mit Luft als Füllstoff und Dieselmotor als Verdichter.

Durch eine von Bauer in seinem Buche „Diesellokomotiven und ihr Antrieb", S. 90, vorgeschlagene Art kann der Dieselmotor selbst als Verdichter verwendet werden. Das angesaugte Luftvolumen wird dabei größer gewählt als beim gewöhnlichen Dieselmotor und während der Verdichtung im Dieselmotor bei einem bestimmten Druck zum Teil durch ein Ventil den Arbeitszylindern zugeführt. Die übrige Luft wird wie beim gewöhnlichen Dieselmotor weiter verdichtet.

Bei diesem Verfahren wird wohl der Energieerzeuger im Getriebe (Verdichter) gespart, aber der Dieselmotor muß größer gewählt werden, so daß eine Gewichtserpsarnis gegenüber dem unter 1 angegebenen Verfahren kaum zu erwarten ist. Als Vorteil ist jedoch eine besondere Kühlung des Dieselmotors zu nennen. Außerdem steigt der mechanische Getriebewirkungsgrad etwas. Schließlich wird der thermische Wirkungsgrad des Dieselmotors verbessert, weil die Dehnung infolge des großen Zylinderraumes fast bis auf atmosphärischen Druck erfolgen kann.

γ) Übertragung mit Dampf als Füllstoff.

Bei der Bauart Christiania (VDI 1925, S. 645) wird in einem geschlossenen Kreislauf Dampf als Arbeitsmittel verwendet. Ein Verdichter saugt aus einem Behälter Wasserdampf an, verdichtet ihn und drückt ihn in einen Hochdruckbehälter, wo eine Überhitzung des Dampfes durch die Abgase erfolgt. Aus dem Hochdruckbehälter gelangt der Dampf in die Arbeitszylinder und von hier nach Arbeitsleistung wieder in den Sammelbehälter zurück. Zur Verkleinerung des Volumens des im Sammelbehälter befindlichen Dampfes wird der Sammelbehälter durch die Außenluft gekühlt.

Als Wirkungsgrad für das Getriebe bis zu den Treibrädern wird im Schrifttum 73% angegeben. Der Lokomotivwirkungsgrad ergibt sich demnach zu etwa 22—23%. Das Gewicht ist etwas größer als dasjenige der Getriebe mit reiner Druckluftübertragung, weil ein Sammelbehälter mehr vorhanden ist.

δ) Übertragung mit Luft-Dampfgemisch als Füllstoff.

Diese Antriebsart verbindet die Luft und Dampfübertragung derart, daß die Abgase dazu verwendet werden, in einem kleinen Dampfkessel Dampf zu erzeugen, welcher der erzeugten Druckluft beigemengt wird. Als Arbeitsmittel gelangt daher ein Luftdampfgemisch in die Arbeitszylinder.

Der Kraftübertragungswirkungsgrad wird zu 90% angegeben, der Gesamtwirkungsgrad ergibt sich daher zu ungefähr $30{,}6 \cdot 0{,}9 = 27{,}9\%$.

Das Gewicht des gesamten Getriebes fällt jedoch sehr groß aus, weil noch ein ganzer Dampfkessel mitgeschleppt werden muß.

ε) Übertragung mit Abgasen und Dampf als Füllstoff.

Bei dem Verfahren der Maschinenfabrik A.G. Görlitz (Abb. 149) wird, wie beim normalen Dieselmotor, Luft angesaugt und verdichtet. Nach Zündung dehnt sich das Gas und leistet Arbeit. Nach dieser Arbeitsleistung erfolgt jedoch nicht der Auspuff wie beim gewöhnlichen Dieselmotor, sondern die Gase werden wieder bei Rückgang des Kolbens verdichtet und bei einem bestimmten Druck durch ein Ventil den Lokomotivzylindern zugeführt, bis die Totlage des Dieselmotorkolbens erreicht ist. — Nun dehnen sich die im schädlichen Raum bleibenden Gase aus bis der Atmosphärendruck erreicht ist.

Damit ist das Verdichten des Gases gespart, aber der Rest an Auspuffgasen vermindert das Ansaugvolumen des Dieselmotors, womit wieder eine Vergrößerung des Dieselmotors verbunden ist. So geht das ersparte Gewicht wieder verloren. Der Hauptvorteil dieser Antriebsart liegt jedoch nicht in der Ersparnis an Getriebegewicht, sondern in der weiteren Ausnutzung der Wärme. Die ausgeschobenen Gase haben nämlich eine Temperatur von etwa 1500° und werden durch Verdampfung eingespritzten Wassers auf etwa 500—600° abgekühlt, bevor sie in die Lokomotivzylinder gelangen. Damit wird aber fast die ganze Auspuffwärme zur Arbeit herangezogen.

Der Gesamtwirkungsgrad der Lokomotive ergibt sich etwa nach folgender Schätzung:

1. zur Verfügung stehende Wärmemenge:

vorhanden an Dieselwelle etwa . . 32,1%
in den Abgasen etwa 26,5%

Summe: 58,6% der Brennstoffenergie

2. Verluste (Abb. 112)

für unvollkommene Drehung + Auspuff · der Luft 11%
für Verlust durch Auspuff des in die Abgase eingespritzten Wasserdampfes 3%
zur Verdampfung stehen zur Verfügung:

$$cp\,(1500-580)\,(1-\eta_{th}) = cp\,750 \text{ WE}$$

bei einem totalen Wirkungsgrad für die Wasserdampfausnutzung von etwa 19%.

Da die ganze Abgaswärme $= cp \cdot 1500 = 26{,}5\%$ ist, geht verloren:

$$\frac{26 \cdot 5}{1500} \cdot 750 = \ldots\ldots\ldots\ldots \quad 13\%$$

Summe: 27%

Bei einem totalen Wirkungsgrad der Wasserdampfausnutzung von 10% ergeben sich etwa 28% Verlust.

Dann bleibt als Gesamtwirkungsgrad:

$$58{,}6 - 27 = \mathbf{31{,}6\%\ bzw.\ 30{,}6\%.}$$

Der Wirkungsgrad des Getriebes ist daher:

$$\frac{31{,}6}{32{,}1} = 98\% \text{ bzw. } 95\%.$$

Man kann also annehmen, daß 95% Arbeitswirkungsgrad erreicht werden können.

Das Gewicht des Getriebes ergibt sich aus der Vergrößerung des Dieselmotorgewichtes + dem Getriebegewicht. Man kann schätzungsweise, wie bei der Übertragung mit besonderem Luftverdichter etwa 60% des Gewichtes des Dieselmotors (bei etwa 450 M/min) annehmen.

ζ) Übertragung mit Dieselmotor als Explosionszylinder.

Im Eisenbahnwesen, S. 64, wird von Wagner ein Verfahren angegeben, bei welchem der Dieselmotor die Gase nur bis auf einen Expansionsdruck von etwa 15—20 atm ausnutzt, dann aber den Lokomotivzylindern durch ein Überstromventil zuführt.

Der Dieselmotor müßte daher als ein Spezialmotor ausgeführt sein.

Bei diesem Arbeitsverfahren wird also die im Brennstoff enthaltene Energie zum Teil dem Explosionsgasgemisch übertragen, andererseits aber dazu benutzt, die mechanischen Verluste des Dieselmotors zu tragen; schließlich geht der Rest im Kühlwasser verloren.

Wegen der hohen Temperatur der Abgase ist es notwendig, wie beim

Verfahren der Maschinenfabrik A.G. Görlitz zur Abkühlung der Gase eingespritztes Wasser zu verdampfen.

Der Wirkungsgrad von der Dieselwelle zum Treibrad kann wohl auf 90—100% gebracht werden, das Gewicht wird schätzungsweise das gleiche sein, wie dasjenige des Getriebes der Maschinenfabrik A.G. Görlitz.

4. Zusammenfassung.

Nach der kurzen Besprechung der Gasgetriebe kann das Ergebnis folgendermaßen zusammengefaßt werden.

1. Die Gasgetriebe gestatten ein gutes Anpassen an das ideelle Fahrschaubild durch Füllungsänderung; in der Anfahrt jedoch wird der Wirkungsgrad bei konstanter Drehzahl des Dieselmotors sehr schlecht, weil bei der großen Füllung des Getriebes eine kleine Leistung an die Treibräder abgegeben wird (s. Abb. 4).

2. Wenn zur Lokomotivsteuerung die Möglichkeit der Regelung der Drehzahl des Dieselmotors von der kritischen Drehzahl bis zur Höchstdrehzahl herangezogen wird, läßt sich jedoch die Leistung des Dieselmotors der von der Lokomotive geforderten annähern.

3. Die Steuerung kann erreicht werden:

a) durch Füllungsänderung,

b) durch Veränderung der Dieselmotordrehzahl,

c) durch stufenweises Einschalten einzelner Teile der Kompressoren.

4. Auch bei wirtschaftlichster Steuerung bei Anfahrt ist der Gasverbrauch wegen der großen Füllung ein bedeutender, der Anfahrwirkungsgrad wird also entsprechend schlecht. Gegenüber den Wirkungsgraden der bisher beschriebenen Getriebe (Abb. 127) wird der Verlauf der Wirkungsgradkurven weit stärker gekrümmt sein, weil der Gasverbrauch ähnlich wie nach Abb. 4 stark mit der Füllung steigt.

5. Am zweckmäßigsten scheint die Lokomotivsteuerung durch Füllungsänderung mit gleichzeitiger Drehzahländerung des Dieselmotors zu sein.

Für den wirtschaftlichen Vergleich gegenüber den bisher beschriebenen Getrieben kann als Getriebewirkungsgrad etwa gewählt werden:

a) bei Übertragung mit durch Abgase überhitzte Luft als Füllstoff 80%,

b) bei Übertragung mit Dampf als Füllstoff 70%,

c) bei Übertragung mit Luft und Dampf 85%,

d) bei Übertragung mit Abgase als Füllstoff 95%.

6. Als Gewicht kann für alle Gasgetriebe etwa 60% vom Dieselmotor gewählt werden.

7. Die Betriebssicherheit des Fahrdienstes kann erfüllt werden, weil es sich bei den Teilen des Gasgetriebes um bekannte, bewährte Getriebemittel handelt.

X. Elektrische Getriebe.

A. Allgemeines.

Bei elektrischen Getrieben tritt an Stelle des Füllstoffes als Arbeitsträger der elektrische Strom. Aus der Natur der Übertragungsart ergibt sich, daß alle elektrischen Getriebe als Umformergetriebe bezeichnet werden können, denn es gilt immer, entweder mechanische Kraft in elektrische Form umzuwandeln wie bei dieselelektrischen Lokomotiven oder vorhandene elektrische Kraft in eine andere elektrische Kraft umzuformen, wie bei den elektrischen Umformerlokomotiven. Dementsprechend muß man auch zwei Gruppen von Umformergetrieben unterscheiden, wie es weiter unten in der Einleitung der elektrischen Getriebe geschieht.

1. Mit den elektrischen Umformerlokomotiven will die Technik ein Fahrzeug schaffen, welches die Vorzüge hochgespannten einphasigen 50periodigen Wechselstromes für die Leitungszuführung zur Lokomotive (Oberleitung) mit den günstigen Eigenschaften der Drehstrom- bzw. Gleichstrommotoren vereinigt.

Dem elektrischen Getriebe für die Umformerlokomotiven wird daher die Aufgabe gestellt, den einphasigen 50periodigen Oberleitungsstrom für Gleich- oder Drehstrommotoren umzuwandeln und die Eigenschaft dieser Antriebsmotoren dem ideellen Anfahrschaubild anzupassen.

2. Bei Fahrzeugen mit vorhandener mechanischer Energie wie bei Diesel- oder Turbinenlokomotiven wird vom Getriebe gefordert, die mechanische Energie wirtschaftlich zuerst in elektrische umzuformen und dann mit den Antriebsmotoren als mechanische Energie an die Treibachse unter möglichster Erfüllung des ideellen Anfahrschaubildes wieder abzugeben.

B. Einteilung.

Wie schon erwähnt, muß man je nach der Art der vorhandenen Kraftform folgende Gruppen von elektrischen Getrieben unterscheiden:

Gruppe 1: Umformung von elektrischer Kraft in eine andere elektrische Kraftform und schließlich in mechanische Kraft.

Diese Gruppe läßt wieder verschiedene Ausführungsmöglichkeiten zu, die eingeteilt werden können nach:

1. Umformung durch Transformator-Motor-Generatorgruppe in Gleichstrom,
2. Umformung durch Transformator-Einanker-Umformergruppe in Gleichstrom,
3. Umformung in Drehstrom durch Transformator-Motor-Generatorgruppe,

4. Umformung in Drehstrom mit Hochspannungs-Einanker-Spaltumformer Kando.

Gruppe 2: Umformung von mechanischer Kraft in elektrische und Ausnutzung dieser in Elektromotoren.

Auch hier gibt es verschiedene Ausführungsmöglichkeiten, wie:
5. die elektromagnetische Kupplung,
6. die Generator-Motorgetriebe,
7. die elektromagnetische Kupplung + Motor.

C. Die Regelverfahren.

Da das ideelle Anfahrschaubild (Abb. 1) bei den elektrischen Getriebelokomotiven erfüllt werden soll, die Hauptschwierigkeit beim Fahren mit elektrischem Antrieb aber in der möglichst stufenlosen Steuerung der Motoren liegt, ist die Kenntnis der Regelungsmöglichkeit der verschiedenen elektrischen Maschinen zur Beurteilung der elektrischen Getriebe notwendig. Insbesondere wird diese Frage wichtig bei den magnetelektrischen Getrieben. Daher sollen zuerst die Regelverfahren der in Frage kommenden elektrischen Maschinen und dann erst die ausgeführten Getriebe besprochen werden.

1. Regelungsmöglichkeit der Gleichstrommotoren.

a) Allgemeine Formel.

Ganz allgemein kann man für die Drehzahl eines Gleichstrommotors schreiben (Kyser, Elektrische Kraftübertragung II. Aufl. Band I, S. 2)

$$n = k_1 \frac{(E_k - J_a \cdot R)}{\Phi},$$

wenn dabei n = Motordrehzahl/min,

$$k_1 = \frac{a \cdot 60 \cdot 10^8}{p. A},$$

E_k die Klemmenspannung in Volt,
J_a Ankerstrom,
R Widerstand zwischen Motorklemmen,
Φ Feld eines Poles,
$2p$ die Anzahl der Pole und
A die Zahl der in Reihe geschalteten Ankerleiter ist.

Für das Drehmoment läßt sich setzen:

$$M_d = k_2 \cdot \Phi \cdot J_a \text{ (Kyser I, S. 7)},$$

wenn

$$k_2 = g_m \cdot \frac{p}{a} \frac{A}{2\pi g} \cdot 10^{-8} \text{ mkg/sek},$$

darin ist

g_m Gütefaktor des Motors,
$2p$ die Polzahl,
$2a$ die Anzahl der Ankerstromzweige,
A Zahl der in Reihe geschalteten Ankerleiter und
g Erdbeschleunigung $= 9{,}81$ m/sek².

Aus den beiden Formeln für die Drehzahl und das Drehmoment lassen sich die Regelungsarten ermitteln, welche die Anfahrt nach dem ideellen Anfahrschaubild möglich machen.

b) Regelung des Hauptstrommotors.

Beim Hauptstrommotor ist $R = r_a + r_h$ = Anker- + Erregerwiderstand, weil Feld und Anker hintereinander geschaltet sind. Der Erregerstrom ist gleich dem Ankerstrom, das Drehmoment wächst daher entsprechend der Magnetisierungskurve mehr oder weniger quadratisch mit dem Ankerstrom. Bei konstanter Leistung und steigender Geschwindigkeit fällt demnach das Drehmoment in gewissen Grenzen annähernd nach einer Hyperbel (Abb. 8).

In der Anfahrperiode (d. h. innerhalb der ersten 50% der Höchstgeschwindigkeit) ist das Drehmoment wegen des sehr rasch steigenden Motorstromes sehr groß, insbesondere bei Stillstand, wo nur der Ohmsche Widerstand zu überwinden ist; das Drehmoment überschreitet also bei weitem die geforderte konstante Anfahrzugkraftlinie. Das Regelverfahren muß daher die konstante Zugkraft bei allen Geschwindigkeiten von 0—50% zu erreichen suchen, indem das Produkt aus Ankerstromstärke und Feld konstant gehalten wird.

Nach der Drehzahlformel ergeben sich hierfür als Mittel:

1. die Änderung der Klemmenspannung E_k,
2. die Änderung des Widerstandes $R = r_a + r_h$ durch Vorschaltung von r, was einer Änderung der Klemmenspannung gleichkommt und
3. die Änderung des Feldes.

Der Stromerzeuger muß daher die Spannung in weiten Grenzen ändern können, sei es durch Erregungs- oder Drehzahländerung. Von der Vorschaltung eines Widerstandes vor den Anker oder vor das Feld kann wegen ihrer Unwirtschaftlichkeit nur dann Gebrauch gemacht werden, wenn die *geringst* mögliche *Generatorspannung* zum Betrieb der Motoren noch zu hoch ist.

Die Verkleinerung des Feldes durch *Shuntung* kommt für die Drehzahlregelung des Motors in Frage, wenn die *Generatorhöchstspannung* erreicht ist, und vom Motor noch größere Drehzahlen erreicht werden sollen.

Die Bedingungen für den Generator als Getriebeteil sind daher starke gleichmäßige Spannungsänderung und für den Motor Feldänderung.

c) Regelung des Nebenschlußmotors.

Beim Nebenschlußmotor sind Anker und Feldstrom unabhängig voneinander. So lange die Spannung konstant ist, ist daher das Drehmoment linear abhängig vom Ankerstrom.

Weil aber die Änderung des Ankerstromes nur eine Änderung von $J_a \cdot R$ bedeutet, die klein ist gegenüber E_k ergibt sich, daß der Nebenschlußmotor innerhalb seiner Leistungsmöglichkeit jedes Drehmoment bei annähernd gleicher Drehzahl abgibt (Abb. 8). Es ist also notwendig, die Drehzahl des Nebenschlußmotors zu regeln. Nach den Formeln für n und M_d kann dies erreicht werden:

1. durch Änderung der Polpaarzahl,
2. durch Feldänderung mit einem dem Felde vorgeschalteten Regulierwiderstand oder Fremderregung,
3. durch Änderung der Klemmenspannung,
4. durch Änderung der Klemmenspannung nach der Ward-Leonhard-Schaltung.

2. Regelung von Induktionsmotoren.

Von den Induktionsmotoren kommt als Motorteil des elektrischen Getriebes nur der asynchrone Mehrphasenmotor in Frage, weil der Einphaseninduktionsmotor (eine Ausnahme hiervon macht der Krupp-Einphaseninduktionsmotor) kein genügendes Anzugsmoment liefert und der synchrone Induktionsmotor eine konstante Drehzahl für die Momentabgabe verlangt.

Für das Drehmoment des Asynchronmotors kann man setzen (Kyser I, II. Aufl., S. 56):

$$M_d = k \cdot \frac{J_2^2 \cdot r_2 \cdot p}{s \cdot \nu_1} \text{ mkg},$$

dabei ist

k = 0,0162mal Phasenzahl,
J_2 = Läuferstrom,
r_2 = Läuferwiderstand,
p = Polzahl des Ständers,
ν = Frequenz,
$s = \frac{n_1 - n_2}{n_1}$ Schlüpfung.

Die Regelung des Asynchronmotors erstreckt sich auf Anlauf, Geschwindigkeitssteigerung und normalen Lauf.

Im Anlauf ist $s = 1$, und der Motor stellt einen Transformator dar. Dann gilt

$$M_d = k \cdot \frac{E^2_1 \cdot r_2 \cdot p}{\nu_1 (r_2{}^2 + x^2{}_2)},$$

wenn $x_2 = 2\pi \cdot \nu_1 \cdot L_1$ und L_1 Ständer-Selbstinduktionskoeffizient ist.

Für den Wirkungsgrad kann man aber setzen:

$$\eta = \frac{n_2}{n_1},$$

wenn n_1 die Drehzahl des Statorfeldes und n_2 Drehzahl des Rotors ist.

Soll die Wirtschaftlichkeit gut sein, dann muß der Schlupf zwischen Anker und Rotor möglichst vermieden oder die entstehende Leistung wieder nutzbar gemacht werden. Aus diesem Grunde ergeben sich als Mittel zur wirtschaftlichen Regelung:

1. die Änderung der Klemmenspannung,
2. die Änderung der Polzahl,
3. die Änderung der Frequenz und
4. die Ausnutzung der Schlupfleistung in Hintermotoren (Kaskadenschaltung).

Eine Änderung der Schlüpfung durch Veränderung von r_2 ist unwirtschaftlich, weil die Schlupfleistung vernichtet werden muß. Sie kommt also praktisch nicht in Frage.

Entsprechend der Gruppeneinteilung der elektrischen Getriebe muß auch zwischen der Regelung der Getriebe bei elektrischen Umformerlokomotiven und den dieselelektrischen Lokomotiven unterschieden werden.

Bei Umformerlokomotiven ist die Spannung meist nicht oder nur wenig veränderlich, die Frequenz dagegen konstant, so daß nur die Polzahländerung und Kaskadenschaltung übrig bleibt.

Sind mehrere Motoren vorhanden, so läßt sich ein hohes Anfahrmoment und eine Änderung des Drehmomentes durch Reihen- und Hintereinanderschaltung der Motoren erreichen.

Da gleichzeitig das Moment dem Quadrate der Spannung verhältnisgleich ist, kann bei mehreren Motoren zwischen den Stufen eine Regelung durch Spannungsänderung erreicht werden. Durch Polschaltung erhält man so viel Moment- und Geschwindigkeitsstufen, als Schaltungsmöglichkeiten vorliegen. Bei der Kaskadenschaltung ist die Anzahl der wirtschaftlichen Geschwindigkeiten von der Polzahl p_1 und p_2 der beiden Statoren abhängig. Hierfür gilt:

$$n \doteq \frac{60 \cdot \nu}{p_1 + p_2}.$$

Sind p_1 und p_2 verschieden, erhält man drei Geschwindigkeitsstufen. Eine Steuerung durch Änderung der Frequenz als auch der Spannung ist bei mechanisch-elektrischen Lokomotiven, z. B. Diesellokomotiven, durch Änderung der Dieselwellendrehzahl möglich. Es kommen also zur Regelung noch die Spannungs- und Frequenzänderung hinzu. Außerdem ist die Kaskadenschaltung für dieselelektrische Kraftübertragung von Bedeutung, weil trotz bedeutender Drehzahländerungsmöglichkeit des Dieselmotors sich immer noch eine beträchtliche Schlupfleistung nicht vermeiden läßt.

3. Regelung von Wechselstromkollektormotoren.

Wenn auch die Kollektormotoren größeres Gewicht als Gleichstrom- und Induktionsmotoren haben, so bieten sie doch mit guter Drehzahlregelungsmöglichkeit und guter Zugkrafteigenschaft ein Getriebemittel für die mechanisch-elektrische Kraftübertragung. Nach den verschiedenen Arten von Wechselstromkollektormotoren kann man als Getriebemotor verwenden:

den Reihenschlußmotor,
den Repulsionsmotor,
den Drehstromkollektormotor.

Beim Reihenschlußmotor gilt:

$$E_a = \text{const} \cdot n \cdot \Phi \text{ und } n = \text{const} \cdot \frac{E_a}{\Phi},$$

wenn E_a die im Anker induzierte EMK ist.

Das Drehmoment des Reihenschlußmotors ist: $M_d = \text{const} \cdot \Phi \cdot J$.

Weil Anker und Erregung in Reihe liegen, ist das Moment also in gewissen Grenzen (solange $\Phi \sim J$ ist) quadratisch abhängig von der Stromstärke.

Da die aufgedrückte Klemmenspannung gleich $E_a + J_1 (Ra - R_e)$ ist, und durch Änderung der Generatorerregung bzw. der Drehzahl der Dieselwelle geändert werden kann, läßt sich das Anfahrschaubild durch Spannungsänderung erfüllen.

Der Reihenschlußmotor kann aber nur für verhältnismäßig kleine Spannungen, etwa 550 Volt, betriebssicher gebaut werden, doch diese Spannung genügt für die Anwendung im Getriebe.

Beim Repulsionsmotor wird nur der Ständer vom Wechselstrom durchflossen. Der Ankerstrom ist ein Induktionsstrom, der über Bürsten kurzgeschlossen wird. Der Rotor kann daher für bedeutend höhere Spannungen verwendet werden als der Serienmotor. Für die Drehzahlen gilt:

$$E_a = \text{const} \cdot n \cdot \Phi_1 \text{ sind } \alpha$$

und daraus

$$n = \frac{E_a}{\text{const } \Phi_1 \sin \alpha}$$

das Drehmoment ist

$$M_d = \text{const } J_a \cdot \Phi_1 \cdot \sin \alpha,$$

wenn Φ_1 das Statorfeld und α der Winkel ist, welchen Φ_1 und die Bürstenverbindung miteinander bilden.

Mit diesem Motor läßt sich also das Anfahrdiagramm auch erfüllen durch Spannungsänderung und durch Verstellung der Bürsten.

(Dabei kann die Regelung erfolgen durch Spannungsänderung und Änderung von α, d. h. durch Bürstenverstellung.)

Der Drehstromreihenschluß-Kollektormotor ist zur Verwendung bei mechanisch-elektrischer Übertragung vorgeschlagen worden.

Beim Hauptstrommotor liegen Ständer und Läufer über Kollektor und Bürsten in Reihe. Weil ein Kollektor vorhanden ist, kann nur Niederspannung verwendet werden, wenn nicht ein Transformator vor den Ständer bzw. zwischen Ständer und Kollektor geschaltet werden soll.

Die Regelung der Motoren kann durch Spannungsänderung und Bürstenverstellung erreicht werden.

Die größte Motoreinheit beträgt etwa 300 kW.

D. Ausgeführte elektrische Getriebe.

Nach der Einteilung der elektrischen Getriebe ist zu unterscheiden zwischen Lokomotiven, bei denen der Antriebsmotor mit elektrischem Strom betrieben wird, wie bei den elektrischen Umformerlokomotiven und solchen Lokomotiven, bei welchen ein Ölmotor, Gasmotor oder eine Turbine vorhanden ist. Nach dem Begriff Fahrzeuggetriebe (S. 2) sind die elektrischen Umformerlokomotiven auch als Getriebelokomotiven zu betrachten, da sie aber meistens als rein elektrische Lokomotiven angesehen werden, erübrigt sich hier eine nähere Behandlung der Umformerlokomotive mit elektrischem Antrieb. Doch der Vollständigkeit halber soll die elektrische Umformerlokomotive nachstehend kurz betrachtet werden.

1. Lokomotiven mit Transformator und Motorgeneratoranordnung.

Nach dieser Anordnung ist von Henry Ford[1] eine Umformerlokomotive gebaut worden, der hochgespannter Wechselstrom mit einer Oberleitung zugeführt wird. Die verwendete Spannung ist 22000 Volt, damit die Unterwerke auf der Strecke erspart werden, die Periodenzahl 25. Diese Spannung wird mit einem Transformator auf 1250 Volt heruntertransformiert und in einer Einphasenwechselstrom-Motorgeneratorgruppe in Gleichstrom umgeformt. Der erzeugte Strom wird Tatzenlagermotoren für 600 Volt Gleichstrom und je 225 PS Dauerleistung zugeführt.

Für die Steuerung sind 45 Stufen vorgesehen. Von 0—31 km wird die Hauptgeneratorspannung geändert und von 31 km bis zur Höchstgeschwindigkeit die Geschwindigkeit durch Feldschwächung des Serien-

[1] Tramway Railway World, 1925, S. 187; Railw. Age No. 9/25, S. 38.

motors gesteigert. Die Motoren sind hierfür von 0—31 km als Serienmotor und über 31 km als fremderregte Motoren geschaltet. Bei der Stromrückgewinnung sind die Motoren fremderregt.

Der Synchronmotor wird gleichstromseitig von einer 60zelligen Batterie (125 Volt) angelassen, die auch für die Hilfsbetriebe den Strom liefert.

Diese Umformerlokomotive hat bei der bedeutenden Gesamtleistung von 3800 PS dauernd 344 t Gewicht, sie wiegt also 89,5 kg/PS, und ist deshalb für deutsche Verhältnisse viel zu schwer und zu teuer. Doch der Umstand, daß auf der Strecke, für welche diese Lokomotive bestimmt ist, die Unterwerke gespart werden, sowie der hohe amerikanische Achsdruck machen die Lokomotive für den vorgesehenen Dienst besonders geeignet.

2. Transformator-Gleichstrom-Einankerumformeranordnung.

Die Anordnung von Ford kann dadurch geändert werden, daß der Motorgenerator durch einen Einankerumformer ersetzt wird. Die elektrische Einrichtung würde dadurch leichter werden, der Transformator müßte jedoch für die Steuerung als Stufentransformator ausgeführt werden. Nach E und M Heft 9, S. 169 ist jedoch auch eine Spannungsregelung durch Bürstenverschiebung möglich. Bei einer SSW-Umformerlokomotive soll dieses Verfahren (nach E und M Heft 20 vom 16. 5. 26) vorgesehen sein. Die Erfahrungen sind jedoch noch abzuwarten.

3. Transformator-Motorgenerator-Spaltphasenanordnung.

Für die Umformung von Oberleitungs-Einphasenstrom in Dreiphasenstrom durch Transformator-Motorgeneratorgruppe ist von der Pensylvaniabahn eine Spaltphasenlokomotive mit 11000 Volt Oberspannung ausgeführt. Die Steuerung dieser Lokomotive kann einerseits durch Polumschaltung der Drehstrommotoren, andererseits aber auch durch Änderung der Drehzahl des Motors der Motorgeneratorgruppe, sowie der Frequenz für die Speisung der Lokomotivmotoren erreicht werden.

4. Einanker-Spaltphasenumformersysteme.

a) Kando-System.

Zur Erzielung eines leichten Getriebes mit gleichzeitiger Verwendung von 50periodigem Einphasenoberleitungsstrom ist von Kando ein neues Synchron-Hochspannungs-Einanker-Spaltumformersystem durchgebildet worden. Dem Synchronumformer wird Einphasenwechselstrom zugeführt. Der Ständer hat eine Hochspannungs-Einphasenwicklung, eine Niederspannungs-Drehstromwicklung und eine Niederspannungs-Einphasenwicklung für Hilfsbetriebe.

Die Steuerung wird einerseits durch Polumschaltung in den Motoren und Kaskaden- und Parallelschaltung der Motoren, andererseits durch Änderung der Sekundärspannung des Umformers, d. h. durch Änderung der Gleichstromerregung des Umformers erreicht.

Der cos φ kann durch Überregung auf 1 und auf Voreilung gebracht werden.

Durch Wegfall des Transformators und Anwendung eines Einankerumformers fällt das Gewicht der elektrischen Einrichtung sehr klein aus. Bei $16^2/_3$ Perioden scheint die Kandolokomotive den Einphasenlokomotiven gegenüber auch konkurrenzfähig zu sein.

b) Kruppsches System.

Zur Ausnützung 50periodigen Einphasen-Oberleitungsstromes ist von Krupp ein neuer Einphasen-Asynchronmotor, der auch als Phasenspalter arbeiten kann, entwickelt worden.

Bei diesem Motor[1] ist ein Ständer vorhanden, der eine Einphasen-Hochspannungswicklung und eine Anlaßwicklung trägt.

Das inverse Feld wird unschädlich gemacht durch einen rotierenden Zwischenrotor, der eine Gleichstromerregerwicklung trägt und synchron mit dem rechts drehenden Drehfeld des Stators läuft, nachdem er durch die Anlaßwicklung des Stators angelassen worden ist.

Der Arbeitsrotor ist ein gewöhnlicher Rotor eines Drehstrommotors.

Durch Erregungsänderung ist es möglich, dem Motor ein genügendes Drehmoment zu geben, den cos $\varphi = 1$ und voreilend zu gestalten und die Spannung zu regeln.

Als ein großer Nachteil ist jedoch die schlechte Umsteuerbarkeit des Motors zu betrachten.

5. Elektrische Kupplung.

Bei vorhandener mechanischer Energie wie bei Diesel- oder Turbinenlokomotiven muß die mechanische Energie zuerst in elektrische umgewandelt und dann wieder von den Motoren als mechanische Leistung auf die Treibräder übertragen werden.

Als einfachstes elektrisches Getriebe könnte man das Feld eines Gleichstromgenerators mit der Antriebswelle und den Anker mit der Blindwelle verbinden. Dann würde das Feld mit der Drehzahl der Antriebsmaschine rotieren und in dem Ankerleiter entsprechend dem Drehzahlenunterschiede, eine elektromotorische Kraft erzeugen. Nun ist aber das in den Feldträger hineingesteckte Drehmoment gleich demjenigen der Antriebsmaschine und auch gleich dem Drehmoment des Ankers.

Um in der Anfahrt ein hohes Drehmoment abzugeben, müßte man daher die Antriebsmaschine, z. B. Dieselmotor mit einem hohen Drehmoment, laufen lassen. Damit würde aber der Dieselmotor wegen seiner

[1] Kruppsche Monatshefte vom Dezember 1925, S. 233ff.

geringen Überlastbarkeit groß ausfallen. Dazu müßte die Schlupfleistung, die entsprechend dem Drehzahlenunterschiede zwischen Rotor und drehbarem Stator entsteht, nutzlos vernichtet werden. Damit ist aber die reine elektrische Kupplung für die Übertragung nicht brauchbar, wenn nicht die Schlupfleistung zur Erhöhung des Anfahrdrehmomentes herangezogen wird. Als grundlegende Bedingung für ein elektrisches Getriebe ergibt sich hieraus:

die Anwendung eines Getriebeteiles zur Erzeugung elektrischer Energie und

eine Anordnung zur Ausnutzung dieser erzeugten Energie.

6. Generator-Motorgetriebe.

a) Die Steuerungsmöglichkeiten.

Bei ausgeführten dieselelektrischen Lokomotiven wird die Leistung des Dieselmotors in einem Generator in elektrische Energie umgewandelt und in Motoren ausgenutzt. Wegen der guten Regelungsmöglichkeit des Gleichstromserienmotors wird als Stromart Gleichstrom gewählt.

Die Steuerung des Gleichstromserienmotors erfordert weitgehendste Spannungsänderung an den Motorklemmen. Da dies sowohl durch Änderung des Generatormotorfeldes als auch Generatordrehzahl erreicht werden kann, ist zu unterscheiden zwischen

Lokomotiven, bei welchen nur die Erregung des Generators geändert und

Lokomotiven, bei welchen auch noch die Drehzahl des Dieselmotors zur Regelung herangezogen wird.

Außerdem ist eine Steuerung durch Schaltung der Elektromotoren bei gleichbleibender Stromerzeugungsspannung und Dieselmotordrehzahl möglich. Diese Schaltung hat Einfluß auf die Wahl der Stromerzeugerbauart; denn der Stromerzeuger muß nach der Erwärmung bemessen werden, die wieder vom Quadrat des vom Stromerzeuger zu liefernden Stromes, also von der Schaltung der Motoren abhängt. Schließlich verbessert sie den Dynamowirkungsgrad, der bei hohen Spannungen besser ist als bei kleineren. Aus diesem Grunde wird die Steuerung häufig als Ergänzung der unter 1 und 2 beschriebenen Steuerungen benutzt, und ist von Bedeutung; wenn die Lokomotive jedoch nur durch Schalten der Motoren gesteuert werden soll, wird die Steuerung zu verwickelt und kann daher bei der nachfolgenden Betrachtung außer acht gelassen werden.

Einen gewissen Einfluß auf die Steuerung hat auch der Antrieb der Hilfsbetriebe, da diese vielfach gleichbleibende Antriebdrehzahlen verlangen. Bei der Steuerung nach Lomonossoff können die Hilfsbetriebe sowohl vom Hauptmotor als von der Erregermaschine angetrieben werden. Bei den anderen Steuerungsarten müßte ein besonderes Aggregat vorgesehen werden. Dies ist ein Vorteil der Lomonossoff-Steuerung, der unter Umständen Einfluß auf die Wirtschaftlichkeit der Steuerungsarten haben kann.

b) Die physikalischen Grundlagen der Steuerung.

Zweck der Steuerung ist, dem Fahrzeug möglichst einfach und stetig diejenige Zugkraft zu geben, die zur Erreichung einer bestimmten Geschwindigkeit entsprechend dem Gelände, der Anhängelast, der Fahrtrichtung und der Witterung notwendig ist. Den elektrischen Motoren (Gleichstrom-Reihenschlußmotoren) muß daher immer diejenige Klemmenspannung aufgedrückt werden, die dern zu Entwicklung des Motordrehmomentes notwendigen Strom durch den Anker fließen läßt. Zur Feststellung des bei allen Lokomotivgeschwindigkeiten notwendigen Dynamofeldes muß man daher die Motorkennlinie heranziehen. Hiernach gelten für Reihenschlußmotoren folgende Beziehungen:

$E_k = k_1 n \Phi_m + I_m (r_a + r_e)$, wenn bedeutet:

E_k Klemmenspannung in V,

n Motordrehzahl in Uml./min.,

Φ_m Motorfeld (Kraftfluß),

I_m Motorstrom in A,

r_a Ankerwiderstand des Motors in Ω,

r_e Erregerwiderstand des Motors in Ω und

$k_1 = \frac{p\,A\,10^{-8}}{a\,60}$ = Motorkonstante ist.

Diese Spannung muß (abgesehen vom Leitungsverlust) vom Stromerzeuger abgegeben werden. Die Dynamospannung muß also sein,

$$E_d \simeq E_k$$

und

$$n_d k_2 \Phi_d - I_m Ra = k_1 n \Phi_m + I_m (r_a + r_e),$$

wenn darin n_d die Dynamodrehzahl, Φ_d Dynamofeld, R_a Ankerwiderstand der Dynamo und $k_2 = \frac{p\,A\,10^{-8}}{A\,60}$ = Dynamokonstante ist.

So erhält man für das Dynamofeld:

$$\Phi_d = \frac{k_1 n \Phi_m + I_m (r_a + r_e + R_a)}{n_d k_2}. \qquad (1)$$

Gleichung (1) gibt an, wie groß das Stromerzeugerfeld und die Stromerzeugerdrehzahl bei verschiedenen Strömen, Feldern und Drehzahlen der Elektromotoren sein muß. Besteht eine bestimmte Abhängigkeit zwischen Φ_d, I_m und n, und ist diese bekannt, so läßt sich auch die Größe des notwendigen Stromerzeugerfeldes ermitteln.

Der Erregerstrom ist gleich dem Ankerstrom; das Motorfeld daher vom Ankerstrom und von der Form der Magnetisierungslinie abhängig.

Bei der allgemeinen Magnetisierungslinie steigt das Feld bis zum Knie verhältnisgleich mit I_m, dann weniger als verhältnisgleich und bei sehr großen Strömen fast nicht mehr mit I_m an. Da nun für das Motordrehmoment M_m folgende Beziehung gilt:

$$M_m = k_3 \Phi_m I_m, \tag{2}$$

wobei

$$k_3 = g \cdot \frac{p}{a} \cdot \frac{A}{2\pi g} \cdot 10^{-8}$$

ist und das Knie der Magnetisierungskurve etwa bei $^1/_3$ und $^1/_2$ des Höchststromes liegt, kann man annehmen, daß das Motordrehmoment von 0 bis zu etwa $^1/_2$ der Höchststromstärke quadratisch, darüber hinaus mehr als verhältnisgleich und bei größter Stromstärke annähernd verhältnisgleich mit dem Ankerstrom wächst.

Die Größe des Drehmomentes M_m richtet sich nach den Anforderungen, die an die Lokomotive gestellt werden. Allgemein kann man annehmen, Abb. 1, daß das Drehmoment vom Stillstand bis etwa 0,3 bis 0,5 der Höchstgeschwindigkeit gleichbleibt, während es im weiteren Verlaufe bis zur Höchstgeschwindigkeit nach der Zugkrafthyperbel $\frac{N}{n}$ 0,974*[1] abfallen soll. Die entsprechende Leistung (Abb. 1, N) steigt vom Stillstand bis 0,3—0,5 der Höchstgeschwindigkeit linear an und bleibt dann bis zur Höchstgeschwindigkeit gleich. Diese Leistung muß von der Steuerung möglichst gut eingestellt werden. Wenn man diese Forderungen für die Anfahrt, die Dauerfahrt und wechselnde Belastung zugrunde legt, kann Gleichung (1) wie folgt vereinfacht werden:

Für das Anfahren ist I_m und Φ_m konstant zu setzen. Dann geht Gleichung (1) über in

$$\Phi_d = \frac{K_1 n + K_2}{k_2 n_d}, \tag{3}$$

wenn die konstanten Größen in K_1 und K_2 zusammengefaßt sind.

In der Dauerfahrt kann Φ_m verhältnisgleich I_m gesetzt werden. Es ist also

$$\Phi_m = k_4 I_m.$$

Da nun mit steigender Geschwindigkeit das Drehmoment nach der Zugkrafthyperbel verlaufen soll, so erhält man aus (2)

$$I_m = \frac{M_m}{k_3 \Phi_m} = \frac{N}{n} \frac{0{,}974}{k_3 \Phi_m}$$

oder

$$I_m = \frac{N}{n} \frac{0{,}974}{k_3 k_4 I_m}.$$

---

[1] N in Watt bzw. kW, M_m in mkg bzw. mto Starkstromtechnik Bd. 2, 1921, S. 349.

Daraus bekommt man als Ankerstrom zur Erfüllung der Zugkrafthyperbel:

$$I_m = \sqrt{\frac{N}{n} \frac{0{,}974}{k_3 k_4}}.$$

Wenn man diesen Wert in die Gleichung für die Motorklemmenspannung einsetzt, bekommt man aus:

$$E_k = E_d = k_1 \, n \, \Phi_m + I_m \, (r_a + r_e)$$

bei Vernachlässigung von $I_m \, (r_a + r_e)$, die vom Stromerzeuger zu liefernde Spannung

$$E_d = k_1 \, n \, k_4 \sqrt{\frac{N}{n} \frac{0{,}974}{k_3 k_4}} = k_2 \, n_d \, \Phi_d.$$

Weil schließlich die Leistung bei der Dauerfahrt gemäß den Leistungsforderungen konstant sein soll, kann man setzen

$$k_1 \, k_4 \sqrt{\frac{N}{n} \frac{0{,}974}{k_3 k_4}} = \frac{Ko}{\sqrt{n}}$$

und bekommt als Gleichung für die Dauerfahrt

$$\Phi_d = \frac{Ko \sqrt{n}}{k_2 \, n_d}. \tag{4}$$

Mit Hilfe der Gleichung (1), (3) und (4) lassen sich die verschiedenen Steuerungen untersuchen.

c) Ausgeführte Getriebe.

Steuerung mit gleichbleibender Drehzahl des Antriebmotors.

Bei dieser Art der Lokomotivsteuerung ist n_d praktisch = konstant. Gleichung (1), (6), (4) lassen erkennen, daß die Steuerung nur durch Änderung des Dynamofeldes, d. h. durch Änderung der Erregerspannung möglich ist. Dies läßt sich nun folgendermaßen erreichen:

a) Mit einer selbsterregten Erregermaschine, bei der die Regelwiderstände zwischen Dynamoerregung und Anker der Erregermaschine geschaltet sind. In diesem Fall ist ein Steuerschalter erforderlich, der bei der notwendigen Stufenzahl zwischen etwa 15—25 A und der höchsten Erregerstromstärke (bei der ersten russischen dieselelektrischen Lokomotive höchstens 200 A) ziemlich groß und schwer ausfällt; außerdem geht in den Regelwiderständen Energie verloren, so daß von dieser Regelart abgesehen werden muß.

b) Die Regelwiderstände werden bei einer selbsterregten Erregermaschine in die Erregung der Erregermaschine eingeschaltet. Dann liegen die Verhältnisse günstiger als unter a). Doch müßten im Gebiet des unstabilen Arbeitens der Erregermaschine die Regelwiderstände zwischen Dynamofeld und Erregermaschinenanker beibehalten werden, wodurch die Schaltung verwickelt wird. Daher kommt die folgende Anordnung in Frage.

c) Die Erregung der Erregermaschine wird von einer gleichmäßigen und regelfähigen Spannung gespeist. Diese Spannungsquelle kann eine Akkumulatorenbatterie oder eine Hilfserregermaschine sein, deren Erregung durch einen Steuerschalter geregelt wird. Wenn auch so eine neue Spannungsquelle notwendig wird, so fällt doch der Steuerschalter sehr klein aus, und es lassen sich beliebig viele Stufen anordnen.

Abb. 113. Erregermaschine der Dieselelektr. Lok. von Lomonossoff (Z. V. d. I. 1928, S. 559.)

Bei der ersten russischen Diesellokomotive ist diese Regelungsart von Professor Lomonossoff vorgeschlagen worden. Dabei wird die Erregermaschine nach Abb. 113, 114 von einem Glühkopfmotor mit gleichbleibender Drehzahl (beim späteren Umbau der Lokomotive durch Antrieb vom Hauptdieselmotor ersetzt) angetrieben, auf dessen Welle außerdem noch eine Hilfserregermaschine sitzt. Zwischen Anker und Feld der Hilfserregermaschine liegen die Regelwiderstände des Steuerschalters.

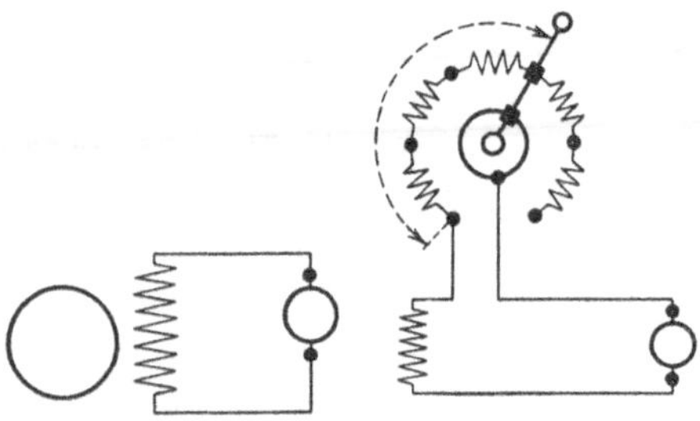

Abb. 114. Schaltbild Erregermaschine der Abb. 113.

Mit dieser Anordnung sind von Lomonossoff gegenüber der Anordnung a) folgende Vorteile erreicht:

Zahlentafel 5.

Steuerungsart	nach a	nach c
Gewicht . . . . . . kg	890	714
Stufenzahl	9	26
Erregerstrom . . . . A	200	5

Aus dieser Gegenüberstellung ist der Vorteil der Anordnung nach c) ersichtlich, wobei eine fast stufenlose Steuerung erreicht wird.

Bei dieser Steuerung sind für jeden Führerstand folgende Geräte notwendig: ein Strommesser, ein Spannungsmesser, ein Leistungsmesser.

Diese Steuerungsart ist der Steuerung bei Lokomotiven mit Zahnrad- und Flüssigkeitsgetrieben bedeutend überlegen, hat aber noch verschiedene Nachteile gegenüber den anderen Steuerungsmöglichkeiten für die elektrische Übertragung, nämlich:

1. sie erfordert eine zweite Erregermaschine mit einer besonderen Antriebmaschine, einen Steuerschalter mit Regelwiderständen und sechs Meßgeräte,
2. die Steuerung arbeitet nicht ganz stufenlos, vielmehr hängt die stoßfreie Anfahrt von der Geschicklichkeit des Führers ab,
3. der Führer hat viele Meßgeräte zu beobachten,
4. der Dieselmotor arbeitet nicht vollkommen wirtschaftlich.

Diese Nachteile haben zur Entwicklung der Steuerungen mit Drehzahländerung des Dieselmotors geführt.

Steuerungen mit veränderlicher Drehzahl des Antriebmotors.

Steuerung nach DRP 413889. Das Schaltbild für die Steuerung der Forges et Ateliers des Constructions Electriques de Jeumont[1], Paris, ist Abb. 115 wiedergegeben.

Die Erregung des Stromerzeugers *a* wird von der Erregermaschine *b* gespeist, die mit Selbsterregung arbeitet und von der Fahrzeugachse aus angetrieben wird. Die Erregermaschine hat eine Zusatzerregung *c*, die von einer Batterie *d* gespeist wird. Durch den Widerstand *e* wird dabei die Wirkung der Zusatzerregung abhängig von der Brennstoffzufuhr des Antriebmotors geregelt.

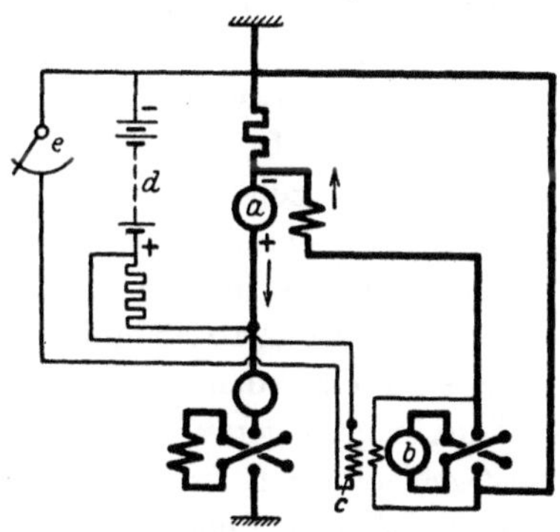

Abb. 115.
Schaltbild der Steuerung nach DRP. 413889.
a Stromerzeuger. *b* Erregermaschine. *c* Zusatzerregung. *d* Batterie. *e* Regelwiderstand.

Die Umlaufzahl des Antriebmotors ist veränderlich und kann sich entsprechend der Belastung frei einstellen. Daher unterscheidet sich diese Steuerung grundlegend von der Steuerung mit gleichbleibender Drehzahl des Verbrennungsmotors; denn sowohl die Drehzahl des Stromerzeugers als auch die der Erregermaschine wird zur Steuerung herangezogen. Das Verhalten dieser Steuerung geht aus folgender Betrachtung hervor:

[1] Vgl. auch Z. V. d. I. 1926, S. 176.

Anfahren: Die Anfahrtsgleichung (3) lautet:

$$\Phi_d = \frac{K_1 n + K_2}{k_2 n_d}.$$

In dieser Gleichung ist n verhältnisgleich der Zuggeschwindigkeit. Es gehört also zu jedem n ein bestimmtes Φ_d und n_d. Um also eine Vergrößerung von n zu bekommen, muß man Φ_d verhältnisgleich, jedoch n_d umgekehrt verhältnisgleich oder auch Φ_d und n_d entsprechend ändern, damit Gleichgewicht zwischen beiden Seiten von Gleichung (3) herrscht.

Im Stillstand ist für die Erregermaschine $n = 0$; das Feld des Stromerzeugers wird daher auch 0, wenn keine anderweitige Erregung vorgesehen ist. Man kann daher nicht ohne weiteres anfahren. Damit man es kann, ist für den Stromerzeuger eine Hilfserregerwicklung oder eine Erregung aus einer kleinen Akkumulatorenbatterie vorgesehen.

Mit dem Augenblick des Fahrens beginnt die Wirkung der Erregermaschine *b*. Da sich nun die Drehzahl der Erregermaschine im selben Verhältnis wie die Zuggeschwindigkeit ändert und sowohl die Spannung der Erregermaschine als auch das Dynamofeld (ungesättigtes Gebiet der Magnetisierungslinie) annähernd im Verhältnis der Drehzahl der Erregermaschine steigen, wird selbständig eine Dynamofeldänderung erreicht, die größer ist, als es die rechte Seite von Gleichung (3) verlangt (wenn die Drehzahl des Dieselmotors unverändert bleibt). Daher wird selbsttätig eine Zugbeschleunigung erreicht.

Nun ist aber bei der Erregermaschine noch eine Zusatzerregung vorhanden, so daß das Dynamofeld noch größer ist, als es zur Zugbeschleunigung notwendig wäre. Damit werden aber auch der Motorstrom und das Dynamodrehmoment größer, als es die Füllung des Antriebmotors zuläßt. Dies zieht eine Verlangsamung der Dynamodrehzahl nach sich so lange, bis die Dynamospannung soweit gesunken ist, daß Dynamo- und Antriebmotor-Drehmoment gleich werden. Die Umlaufzahl des Antriebmotors sinkt also entsprechend, so daß der mittlere Druck in den Zylindern des Verbrennungsmotors durch Brennstoffzufuhr gesteigert werden kann, d. h. die Steuerung regelt auf einen günstigen mittleren Druck, wobei es von der Größe der Zusatzerregung abhängt, ob dies zugleich der günstigste Druck ist. Umlaufzahl und Drehmoment des Verbrennungsmotors passen sich so einander an, bis nach Beendigung der Anfahrt bei normaler Anhängelast des Zuges die normale Drehzahl und die normale Leistung des Verbrennungsmotors erreicht ist.

Dauerfahrt. Für die Dauerfahrt gilt Gleichung (4):

$$\Phi_d = \frac{K_0 \sqrt{n}}{k_2 n_d}.$$

Da nach den Leistungsforderungen (Abb. 1) die Leistung in der Dauerfahrt gleich bleiben soll, ist auch die Dynamodrehzahl nach oben hin begrenzt.

Sie kann sich also nur verkleinern. Eine Vergrößerung der Dynamodrehzahl wäre nur möglich, wenn die Dauerleistung noch nicht erreicht ist.

Wenn nun die Zusatzerregung 0 ist, steigt die Erregerspannung wegen der Eisensättigung weniger als im selben Verhältnis mit n an, gleichzeitig wächst das Dynamofeld wegen der Sättigung wenig mit der Erregerspannung, so daß es nur sehr wenig mit n ansteigt. Das Dynamofeld steigt daher lange nicht so an, wie es die rechte Seite von Gleichung (4) erfordert, Aus diesem Grunde mußte bei der Steuerung eine starke Zusatzerregung vorgesehen werden, die mit dem Widerstand e in Abhängigkeit von der Brennstoffzufuhr geregelt wird; man hat daher während der Dauerfahrt mit einer halbselbsttätigen Steuerung zu tun.

Belastungänderung in der Dauerfahrt. Wenn der Zugwiderstand sich während der Dauerfahrt z. B. durch Geländesteigung vergrößert, so verlangsamt sich die Geschwindigkeit so lange, bis der Motor genügend Strom aufnehmen kann, um die gewünschte Zugkraft herzugeben. Da der Ankerstrom steigt, müßte bei gleichbleibendem Felde die Dynamodrehzahl sinken, weil das Dynamodrehmoment größer wird, als es der Füllung des Verbrennungsmotors entspricht. Da aber mit der Verlangsamung der Geschwindigkeit auch die Erregerspannung sinkt, wird das Dynamofeld kleiner, und das sich aus $k_1 \Phi_d I_m$ ergebende Dynamodrehmoment bleibt gleich, so daß auch der Stromerzeuger seine Drehzahl beibehält; die Steuerung regelt daher bei eingestellter Brennstoffzufuhr auf gleiche Leistung ein.

Nach diesen kurzen Betrachtungen ergibt sich, daß die Steuerung beim Anfahren selbsttätig und bei der Dauerfahrt halb selbsttätig arbeitet. Als Vorteile gegenüber der Steuerung mit gleichbleibender Antriebmotordrehzahl sind zu bezeichnen:

1. Stetige Zugkraftänderung beim Anfahren, 2. halb selbsttätige Feldregelung des Stromerzeugers, 3. Vorhandensein nur einer Erregermaschine, 4. Steuerung durch nur eine einfache Kurbel und 5. Verbesserung des Wirkungsgrades des Verbrennungsmotors beim Anfahren.

Nachteile sind: 1. Antrieb der Erregermaschine von der Achse aus, 2. Notwendigkeit, eine Batterie einzuführen.

Wenn so die Steuerung als ein Fortschritt gegenüber der Steuerung nach Lomonossoff mit gleichbleibender Antriebmotordrehzahl zu bezeichnen ist, so weist sie noch bedeutende Nachteile gegenüber der Lemp-Steuerung auf, die nachfolgend besprochen werden sollen.

Steuerung nach H. Lemp. Gegenüber den bisher besprochenen Steuerungen weist die Steuerung nach H. Lemp[1], Abb. 116 u. 151, noch einige Vorteile auf. Dynamo- und Erregermaschine sind mit dem Antriebmotor gekuppelt. Der Stromerzeuger oder auch die Erregermaschine hat

[1] Diese Steuerung wird bei den Triebwagen mit elektrischer Übertragung der AEG und TAG. Kiel verwendet.

außer der Erregerwicklung noch eine Wendepol- und eine Gegenverbundwicklung, die vom Motorstrom durchflossen wird. Das Feld des Stromerzeugers wird von der Erregermaschine, die von einer Akkumulatorenbatterie erregt wird, erregt. Es wird also bei hohem Motorstrom stark vermindert und bei niedrigem Motorstrom groß und ist daher in weiten Grenzen umgekehrt verhältnisgleich dem Motorstrom. Im Schaltbild Abb. 116 bedeutet a ein Relais, das die Erregermaschine von einer bestimmten Spannung an abschaltet und gleichzeitig auf Selbsterregung und Batterieladung umschaltet. Die Drehzahl des Antriebmotors ist veränderlich und stellt sich entsprechend der Größe der Brennstoffzufuhr und der Belastung selbsttätig auf den günstigsten Wert ein.

Gesteuert wird also ohne Beobachtung irgendwelcher Meßgeräte und ohne Steuerschalter nur durch Brennstoffregelung, wobei das Feld der Erregermaschine erst eingeschaltet wird, wenn die Brennstoffzufuhr von Leerlauf auf Last eingestellt wird.

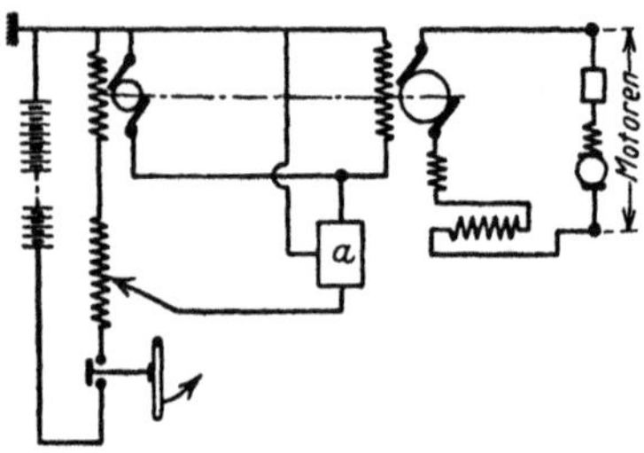

Abb. 116. Schaltbild der Steuerung nach H. Lemp.

Für die Untersuchung der Verhältnisse soll angenommen werden, daß das Generatorfeld die Gegenverbundwicklung hat.

Bei der Betrachtung der Vorgänge muß man dann berücksichtigen, daß der Erregerstrom $i = K_e n_d$ gesetzt werden kann, weil die Erregermaschine gleichmäßig erregt und mit dem Antriebmotor gekuppelt ist und der Widerstand der Generator-Erregerwicklung const gesetzt werden kann. Weiter ist das Dynamofeld bei einem bestimmten Verhältnis der Erregerwindungen gleich $K_g (i - I_m x)$. Man kann also schreiben:

$$K_g (K_e n_d - I_m \cdot x) = \Phi_d = \frac{k_1 n \Phi_m + I_m (r_a + r_e + Ra)}{k_2 n_d} \qquad (5)$$

wobei K_g die Zahl ist, die die Abhängigkeit des Dynamofeldes vom Feldstrom angibt und x der Anteil der Gegenwicklung in Verhältnis zur Feldwicklung ist. Aus dieser Gleichung ergeben sich die Verhältnisse bei der Fahrt.

Anfahren. Wird der Brennstoffhebel von Leerlauf auf Fahrt gelegt, so wird die Erregung der Erregermaschine eingeschaltet und die Dynamo erregt. Infolge des kleinen Motorwiderstandes ist I_m im ersten Augenblick sehr groß, wodurch sofort die linke Seite von Gleichung (5) sehr klein wird, so daß das Dynamofeld und die Dynamospannung sinken und der Motorstrom I_m sehr schnell auf den Wert herabgeregelt wird, der sich aus Gleichung (5) ergibt. Dabei stellt sich n_d selbsttätig auf den günstigsten Wert ein entsprechend der vorhandenen Brennstoffzufuhr.

Der Zugführer hat es also durch einfache Brennstoffzufuhrregelung in der Hand, die Lokomotive so zu steuern, daß der Dieselmotor immer mit dem günstigsten mittleren Druck arbeitet.

Dauerfahrt. Bei Beginn der Dauerfahrt soll nach Abb. 1 die Höchstleistung erreicht sein und von da ab gleich hoch bleiben. Der Antriebmotor hat daher seine normale Drehzahl und seine höchste Brennstoffzufuhr erreicht, und die Steuerung ergibt sich aus der Feldvergrößerung des Stromerzeugers mit sinkendem Motorstrom. Da der Spannungsverlust durch Motorwiderstand $I_m (r_a + r_e + R_a)$ im Verhältnis zur elektromotorischen Gegenkraft des Motors klein ist und hier vernachlässigt werden kann, ergibt sich aus Gleichung (5):

$$K_g (K_e n_d - I_m x) = \Phi_d = \frac{k_1 n \Phi_m}{k_2 n_d}.$$

Wenn man nun weiter die Zugkrafthyperbel erreichen will, gilt, wie früher abgeleitet:

$$K_d\left(K_e n_d - \frac{0{,}974\, N x}{n \Phi_m k_3}\right) = \Phi_d = \frac{K_0 \sqrt{n}}{k_2 n_d}, \qquad (6)$$

weil bei kleiner Stromstärke Φ_m verhältnisgleich mit I ist.

Wenn auf der rechten Seite von Gleichung (6) n vergrößert, z. B. doppelt so groß gemacht wird, steigt der Wert der rechten Gleichungsseite auf das etwa 1,4fache, wenn die Zugkrafthyperbel erfüllt werden soll. Auf der linken Seite von Gleichung (6) wird der in der Klammer abzuziehende Teil halb so groß, so daß der Klammerausdruck bei entsprechender Sättigungswahl der Dynamoerregung selbsttätig im gleichen Maße steigt, wie die rechte Seite von Gleichung (6). Daher stellt sich selbsttätig Gleichgewicht ein entsprechend der vom Zug geforderten Leistung und der eingestellten Brennstoffzufuhr, wobei die Drehzahl des Antriebmotors immer den wirtschaftlich günstigsten Wert annimmt.

Belastungsänderung während der Dauerfahrt. Wird in der Dauerfahrt der geforderte Zugwiderstand infolge einer Geländesteigung größer, so verlangsamt sich der Zug, weil die Zugkraft der Lokomotive zur Aufrechterhaltung der Geschwindigkeit nicht genügt. Dadurch wird n und die rechte Seite von Gleichung (6) kleiner. Ebenfalls wird aber auch die linke Seite von Gleichung (6) kleiner und damit auch das Dynamofeld, so daß das Dynamodrehmoment und die Dynamodrehzahl annähernd gleich bleiben, weil gleichzeitig der Ankerstrom steigt und das Dynamofeld sinkt, die Steuerung regelt also selbsttätig auf die geforderte gleichmäßige Leistung.

Die Betrachtungen ergeben also, daß die Lemp-Steuerung vollkommen stetig (siehe Abb. 117 Zugkraftlinie einer praktischen Ausführung), ohne irgendwelche Meßgeräte, ohne Steuerschalter bei günstiger Regelung des Antriebmotors und völlig stoßfrei die Bedingungen der Zugfahrt in bester Weise erfüllt.

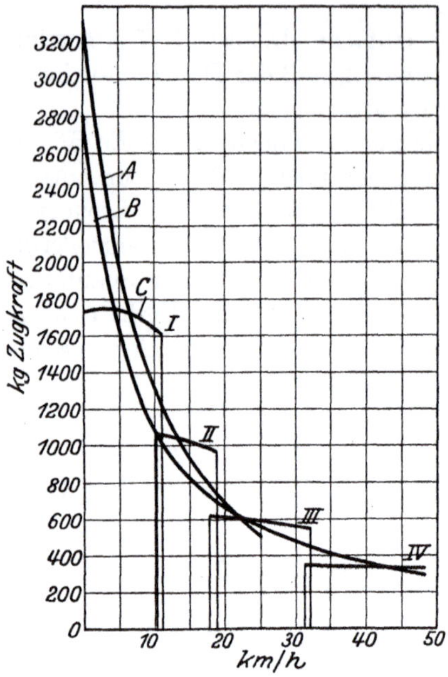

Abb. 117. Zugkraftlinie für Omnibusbetrieb mit kontinuierlicher Steuerung bei elektr. Antrieb und Stufensteuerung bei Antrieb mit Zahnradwechselgetriebe. (AEG-Sonderheft „Die Anwendung der elektr. Übertragung bei Omnibusbetrieb". S. 4.) *A* elektr. Antrieb, Motoren in Reihe. *B* elektr. Antrieb, Motoren parallel. *C* mechanischer Antrieb. Stufe I : II : III : IV = 26,1 : 15,8 : 9,1 : 5,2 : 1.

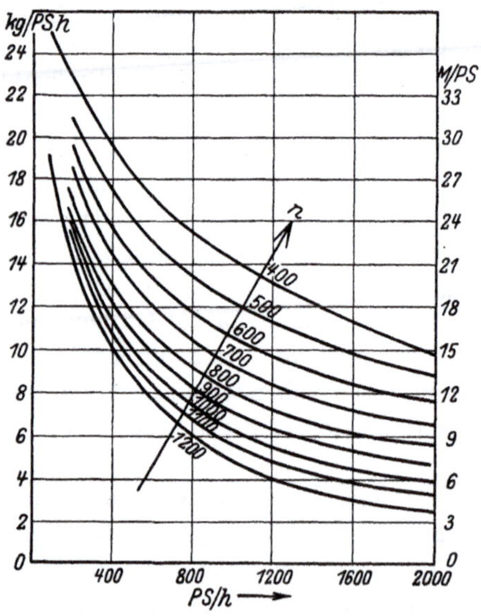

Abb. 118. Gewichte von Gleichstrom-Generatoren bei verschiedenen Spannungen und Drehzahlen.

d) Vergleich der Steuerungsarten.

Beim Vergleich der Steuerungsarten muß als Vergleichsmaßstab gewählt werden:

a) Anlagekosten und Wirtschaftlichkeit der Steuerung,

b) Einfachheit der Steuerung mit bequemster, möglichst wenig ermüdender Tätigkeit für den Lokomotivführer,

c) stoßfreie, stufenlose Zugkraftänderung und gute Erfüllung der Leistungsforderungen,

d) Betriebssicherheit.

Beim Vergleich der Steuerungsarten muß dabei die Betriebssicherheit an erste Stelle gesetzt werden, sie ergibt sich aber zum Teil auch aus den übrigen Punkten, so daß diese zuerst betrachtet werden sollen.

Anlagekosten und Wirtschaftlichkeit. Die Anlagekosten werden wegen der vielen Hilfsgeräte, der zwei Erregermaschinen, der Erregerantriebmaschine und des Steuerschalters usw. bei der Steuerung mit gleichbleibender Antriebmotordrehzahl nach Lomonossoff am größten. Doch können sie unter Umständen kleiner werden, als die Kosten bei Steuerung nach DRP 413 889; denn es ist nicht abzuschätzen, welche Kosten der Antrieb der Erregermaschine (insbesondere bei großen Lokomotiven) ergibt, und es hängt hiervon ab, ob die Steuerung nach Lomonossoff oder DRP 413 889 billiger ausfällt. Demgegenüber ist sicher eine Verbilligung der Lemp-Steuerung gegenüber den beiden anderen Steuerungsarten zu erwarten, denn die Gegenerregung des Stromerzeugers verteuert wohl die Dynamo, erfordert jedoch nur wenige Windungen, weil der Dynamostrom viel größer ist als der Erregerstrom. Außerdem kann die Gegenerregung an der Erregermaschine durchgeführt werden und erfordert dann keine nennenswerten Kosten. Dies ist bei der praktischen Ausbildung der Steuerung der TAG. durchgeführt.

Um einen Überblick über die Preise und Gewichte des elektrischen Generator-Motorgetriebes zu bekommen, sind in Abb. 118—120 Kurvenscharen für die Motor- und Generatorgewichte entwickelt.

Die Motorpreise ergeben sich aus dem Preis/kg, der zu M. 2.— gewählt wurde. Als Generatorkilopreis kommt etwa 1,50 M/kg in Frage.

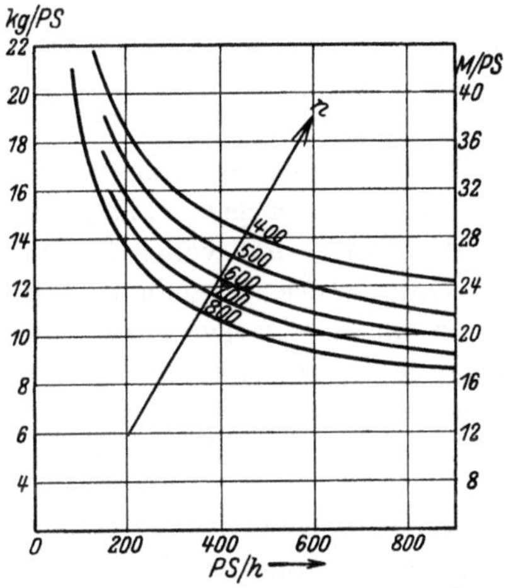

Abb. 119. Gewichte von Gleichstrom-Reihenschluß-Motoren bei verschiedenen Spannungen und Drehzahlen.

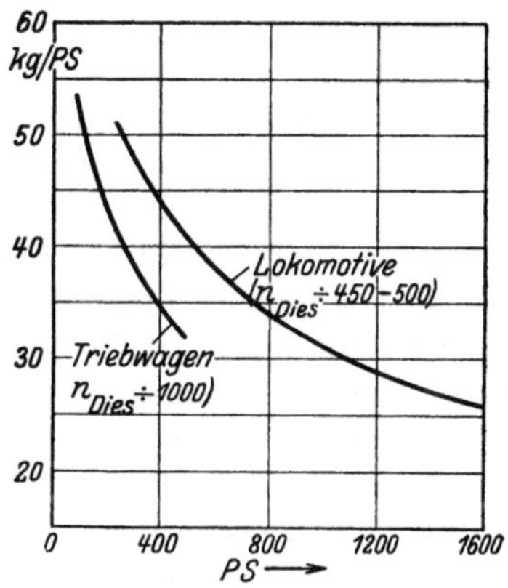

Abb. 120. Gewichte eines elektrischen Generator-Motor-Getriebes bei verschiedenen Leistungen und Drehzahlen.

Für die gesamte elektrische Ausrüstung ist 3,30 M/kg als erfahrungsgemäß genügend gewählt worden.

Das Gewicht des gesamten elektrischen Getriebes ermittelt sich aus Generatorgewicht + Motorgewicht + elektrische Anlage. In Abb. 120 und 130 ist das Getriebegewicht für einen Dieselmotor von $n = 450$—500 mm und eine Drehzahl für die Elektromotoren von 600 mm ermittelt einschließlich Zubehör, welches verschiedenen Projekten entnommen wurde. Dazu ist in Abb. 130 noch das Gewicht für eine Generatordrehzahl von 1200 Umdr./min und schließlich das Getriebegewicht ohne das Gewicht der Batterie zum Anlassen ermittelt worden. Die Preise ergeben sich aus Abb. 131.

Aus den Kurven ist ersichtlich, daß das elektrische Getriebe in bezug auf Preise und Gewichte ungünstig ist.

Für das Lemp-Getriebe und die Steuerung nach Patent 413889 sind die Preise etwas niedriger als bei der Lomonossoff-Anordnung, weil die Kontrollersteuerung fortfällt; ebenfalls ist das Gewicht etwas geringer.

Die Wirtschaftlichkeit hängt von den Verlusten und dem Dieselmotor-Wirkungsgrad ab.

Bei der Regelung nach Lomonossoff sind wohl die kleinsten Erregerverluste zu erwarten, jedoch wird der Wirkungsgrad des Hauptdieselmotors ungünstig.

Bei DRP 413889 sind die Erregerverluste größer, weil sich die Antriebleistung der Erregermaschine auf dem Wege vom Dieselmotor über Dynamo-Motor-Achse-Erregermaschinenwelle mindestens um etwa 30% verringert, zum andern aber der Wirkungsgrad der Erregermaschine bei den kleinen Umlaufzahlen sehr schlecht ist. Doch der Dieselmotor arbeitet wirtschaftlicher als bei Steuerung mit gleichbleibender Dieselmotordrehzahl, so daß diese Steuerung wirtschaftlicher arbeitet als die Steuerung mit unveränderlicher Dieselmotordrehzahl und Steuerung durch Steuerschalter.

Bei der Lemp-Steuerung treten schließlich größere Erregerverluste auf, weil das Dynamofeld eine Erreger- und Gegenerregerwicklung trägt. Dafür arbeitet die Erregermaschine aber immer mit voller Erregung und ohne Antriebverluste. Außerdem wird die Gegenerregung praktisch bei der Erregermaschine angebracht, so daß die Erregerverluste nicht größer sind als bei DRP 413889. Da aber der Dieselmotor immer mit dem besten Wirkungsgrad arbeitet und die Gesamterregerverluste nur einen kleinen Teil der Gesamtverluste ausmachen, ist die Lemp-Steuerung wirtschaftlicher.

Der Wirkungsgrad der Lokomotive ergibt sich aus dem Produkt aus Wirkungsgrad der Antriebmaschine des Generators, der Motoren, des Zahnradgetriebes und der elektrischen Lokomotiveinrichtung.

Nach der Charakteristik der Maschinen, die von Lomonossoff eingebaut wurden, ergibt sich ungefähr der in Abb. 127 punktierte Getriebewirkungsgrad. Dabei ist der Gesamtwirkungsgrad des elektrischen Getriebes zum Vergleich mit den anderen Getrieben, welche alle mit Blindwelle und Parallelkurbelgetriebe arbeiten, durch den Getriebewirkungsgrad für Parallelkurbelgetriebe mit Blindwelle von 0,95 dividiert. Es ergibt sich, daß das Generator-Motorgetriebe den übrigen Getrieben vom Standpunkt des Wirkungsgrades in nicht allen Fällen nachsteht und besser ist, als derjenige des Lenz- und Rosén- und Pröttgetriebes.

Einfachheit der Steuerung. Bei der Lemp-Steuerung sind keine Geräte notwendig, und der Antrieb der Erregermaschine ist so einfach wie nur möglich (kein Antrieb von der Fahrzeugachse oder einem Sondermotor). Die Steuerung besteht in der einfachen Betätigung der Brennstoffzufuhr und braucht weder Steuerschalter noch Widerstände. Daher muß die Lemp-Steuerung als die einfachste Steuerung bezeichnet werden, die den Lokomotivführer am wenigsten ermüdet.

Fahrtverhältnisse. Die Fahrtverhältnisse gehen aus den Zugkraft- und Leistungsschaulinien von Abb. 125 und 126 hervor. In diesen sind die Lemp-Steuerung, Steuerung nach Lomonossoff und die Steuerung einer Diesellokomotive mit Zahnradantrieb einander gegenübergestellt. Die Steuerung nach DRP 413889 ist nicht eingezeichnet; sie würde eine Zwischenkurve ergeben, bei welcher die Anfahrt annähernd nach der Lemp-Steuerung und die Zugkraft der Dauerfahrt mit wenig Stufen zwischen der Lemp- und der Lomonossoff-Steuerung liegen.

Abb. 125 und 126 lassen ohne weiteres erkennen, daß die Lemp-Steuerung in bezug auf Zugkraft und Leistung bei gleichen Maschinengrößen den anderen Steuerungen überlegen ist. Es lassen sich bei dieser bedeutend höhere Zugkräfte und auch Leistungen herausholen. Dabei verläuft die Zugkraftlinie in der Dauerfahrt fast wie die ideale Zugkrafthyperbel. In bezug auf die Fahrtverhältnisse muß daher die Lemp-Steuerung als sehr gut beurteilt werden.

Betriebssicherheit. Die Betriebssicherheit ist am wichtigsten für die Beurteilung der Steuerung. Sie wird bei der Steuerung nach Lomonossoff sehr gut erfüllt. Fällt z. B. die Antriebmaschine der Erregermaschine aus, so kann die Erregermaschine mit Riementrieb von der Hauptmaschine aus angetrieben werden; fällt dagegen die Hilfserregermaschine aus, so kann die Haupterregermaschine mit Selbsterregung und Änderung der Drehzahl fahren. Die Betriebssicherheit ist also gut erfüllt, doch muß der Lokomotivführer viele Instrumente beobachten, die ihn ermüden.

Bei der Steuerung nach DRP 413889 ist die Betriebssicherheit vom Achsantrieb der Erregermaschine abhängig. Falls hier etwas bricht, bleibt die Lokomotive stehen. Die Betriebssicherheit ist also weniger groß. Durch Aufstellen einer Batterie als Aushilfs-Dynamoerregung oder durch Anordnen von Kupplungen und Riemenscheiben vom Dieselmotor als Aushilfsantrieb läßt sich die Sicherheit verbessern.

Die Lemp-Steuerung hat hingegen keinerlei mögliche Fehlerquellen, weil das Feld des Stromerzeugers nicht mechanisch, sondern selbsttätig elektrisch geändert wird. Sie ist daher den anderen Steuerungsarten überlegen.

7. Elektromagnetische Getriebe.

Diese Getriebe verwenden zur Übertragung der Leistung sowohl das Prinzip der geteilten als auch der ungeteilten Leistungsabgabe. Im Erzeugerteil des Getriebes wird das Feld drehbar angeordnet und mit der Dieselmotorwelle verbunden. Der Anker des Stromerzeugers ist mechanisch mit dem Motoranker des Getriebes verbunden, so daß sowohl das Drehmoment des Generatorankers als auch des Elektromotors die Leistung des Fahrzeuges übertragen. Da die erzeugte Generatorspannung der relativen Drehzahl von Anker und Generatorfeld verhältnisgleich ist, mit Sinken der relativen Drehzahl des Generators aber die gegenelektromotorische Kraft im Motor und damit die zum Motorantrieb nötige Spannung steigt, machen die elektrischen Getriebe für geteilte Leistungsabgabe ein sehr großes Generatorfeld notwendig, wenn das Getriebe praktisch brauchbar sein soll.

Das Gewicht dieser Getriebe wird leichter als dasjenige der Generator-Motorgetriebe.

Von diesen magnetelektrischen Getrieben sind bekannt geworden:

1. das elektrische Getriebe für Triebwagen und Automobile, öst. Patent 98101, Abb. 121 und Abb. 40b, Getriebe von Thomas,

2. die asynchrone Kupplung, Abb. 122 und

3. das magnetelektrische Getriebe von Ganz, DRP 417427, Klasse 47h, Gruppe 22, Abb. 123.

a) Das elektrische Getriebe für Triebwagen und Automobile.

Das elektrische Getriebe für Automobile (E und M S. 897, Heft 10, 1925) ist in Abb. 121 wiedergegeben.

Der Erfinder, Dr.-Ing. Ferdinand Porsche, verwendet einen Hauptstromgenerator als Erzeuger und einen Hauptstrommotor zum Antrieb der Achse. Dabei ist sowohl Feld als Anker des Generators drehbar angeordnet, also geteilte Leistungsabgabe vorhanden.

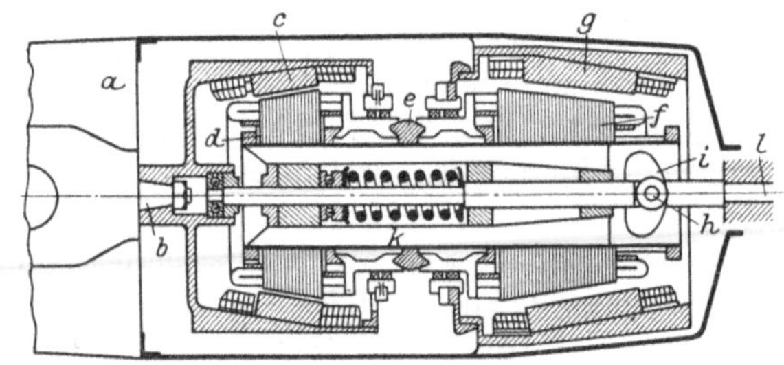

Abb. 121. Elektrisches Getriebe für Triebwagen und Automobile. *a* Antriebsmotor, *b* Antriebswelle, *c* Generatorfeld, *d* Generatoranker, *e* Kollektor, *f* Motoranker, *g* Motorfeld, *h* Hammerkopf, *i* Kurve, *k* Feder.

Das Feld *c* des Generators wird vom Antriebmotor *a* angetrieben, durch Drehung des Feldes wird im Anker *d* eine EMK erzeugt, deren Größe vom Drehzahlunterschied des Feldes und des Ankers abhängig ist. Von dieser EMK wird der Motor über Kollektor und Bürsten gespeist. Das Motorfeld *g* ist fest im Fahrzeug gelagert und der Anker *f* mit dem Generatoranker *d* zusammen auf einer Hohlwelle befestigt. Die Übertragung der Leistung auf die Treibachse geschieht über Hammerkopf *h* und der Welle *l*. Der Hammerkopf trägt an seinen Enden zwei Laufrollen, welche in einer Kurve *i* der Ankerhohlwelle geführt werden. Beim Anlauf werden die Laufrollen auf dieser Kurve abrollen; und die Hohlwelle wird so von der axial wirkenden Komponente des Rollendruckes axial auf die Kurve *i* nach rechts bewegt bis sich die axiale Komponente und die Federkraft der Feder *k* das Gleichgewicht hält.

Durch diese Vorrichtung wird im Motor bei der schrägen Anordnung der Felder und Anker der Luftspalt und die Feldstärke entsprechend dem geforderten Drehmoment geändert und zwar bei großem Drehmoment vergrößert und bei kleinem Drehmoment verkleinert. Im Generatorteil wird gleichzeitig die Feldstärke kleiner, bei großem Motormoment und größer bei kleinerem Motormoment. Durch diese Regulierung wird also selbsttätig und zwar gleichzeitig die Generatorspannung bei großem Moment (Anfahrt) kleiner gemacht und das Drehmoment des Motors infolge Feldvergrößerung vergrößert. Mit Hilfe der Regelung der Anfahrt durch weitgehendste Änderung der Ölmotordrehzahl ist so ein Getriebe geschaffen, welches für den Automobilbau genügt.

Für die Verwendung im Eisenbahnbetrieb kommt dieses Getriebe nicht in Frage, weil die Konstruktion nicht robust genug ist und seine Länge zu viel Raum beansprucht.

Der Wirkungsgrad fällt besser aus als der Wirkungsgrad des Generator-Motorgetriebes, weil ein Teil der Leistung direkt vom Generatoranker verlustlos übertragen wird. Da aber die Drehzahl des Ölleichtmotors bei 1000/min liegt, während die Triebraddrehzahl 300 bis 500 mm ist, muß der Motor entsprechend dem Drehzahlenunterschiede weit über die Hälfte der Gesamtleistung abgeben.

Es wird also etwa 30% Gewichtsersparnis gegenüber dem Generator-Motorgetriebe zu erwarten sein, außerdem kann der Wirkungsgrad etwa auf 88—90 gebracht werden.

b) Asynchrone Kupplung.

Von einem russischen Ingenieur, ETZ Nr. 42, S. 1593 (1925), wurde nach Abb. 122 vorgeschlagen, das Feld *b* eines Drehstromgenerators mit der Antriebwelle zu verbinden und den Anker mit der Welle *d* des Ankers des Motorteiles zu kuppeln. Die im Anker *c* des Stromerzeugers entsprechend dem Drehzahlunterschiede zwischen dem Felde und dem Anker (Schlupfleistung) erzeugte elektrische Leistung wird als Drehstromleistung über die Schleifringe *d* zum Ständer des Motors geführt, der als asynchroner Drehstromkommutatormotor ausgebildet ist.

Zwischen die Schleifringe und den Bürsten des Kollektormotors braucht kein Transformator geschaltet zu werden, weil die Spannung der Schlupfleistung in den zulässigen Grenzen gehalten werden kann.

Die Regelung der Drehzahl und des Drehmomentes kann durch Änderung des Erregerstromes, durch Drehzahländerung des Dieselmotors und durch Bürstenverstellung des Kollektormotors erreicht werden.

Mit diesem Getriebe läßt sich das Anfahrschaubild erfüllen.

Der Wirkungsgrad fällt besser aus als beim Generator-Motorgetriebe.

Das Gewicht und der Preis kann herabgedrückt werden, weil der Generator nur für das zur Übertragung notwendige Dauerdrehmoment ausgelegt zu werden braucht, welches etwa halb so groß ist, als beim Generator-Motorgetriebe. Um den gleichen Betrag kann der Motor kleiner bemessen werden.

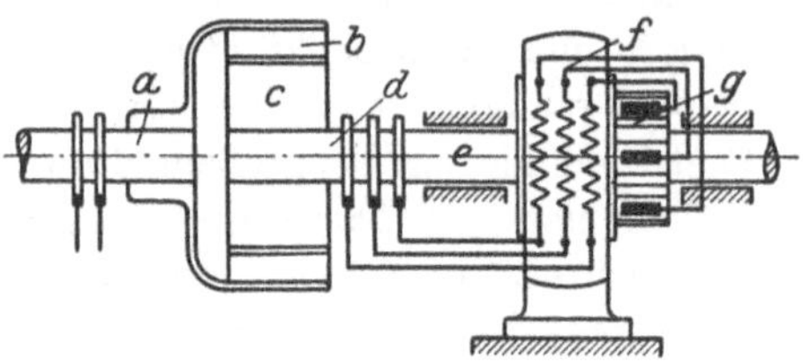

Abb. 122. Asynchrone Kupplung.
a Antriebsmotorwelle, *b* Generatorfeld, *c* Generatoranker, *d* Schleifringe, *e* Generator- zugleich Motorwelle, *f* Motorfeld, *g* Kollektor.

Diese Ausführung hat daher bedeutende Vorteile, die jedoch leider in der gegebenen Ausführung nicht für Diesellokomotiven ausgenutzt werden können, da das Getriebe eine bedeutende Länge einnimmt; außerdem muß die ganze Leistung durch Kegelräder übertragen werden.

c) Magnetelektrisches Getriebe von Ganz.

Das mit Nr. 417427, Kl. 47h, Gr. 27 patentierte Getriebe von Ganz benutzt (Abb. 123) zur Umwandlung der Schlupfleistung in eine Leistung

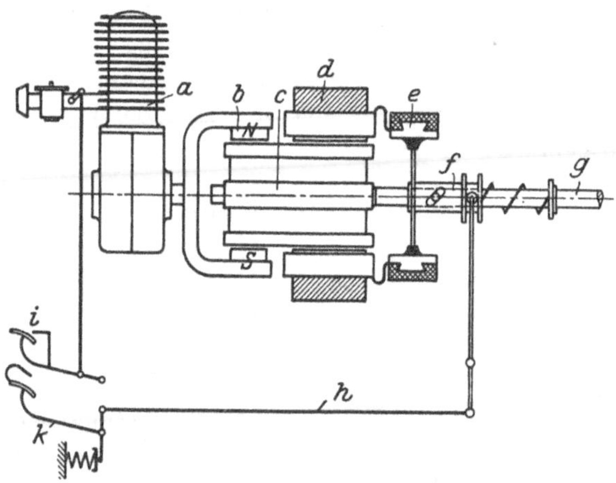

Abb. 123. Magnetgetriebe von Ganz. DRP 417427.
a Antriebsmotor, *b* Magnetfeld, *c* Anker, *d* Motorfeld, *e* Kollektor, *f* Muffe für Bürstenverschiebung, *g* Motorwelle, *h* Steuerhebel.

mit großem Drehmoment das Prinzip des Repulsionsmotors, der eine Seriencharakteristik aufweist. Die Drehzahlregelung wird durch Bürstenverschiebung erreicht.

Diese Anordnung hat die gleichen Vor- und Nachteile wie die beiden vorher betrachteten.

XI. Diesellokomotiven mit fester Übersetzung und abschaltbaren Motoren[1].

Diese Lokomotive (Abb. 139) verwendet zwei Gruppen von *V*-förmigen Motoren, die über je eine Reibungskupplung (Abb. 18) auf je einer Blindwelle arbeiten und die Leistung von dort aus über Parallelkurbelgetriebe auf die Treibräder weitergeben.

Die Kupplung wurde auf S. 19 eingehend beschrieben.

Im Schrifttum ist diese Übertragungsart als System mit fester Übersetzung bezeichnet worden, so daß sie abgesehen vom Parallelkurbelgetriebe getriebelos wäre. — Bei Betrachtung des zum Vergleich dieser Lokomotive mit der dieselelektrischen Lokomotive aufgestellten Anfahrschaubildes (Abb. 124) kann jedoch festgestellt werden, daß während der Geschwindigkeit *a* keine feste Übersetzung, sondern ein veränderlicher Schlupf (ein bzw. zwei Motore gekuppelt) und entsprechend der nicht ausgezogenen Linien *b*, *c* ein veränderliches Drehmoment zur Erfüllung des Anfahrschaubildes vorhanden ist; eine Dieselmotorgruppe muß daher als Zusatzmaschine betrachtet werden, welche wie beim Schneider-Getriebe in der Dauerfahrt abgeschaltet wird. Dann läßt sich auch der Vergleich der Lokomotive mit den übrigen Getriebelokomotiven durch-

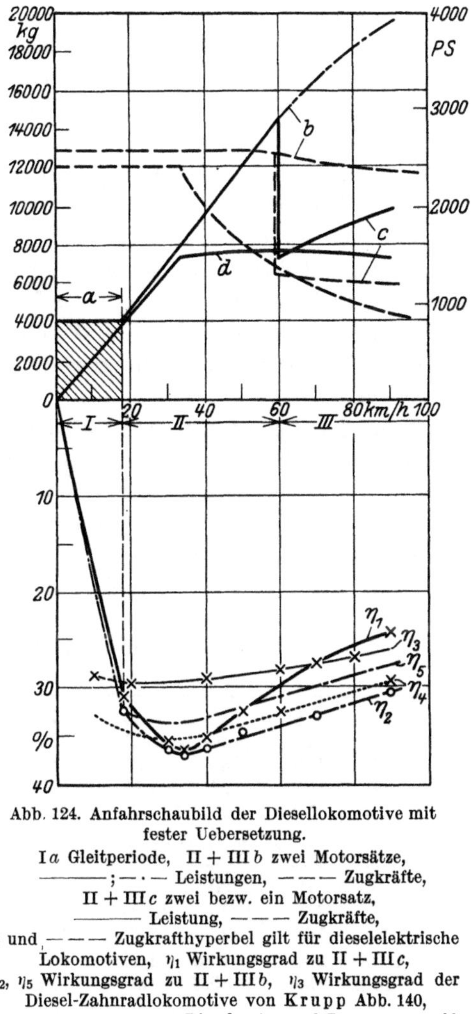

Abb. 124. Anfahrschaubild der Diesellokomotive mit fester Uebersetzung.
I *a* Gleitperiode, II + III *b* zwei Motorsätze,
——— ; —·— Leistungen, — — — Zugkräfte,
II + III *c* zwei bezw. ein Motorsatz,
——— Leistung, — — — Zugkräfte,
d und — — — Zugkrafthyperbel gilt für dieselelektrische Lokomotiven, η_1 Wirkungsgrad zu II + III *c*,
η_2, η_5 Wirkungsgrad zu II + III *b*, η_3 Wirkungsgrad der Diesel-Zahnradlokomotive von Krupp Abb. 140,
$\simeq 0,83 \cdot \eta_2 \simeq 0,9 \cdot \eta_4$, η_4 Dieselmotor nach Lomonossoff, siehe Abb. 7 für $e = 6$.

[1] Organ Fortschr. Eisenbahnwes. 1927, S. 39.

führen, und es mag dementsprechend der eine Dieselmotor + den zwei Reibungskupplungen als Getriebe gelten.

Bei Betrachtung dieser Lokomotive muß als Vergleichsmaß ein Leistungsprogramm zugrunde gelegt werden, wie es der Abb. 1 entspricht, denn nur auf gleicher Grundlage der zu vergleichenden Lokomotiven lassen sich richtige Werte ermitteln. Dementsprechend muß der eine Dieselmotor bei bestimmter Geschwindigkeit (etwa $V = 50$) abgeschaltet werden und die Zugkraft der Lokomotive dann mit der Brennstoffzufuhr (mittleren Druck im Zylinder des Dieselmotors) geregelt werden. Schließlich ist bei den sich hieraus ergebenden Zugkräften und Leistungen die Wirkungsgradkurve aufzustellen. In der im Organ 1927, S. 39 gemachten Vergleich sind jedoch für beide Lokomotiven verschiedene Leistungsprogramme zugrunde gelegt, die auch zu nicht ganz zutreffenden Ergebnissen führen. In Abb. 124 sind infolgedessen die Verhältnisse beider Lokomotiven auf das gleiche Leistungsprogramm bezogen, und man kommt dann zu folgenden Ergebnissen:

1. die Höchstleistung der dieselmechanischen Lokomotive muß 3980 PS bei 90 km sein, die der dieselelektrischen Lokomotive entsprechend 1520,

2. in der Dauerfahrt muß bei der dieselmechanischen Lokomotive der eine Dieselmotor abgeschaltet werden; außerdem ist das Drehmoment mit der Füllung zu regulieren,

3. an Hand der Brennstoffverbrauchswerte[1] ist der Dieselmotor-Wirkungsgrad zu ermitteln.

Wenn man die Werte der Tafel 9[2] zugrunde legt, ergeben sich folgende Werte[3]:

Zahlentafel 6 und 7.

Kurve b. Beide Motoren eingeschaltet.

V	10	18	30	33	40	50	70	90	km/h
N	180	870	1440	1590	1920	2400	3250	3980	PS
B	170	170	250	270	330	440	615	800	kg
b	354	195	174	170	172	184	189	201	kg/PSh
η	17,8	32,4	36,3	37,1	36,7	34,3	33,4	31,4	%

Kurve c. Ein Motor bei Dauerfahrt abgeschaltet.

V	10	18	30	33	40	50	70	90	km/h
N	407	800	1330	1480	1480	1480	1500	1430	PS
B	165	165	235	255	265	290	340	370	kg
b	405	206	176,5	172	179	196	227	259	kg/PSh
η	15,6	30,7	35,8	36,7	35,3	32,2	27,8	24,4	%

Diese Werte sind in Abb. 124 aufgetragen, außerdem sind die Kurven für die Werte des Dieselmotors der dieselelektrischen Lokomotive von

[1] S. Organ 1927 (S. 39 u. folgende, Abb. 4 und 5).

[2] Abb. 1 und 2, Organ 1927.

[3] In den Tabellen bedeutet: V Geschwindigkeit, N Leistung, B Brennstoff, b Brennstoff/PS, η Wirkungsgrad.

Lomonossoff, Abb. 7 für $e=6$, und die der Krupplokomotive, Abb. 77, mit eingezeichnet. Aus diesen Kurven ergibt sich wie folgt, daß im Organ 1927, S. 39 verschiedene Wirkungsgrade der Dieselmotoren beider Lokomotiven zugrunde gelegt sind.

Nach Abb. 124 ist der Wirkungsgrad der dieselelektrischen Lokomotive von Lomonossoff η_4 bei $e=6$,

der Wirkungsgrad der Zahnradlokomotive von Krupp $\eta_3=0{,}9\,\eta_4$ und

der Wirkungsgrad der dieselmechanischen Lokomotive v. Günther $\eta_2=1{,}03\cdot\eta_4$.

Beim Wirkungsgrad der Zahnradlokomotive von Krupp ist 90% Getriebewirkungsgrad vorhanden, was zutreffend sein kann. Der Wirkungsgrad der dieselmechanischen Lokomotive dürfte jedoch bei 95% Getriebewirkungsgrad nicht größer als Kurve η_5 sein.

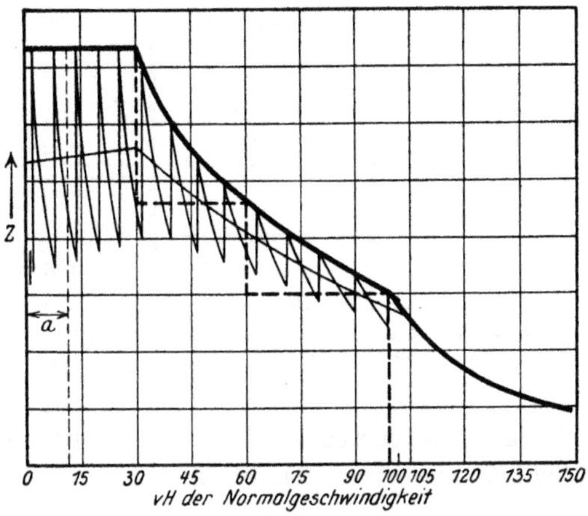

Abb. 125. Vergleich der Zugkräfte zwischen der Steuerung der elektrischen Übertragung nach Lomonossoff, Lemp sowie die Übertragung mittels Zahnrädern und Flüssigkeitsgetrieben.

——— Steuerung nach Lemp und kontinuierliche Flüssigkeitsgetriebe, ——— Steuerung nach Lomonossoff, ---- Stufengetriebe, Zahnräder- bzw. Flüssigkeitsgetriebe, a Gleitperiode

Die Gewichte für Dieselmotor und Getriebe sind nach Abb. 130 und der Formel

$$G=\frac{N}{\eta}\ \text{kg/PS}$$

folgende:

Zahlentafel 8.

Übertragung	mechanisch	mit Zahnrädern	elektrisch Lomonossoff	Lemp
Wirkungsgrad . . . %	0,95	0,91	0,86	0,90
kg/PS.	21*	12 + 18	20 + 18	20 + 18
Gewicht. . . . . . t	87**	60	77	65
ungefährer Preis . M.	350,000***	235,000	270,000	225,000

* einschließlich zwei Kupplungen.

** Bei 1520 PS-Lokomotiv-Leistung muß als Getriebegewicht festgestellt werden das 1,6fache der Lokomotivleistung, also $1{,}6\cdot 1520 = 2440$ PS.

*** Bei Feststellung von Preis und Gewicht muß nach Abb. 125/126 berücksichtigt werden, daß die Lomonossoff-Steuerung den Dieselmotor 15% und die Zahnradlokomotive 20% weniger ausnützt als der Dieselmotor beim Lemp-Getriebe.

Man kommt also zu dem Ergebnis, daß die mechanisch angetriebene Diesellokomotive in bezug auf Getriebepreis und Getriebegewicht ungünstiger als die anderen Übertragungsarten ist.

Desgleichen ergibt sich aus Abb. 124—126, daß die Steuerung der dieselmechanischen Lokomotive bedeutend ungünstiger ist als diejenige der

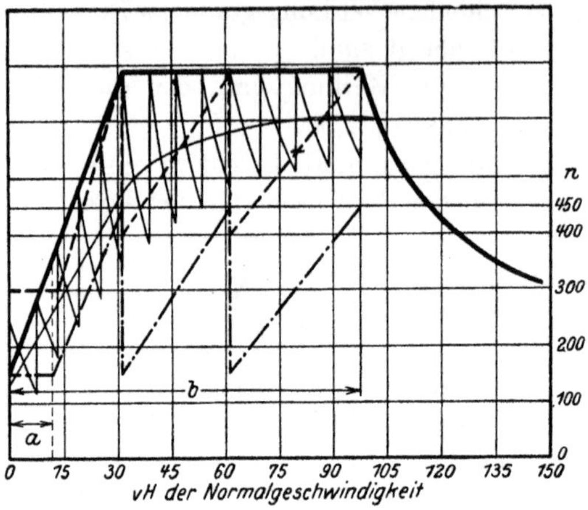

Abb. 126. Vergleich der Leistungen bei Lok. mit verschiedenen Getrieben.
——— Lemp bezw. kontinuierliche Flüssigkeitsgetriebe, ——— Lomonossoff, — — — Zahnräder- bzw. Stufen-Flüssigkeitsgetriebe, —·— Drehzahl des Dieselmotors, *a* Gleitperiode, *b* Höchstgeschwindigkeit.

übrigen Übertragungsarten. Es bleibt also nur noch die Wirtschaftlichkeit zu betrachten übrig, was im vierten Teil geschehen wird.

Vierter Teil.

Vergleich aller Fahrzeuggetriebe untereinander.

In den einzelnen Abschnitten wurden die verschiedenen Getriebe einer Gruppe, wie Zahnradgetriebe oder Flüssigkeits-, Gas- und elektrisches Getriebe nach Beschreibung in bezug auf

Betriebssicherheit
Erfüllung des Anfahrschaubildes
Gewicht und Wirkungsgrade

verglichen. Es ist daher noch notwendig, sämtliche Getriebe der verschiedenen Gruppen untereinander hinsichtlich der Brauchbarkeit für die einzelnen Fahrzeuge zu vergleichen. Dazu ist in erster Linie notwendig, die Wirtschaftlichkeit der Getriebe festzustellen. Da die Steuerung den Wirkungsgrad beeinflußt (Abb. 7 und S. 8), ist außerdem die Erfüllung des Anfahrschaubildes und die Steuerung zu betrachten; insbesondere weil sie auch oft allein schon die Güte eines Getriebes bestimmt. Schließlich ist noch das Ergebnis zu prüfen, welche Getriebe sich für die einzelnen Fahrzeuge am besten eignen.

I. Wirtschaftlicher Vergleich der Getriebe.

1. Allgemeines.

Grundlegend für den wirtschaftlichen Vergleich der Getriebe sind der Preis der Getriebe, der Wirkungsgrad des Fahrzeuges und der Kostenaufwand für Unterhaltung.

Der Wirkungsgrad der einzelnen Getriebe ist in Abb. 127 abhängig von der Geschwindigkeit des Fahrzeuges dargestellt, und es ist sehr gut ersichtlich, wie die einzelnen Getriebe sich in bezug auf ihre Wirkungsgrade unterscheiden: alle Flüssigkeitskolbengetriebe und Zahnradgetriebe

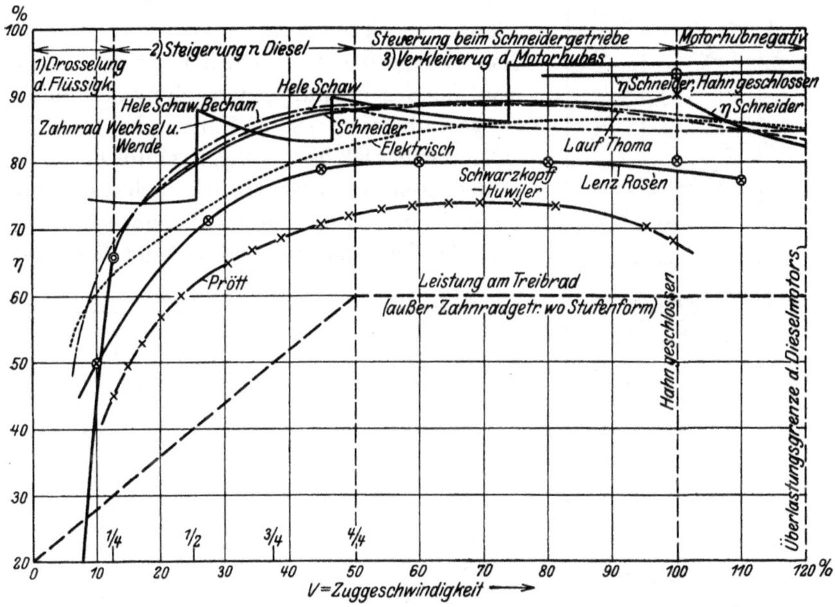

Abb. 127. Wirkungsgradkurven der verschiedenen Getriebe, abhängig von der Zuggeschwindigkeit.

haben in der Anfahrt gleich gute Wirkungsgrade, nur in der Dauerfahrt ist der Wirkungsgrad des Hele-Shaw-Getriebes etwas schlechter. Die Wirkungsgrade der Getriebe, welche mit direktem Gang laufen, wie Zahnräderwechsel- und das Schneider-Getriebe, sind in der Dauerfahrt am günstigsten. Sowohl in der Anfahrt als auch in der Dauerfahrt sind schließlich Kapselgetriebe am ungünstigsten; der schlechte Wirkungsgrad der Pendelscheibengetriebe von Prött muß als Versuchswirkungsgrad gewertet werden, der noch verbessert werden kann, wenn er auch wahrscheinlich nicht günstiger werden wird als derjenige der Kapselgetriebe.

Bei der Berechnung der Wirtschaftlichkeit können jedoch nur die Wirkungsgrade der Arbeit zugrunde gelegt werden, die von der

Art des Betriebes abhängen und bei Lokomotiven anders im Rangierdienst als im Personen- und Schnellzugsdienst sind.

Bei Personen- und Schnellzugsdienst kann ein Durchschnittswert der Wirkungsgrade zugrunde gelegt werden; im Rangierdienst genügt dieses eigentlich nicht. Da aber die Wahl des Getriebes für Rangierlokomotiven hauptsächlich von der Güte der Steuerung abhängt, kann auch für Rangierbetrieb für den Wirkungsgrad der gleiche Durchschnittswert wie beim Personen- und Schnellzugsdienst zugrunde gelegt werden.

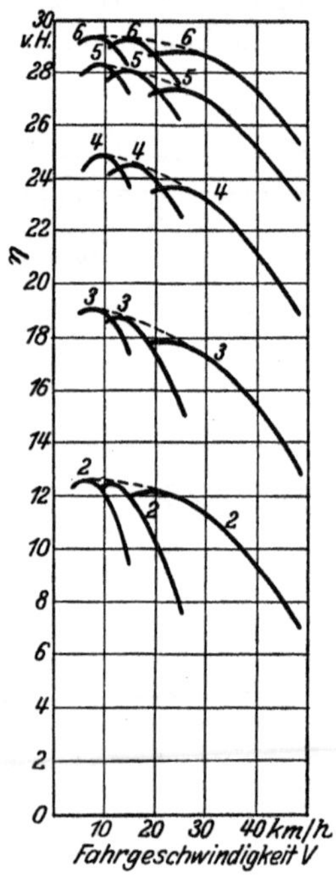

Abb. 128. Gesamtwirkungsgrade der Diesel-Zahnrad-Lok. mit Kruppschem Wechselgetriebe. 2—6 = Füllungen. (Z. V. d. I. 1927. S. 878.)

Ganz anders liegen die Verhältnisse, wenn viele Haltestellen vorhanden sind und oft neu angefahren werden muß, wie beim Omnibus- und Triebwagenverkehr. In diesem Falle hängt die Wirtschaftlichkeit sehr stark von der Geschwindigkeitsregelung des Fahrzeuges ab, und es ist dann sehr wichtig, inwieweit der Öl- bzw. Vergasermotor mit dem günstigsten mittleren Druck arbeitet und wieviel nutzlose Motorwellenumdrehungen vom Öl- bzw. Vergasermotor beim Schalten

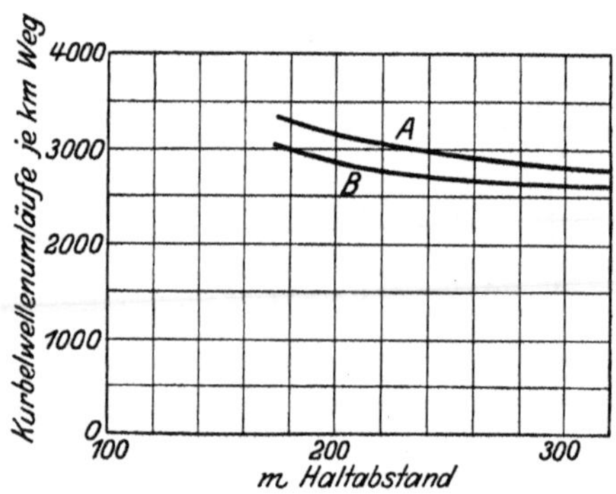

Abb. 129. Kurbelwellenumläufe je km abhängig vom Halteabstand im Stadtverkehr.

A mechanischer Antrieb. *B* elektrischer Antrieb.

des Getriebes geleistet werden. Diese Einflüsse auf die Wirtschaftlichkeit des Betriebes lassen sich leider theoretisch nicht erfassen, so daß reine praktische Erfahrungen zugrunde gelegt werden müssen. Solche Werte sind von der AEG im Sonderheft „Die Anwendung der elektrischen Übertragung bei Kraftomnibussen“ S. 5, Bild 5 angegeben und für Stadtverkehr in Abb. 129 wiedergegeben. Abb. 129 zeigt den Unterschied der Wellenumläufe abhängig vom Haltabstand. Wenn man diese Werte für Zahnräder-Wechselgetriebe und Betrieb mit kontinuierlicher Steuerung und zwar für Stadtverkehr und Überlandfahrt ins Verhältnis setzt, bekommt man:

Zahlentafel 9.

Halteabstand	200	300	2000	4000	6000 m
Verhältnis	1,105	1,09	1,08	1,08	1,07
	Stadtverkehr		Überlandverkehr.		

Diese Zahlenwerte geben unmittelbar die Verbesserung des Getriebewirkungsgrades durch die Art der Geschwindigkeitsregelung an. Nun beträgt das Verhältnis des Wirkungsgrades des Zahnradgetriebes zum Wirkungsgrad der elektrischen Übertragung bei der Geschwindigkeit $V = 25$ km; $\frac{0,8}{0,73} = 1,096$. Dieser Wert ist auch praktisch bei Vergleich des Brennstoffverbrauches der dieselelektrischen Lokomotiven Rußlands

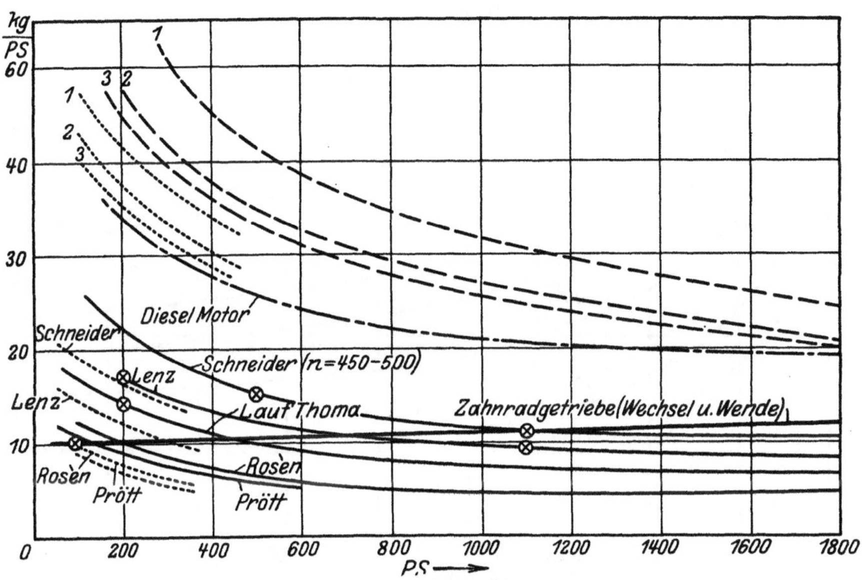

Abb. 130. Getriebegewichte Dieselmotor Drehzahl = 450/Min. ...... Dieselmotor Drehzahl 1000/Min.
1 Generator ($n = 450$) + Motor ($n = 600$) + Zubehör.
2 Generator ($n = 1200$) + Motor ($n = 600$) + Zubehör.
3 Generator ($n = 450$) + Motor ohne Akkumulatorenbatterie und Anlasser.
...... 1, 2, 3 Generator-Drehzahl $n = 1000$ für Triebwagen.

mit der Diesellokomotive[1] festgestellt worden. Man bekommt dann den Vergleichswirkungsgrad für die elektrische Übertragung.

Zahlentafel 10.

Halteabstand	200	300	2000	4000	6000 m
Wirkungsgrad der elektrischen Übertragung . . .	81	79,5	79	79	78%

Es läßt sich somit ohne weiteres feststellen, daß die Betriebswirkungsgrade der elektrischen Übertragung beim Omnibus- und Triebwagenverkehr denjenigen der Zahnräder gleichwertig sind, insbesondere, wenn die Drehzahl dem besten mittleren Druck des Ölmotors angepaßt wird.

[1] Z. V. d. I. 1928, S. 91.

Die Preise der Getriebe hängen sehr vom Gewicht ab; die in Frage kommenden Werte sind bei Beschreibung der einzelnen Getriebe er-

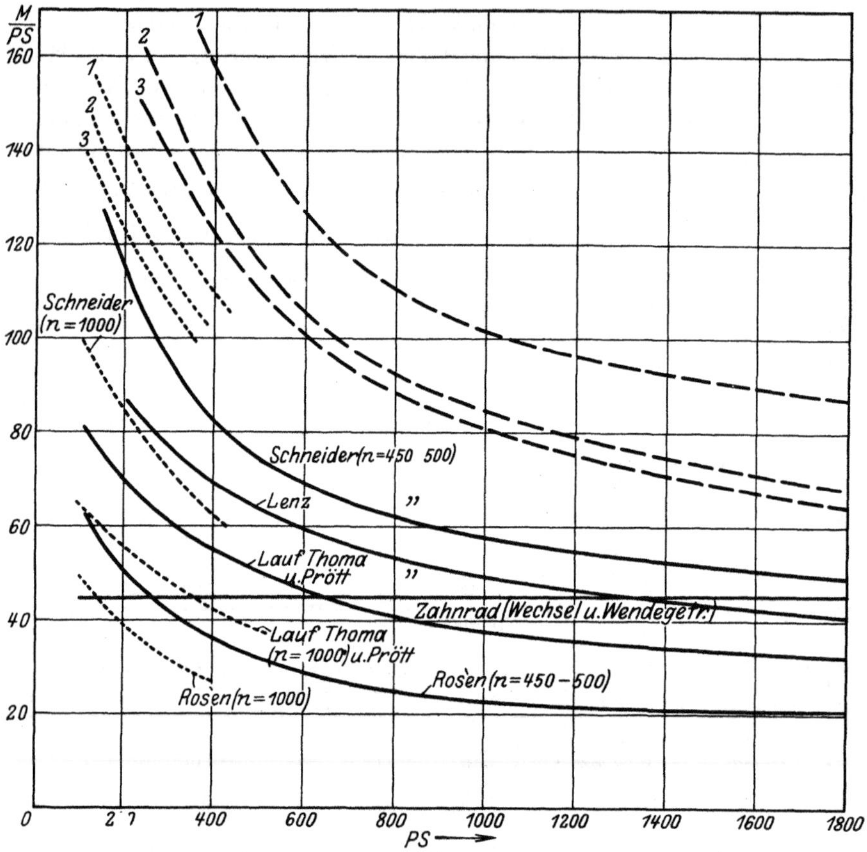

Abb. 131. Getriebepreise für Dieselmotordrehzahl $n = 450$; bei ...... $n = 1000$/Min.
1 Generator ($n = 450$/Min.) + Motor ($n = 600$/Min.) + Zubehör.
2 Generator ($n = 1200$/Min.) + Vorgelege + Motor ($n = 600$/Min.) + Zubehör.
3 Generator ($n = 450$/Min.) + Motor ($n = 600$/Min.) ohne Zubehör (Akkumulatorenbatterie und Anlasser).
...... 1, 2, 3 Generatordrehzahl $n = 1000$ für Triebwagen.

mittelt und in Abb. 130 und 131 abhängig von der Getriebeleistung aufgetragen.

2. Berechnung der Betriebskosten.

Die Betriebskosten können entweder von dem Standpunkt aus ermittelt werden, daß nur Preise und Wirkungsgrade mit in Betracht gezogen werden, oder aber, daß auch die durch die Gewichtsdifferenzen der Getriebe notwendigen Transportkosten mit eingerechnet werden.

a) Berechnung ohne Berücksichtigung der Beförderungsarbeit für das Getriebegewicht.

Die Wirtschaftlichkeit ist in diesem Falle abhängig

von dem Kapitalaufwand,
von der geleisteten Arbeit und
von den Kraftstoffkosten.

Man kann daher schreiben:

$$k = \frac{a \cdot p}{h} + b \cdot c\,(1 - \eta) \text{ Pfg/PSh}, \tag{7}$$

wenn darin

a = Anlagekosten je PS in Mark,
p = Prozentsatz für Verzinsung und Abschreibung und Unterhaltung,
h = geleistete Betriebsstunden im Jahr,
b = Brennstoffkosten Pfg/kg,
c = Brennstoffmenge kg/PSh,
η = Getriebewirkungsgrad, z. B. 0,88.

Aus dieser Formel geht hervor, daß nicht der Wirkungsgrad allein, sondern auch die Anlagekosten und die Abschreibung, Erneuerung und Unterhaltung eine bedeutende Rolle spielen.

Die Gewichte und Preise können aus Abb. 130, 131 entnommen werden. Als mittleren Wirkungsgrad kann für die in Frage kommenden Getriebe gewählt werden:

1. Zahnräder-Wechselgetriebe 88% — mit Rücksicht auf die Schaltverluste,
2. Lauf-Thoma-Getriebe, Hele-Shaw-Getriebe — 86%,
3. Schneider-Getriebe 89%,
4. Prött-Getriebe 75%,
5. Kapselgetriebe 80%,
6. Gasgetriebe bestens 90—95%,
7. elektrische Getriebe (Generator-Motor) etwa 84%,
8. elektrische Getriebe mit Lemp-Steuerung etwa 86—88% wie aus nachfolgendem hervorgeht:

Bei der Lemp-Steuerung arbeitet die dieselelektrische Lokomotive immer mit dem besten mittleren Druck des Dieselmotors. Der Wirkungsgrad des Ölmotors ist so bei M_d = const und selbsttätiger günstigster Regelung nach Lemp nach Abb. 7, etwa 2—4% größer als bei Regelung durch Füllungsänderung mit konstanter Drehzahl und verschiedenen Drehzahlen. Dies macht auf den Getriebewirkungsgrad 6—12% aus. Für die Wirtschaftlichkeitsberechnung kann daher beim Lemp-Getriebe sicher ein Wirkungsgrad von etwa 85—88% gewählt werden.

Als Prozentsätze kommen aber in Betracht:

Zahlentafel 11.

Getriebe	Zahnrad	Flüssigkeit	Gas	Elektrisch
Verzinsung	5	5	5	5
Abschreibung . . .	15	10	10	5
Unterhaltung . . .	2	5	5	2
Summe %	22	20	20	12

Dabei ist angenommen, daß das Zahnradgetriebe etwa nach 6 Jahren, das Gasgetriebe und Flüssigkeitsgetriebe wie ein Gasmotor etwa nach 8 Jahren und ein Generator-Motorgetriebe etwa nach 14 Jahren abgeschrieben sein muß.

Als Betriebsstunden können für dieselelektrische Lokomotiven etwa 14—16 Betriebsstunden täglich oder 5000 bis 5800 Stunden im Jahr und für Triebwagen, die mit schnellaufenden Motoren (Ölmotor 1000/min) ausgerüstet sind, etwa 3000 Stunden im Jahr gewählt werden. Dann ergeben sich an PS-Stundenkosten bei einer 1000-PS-Lokomotive für 5000 Betriebsstunden folgende Worte:

1. Zahnräder-Wechselgetriebe.

$$k = \frac{45 \cdot 22}{5000} + 0{,}2 \cdot 10\,(1 - 0{,}88) = 0{,}198 + 0{,}24 = 0{,}438 \text{ Pfg/PSh.}$$

2. Flüssigkeitsgetriebe.

a) Lauf-Thoma-Art.

$$k = \frac{38 \cdot 20}{5000} + 0{,}2 \cdot 10\,(1 - 0{,}86) = 0{,}152 + 0{,}28 = 0{,}432 \text{ Pfg/PSh.}$$

b) Schneider-Getriebe.

$$k = \frac{58 \cdot 20}{5000} + 0{,}2 \cdot 10\,(1 - 0{,}89) = 0{,}232 + 0{,}22 = 0{,}452 \text{ Pfg/PSh.}$$

c) Kapselgetriebe.

$$k = \frac{50 \cdot 20}{5000} + 0{,}2 \cdot 10\,(1 - 0{,}80) = 0{,}20 + 0{,}4 = 0{,}6 \text{ Pfg/PSh.}$$

d) Rosèn.

$$k = \frac{22 \cdot 20}{5000} + 0{,}2 \cdot 10\,(1 - 0{,}8) = 0{,}088 + 0{,}4 = 0{,}488 \text{ Pfg/PSh.}$$

e) Gasgetriebe.

$$k = \frac{58 \cdot 20}{5000} + 0{,}2 \cdot 10\,(1 - [0{,}90 \text{ bis } 0{,}95]) = 0{,}232 + (0{,}1 \text{ bis } 0{,}2)$$

$$0{,}352 \text{ bis } 0{,}432 \text{ Pfg/PSh.}$$

f) Elektrische Getriebe, Lomonossoff.

$$k = \frac{100 \cdot 12}{5000} + 0{,}2 \cdot 10\,(1 - 0{,}84) = 0{,}24 + 0{,}32 = 0{,}56 \text{ Pfg/PSh.}$$

Wenn man die Einrichtung zum Anlassen des Dieselmotors in Abzug bringt, bekommt man:

$$k = \frac{80 \cdot 12}{5000} + 0{,}2 \cdot 10\,(1 - 0{,}84) = 0{,}192 + 0{,}32 = 0{,}512 \text{ Pfg/PSh.}$$

g) Elektrische Getriebe mit Steuerung nach Lemp und ohne Dieselanlaßvorrichtung.

$$k = \frac{80 \cdot 12}{5000} + 0{,}2 \cdot 10\,(1 - 87) = 0{,}192 + 0{,}26 = 0{,}452 \text{ Pfg/PSh.}$$

h) Diesellokomotive mit abschaltbaren Motoren.

Bei Berechnung der Betriebskosten hierfür müssen die Verhältnisse bei Beendigung der Dauerfahrt zugrunde gelegt werden, denn die Getriebeleistung und die entsprechenden Kosten hängen davon ab, wie groß die Zusatzleistung sein muß. Je nachdem die Dauerfahrt nach Abb. 1 auf 30, 50, 75% der Höchstgeschwindigkeit beginnen soll, beträgt die Getriebeleistung 70, 50, 25% der gesamten Dieselleistung, wobei dies jedoch auf die zugehörige Dauerleistung der Lokomotive von 30, 50, 75% bezogen werden muß. Wenn nun $\eta = 1$ gewählt wird, bekommt man die in Abb. 132 dargestellte Kurve I für 1000 PS und II für 3000 PS Gesamtleistung; die Prozentsätze sind zugleich die Sätze für die entsprechende Lokomotivleistung.

Bei der Berechnung der Betriebskosten ist mit einem Brennstoffverbrauch von 200 g/PSh gerechnet und ein Preis von M. 100/t Brennstoff zugrunde gelegt.

Bei weiterer Berechnung für 400 PS und 2000 PS ergibt sich dann für Diesellokomotiven, also für Dieselmotordrehzahlen von 450 bis 500 Min. die Betriebskosten in Pfennigen für die PSh folgender Tabelle:

Zahlentafel 12.

PS	Zahnrad	Flüssigkeitsgetriebe				Gasgetriebe	elektr. Getriebe	Lemp-Getriebe
		Lauf-Thoma	Schneider	Lenz	Rosèn			
400	0,458	0,50	0,54	0,675	0,52	0,42 —0,52	0,607	0,547
1000	0,438	0,432	0,452	0,6	0,488	0,332—0,432	0,512	0,452
2000	0,43	0,38	0,41	0,55	0,47	0,30 —0,400	0,47	0,41

Diese Werte sind in Abb. 132 als Kurven dargestellt. Dabei ist zu berücksichtigen, daß der Wirkungsgrad der Getriebe immer bis zur Blindwelle bzw. bis zum Ritzel bei Einzelachsantrieb beim elektrischen Getriebe gerechnet ist.

Für Triebwagen mit Ölmotordrehzahlen von etwa 1000/min ergeben sich bei Annahme von 3000 Betriebsstunden im Jahre etwa folgende Betriebskosten in Pfg/PSh.

Zahlentafel 13.

Leistung PS	Zahnräder-Wechselgetriebe	Flüssigkeitsgetriebe					Lemp-Getriebe	Magnetelektr. Getriebe
		Lauf-Thoma	Prött	Schneider	Lenz	Rosèn		
100	0,58	0,71	1,01	0,92	1,00	0,78	(0,76) 0,82	0,58
200	0,57	0,65	0,95	0,79	0,92	0,68	(0,69) 0,75	0,52
300	0,56	0,60	0,90	0,70	0,85	0,60	(0,64) 0,69	0,48

Diese Werte sind in Abb. 136 als Kurven aufgetragen und lassen die Reihenfolge der Getriebe vom Standpunkt der Betriebskosten aus erkennen. Die Klammerwerte beim Lemp-Getriebe sind unter Berücksichtigung der Abb. 129 ermittelt.

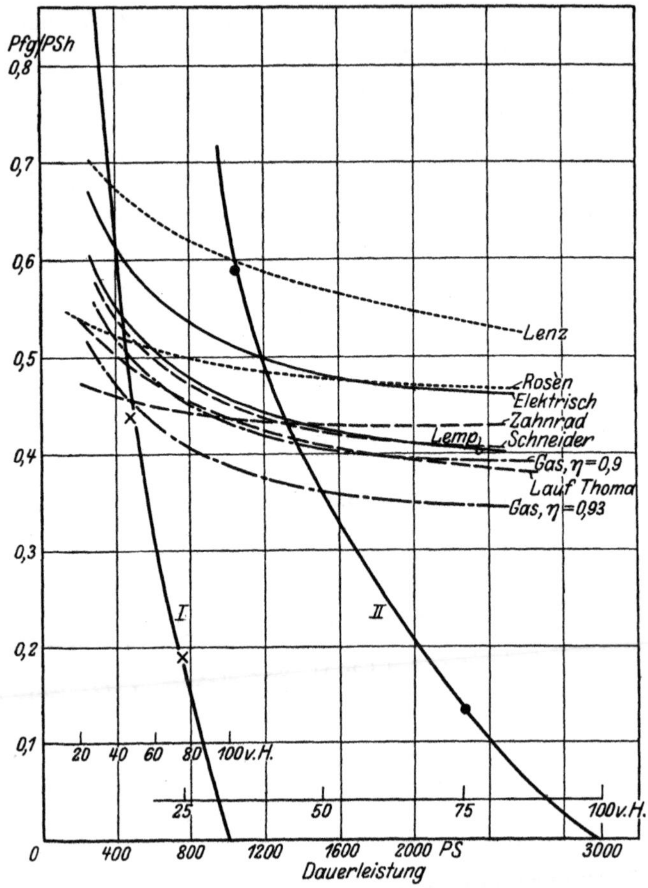

Abb. 132. Betriebskosten Pfg/PSh der Getriebe bei $n = 450$—500/min. Für mech. angetriebene Diesellokomotive. I $N = 1000$ PS. II $N = 3000$ PS. Betriebskosten bei verschiedener Beendigung der Anfahrt.

b) Berechnung bei Berücksichtigung der Beförderungskosten/Getriebegewicht.

Die in Abb. 132 entwickelten Kurven geben schon ein Bild über das Verhalten der Getriebe zueinander vom wirtschaftlichen Standpunkt aus betrachtet, doch sind außerdem noch für die Wirtschaftlichkeit die Mehrkosten der durch das Mehrgewicht der Getriebe entstehenden Beförderungsarbeit maßgebend.

Es ist:

$$1 \text{ t Getriebegewicht} \cdot 1 \text{ km} = 1 \text{ tkm Beförderungsarbeit},$$

weiter ist

$$1 \text{ tkm} = 1000000 \text{ kgm}.$$

Wenn diese 1000000 kgm von einer PS geleistet werden sollen, bekommt man für 1 PS $= \frac{1\,000\,000 \text{ kgm}}{75 \text{ kgm/sec}} = 13300$ sec Arbeitszeit oder in PSh ausgedrückt bekommt man schließlich

$$\frac{13\,300}{3600} = 3{,}7 \text{ PSh für 1 tkm}.$$

Um nun aber die Nutzarbeit zu erhalten, müssen die 3,7 PSh mit dem Bewegungswiderstand multipliziert werden. Der Bewegungswiderstand ist je nach Lokomotivbauart verschieden. Nach Feststellungen des Eisenbahn-Zentralamtes der D.R.G. beträgt er bei durchschnittlich 50 km Geschwindigkeit für Lokomotiven mit Zahnrädern und Kuppelstangen (Blindwellen) 9,3 kg/t Lokomotivgewicht. Bei Parallelkurbelgetrieben beträgt er bei gleicher Geschwindigkeit 6,5 kg/t Lokomotivgewicht (Blindwelle + Kuppelstangen). Für Einzelachsantrieb wie beim elektrischen Getriebe (d. h. keine Blindwelle, keine Kuppelstangen) beträgt er demnach etwa (9,3 — 6,5) = 2,8 kg/t Lokomotivgewicht.

Hiernach wäre für Diesellokomotiven mit elektrischem Getriebe mit vier gekuppelten Achsen etwa nur $^1/_3$ des Bewegungswiderstandes von 9,3 kg anzurechnen. Dies scheint jedoch etwas zu gering zu sein. Nach den Versuchen der Oe.B.B.[1] kann man für Einzelachsantrieb etwa 5 kg wählen.

Deshalb kann man für die Berechnung, insbesondere, da es sich hier nur um einen Vergleich handelt, etwa setzen·

für Gewichtsbeförderung der elektrischen Getriebe 5 kg/t,
„ „ „ übrigen „ 9 kg/t.

Dann entspricht ein Nutztonnenkilometer:

$$1 \text{ tkm} = 3{,}7 \cdot \frac{5}{1000} = 0{,}0185 \text{ PSh für elektrische Getriebe},$$

$$1 \text{ tkm} = 3{,}7 \cdot \frac{9}{1000} = 0{,}0333 \text{ PSh für die übrigen Getriebe}.$$

Es kosten 1 tkm allgemein: $\frac{\text{PSh}}{\text{tkm}} \cdot$ Brennstoffmenge/PSh/Brennstoffkosten und daraus ergibt sich für das

elektrische Getriebe	mechanische Getriebe
0,0185 · 0,2 · 10	0,0333 · 0,2 · 10
0,0370 Pfg/tkm	0,0666 Pfg/tkm.

[1] Siehe Seefehlner, 4. Teil, Abschnitt 9.

Dieser Betrag kommt also auf 1 tkm Getriebegewichtsbeförderung zu den bisher ermittelten Werten für die Getriebebeurteilung hinzu. Die Beförderungskosten im Jahre betragen bei Annahme von 100000 Jahreskilometerleistung und t-Getriebegewicht beim

elektrischen Getriebe	mechanischen Getriebe
3700 Pfg/t Getriebegewicht u. Jahr	6660 Pfg/t Getriebegewicht u. Jahr

und bei weiterer Annahme von 5000 Fahrstunden im Jahr entfallen auf 1 Stunde und t-Getriebegewicht für:

elektrisches Getriebe	mechanisches Getriebe
0,74 Pfg/t Getriebegewicht u. Std.	1,33 Pfg/t Getriebegewicht u. Std.

Die Betriebskosten sind jedoch in Pfennigen für die PSh berechnet worden. Die Transportkosten müssen also auch auf Pfennige für die PSh umgerechnet werden. Man erhält daher:

$$\frac{\text{Pfg}}{\text{t und Std.}} \cdot G\,(t)\,\frac{1}{PS_e} = \text{Pfg}/PS_e\text{h}\,,$$

wenn das gesamte Getriebegewicht in t und PS_e die effektive Getriebeleistung ist. Da aber in den Kurven, Abb. 130, die Gewichte in kg/PS und nicht t/PS dargestellt sind, ergibt sich bei Einführung von:

$$\frac{1\ \text{t/PS}}{1000} = \text{kg/PS}$$

für das elektrische Getriebe	für das mechanische Getriebe
$\frac{0{,}74\ \text{Pfg}}{1000\ \text{PSh}}$	$\frac{1{,}33\ \text{Pfg}}{1000\ \text{PSh}}$

Diese Werte sind mit dem vorhandenen kg/PS Getriebegewicht zu multiplizieren.

Der auf die PSh entfallende Transportkostenzuschlag ergibt sich so aus folgender Tabelle:

Zahlentafel 14.

Zahnräder-Wechsel-getriebe	Flüssigkeitsgetriebe				Gas-getriebe	elektrische Getriebe	
	Lauf-Thoma	Schneider	Lenz	Rosèn		Mot.-Gen.	Lemp
0,013	0,014	0,023	0,017	0,019	0,02	0,026	0,026
0,014	0,010	0,015	0,013	0,006	0,014	0,018	0,018
0,015	0,009	0,016	0,011	0,0055	0,014	0,014	0,014

Diese Werte sind in Abb. 133 dargestellt.

Im Verhältnis zu den Betriebskosten nach Abb. 132 machen diese Kosten also sehr wenig aus. Für elektrische Diesellokomotiven werden die Betriebskosten Pfg/PS und Std nur höchstens 4,3% (Lemp 400 PS) und bei Zahnräder-Wechselgetrieben (400 PS) nur um 2,8% erhöht. Da Triebwagen höhere Betriebskosten je PS und Std als Lokomotiven aufweisen, ist die Steigerung der Betriebskosten hier höchstens 2,5%, kann also bei dem Verlauf der Kurven außer Betracht gelassen werden.

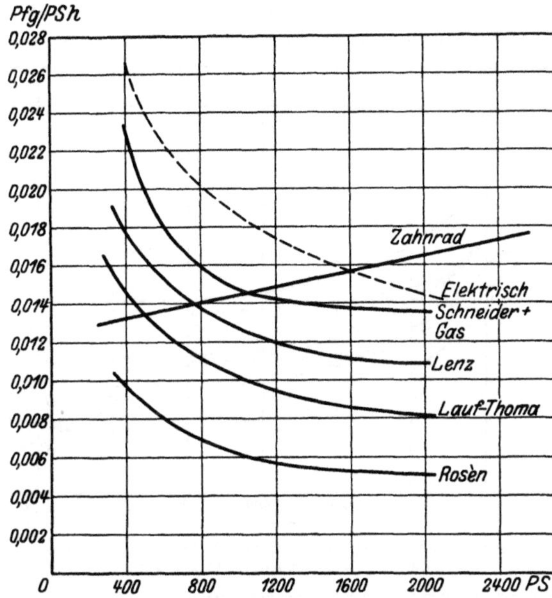

Abb. 133. Beförderungskosten der Getriebe Pfg/PSh bei 100000 Zugkilometern und 5000 Fahrstunden im Jahr.

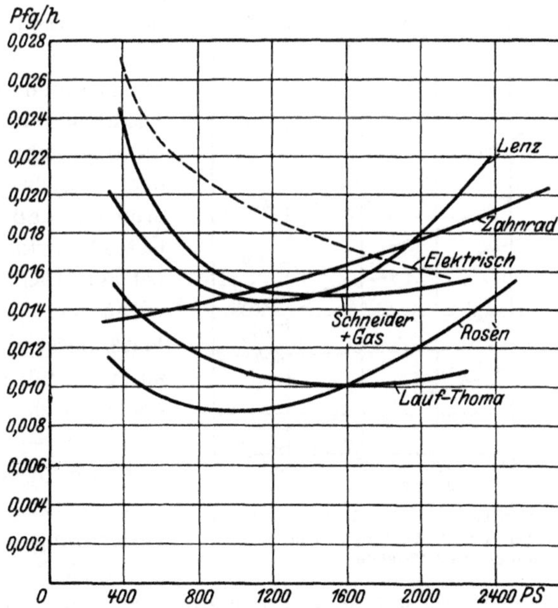

Abb. 134. Beförderungskosten der Getriebe Pfg/PSh bei 100000 Zugkilometern und 5000 Fahrstunden im Jahr unter Berücksichtigung der Steigerung des Dieselmotorgewichtes bei schlechteren Getriebewirkungsgraden.

Da die Betriebskurven für Lokomotiven dicht zusammenliegen, sind in Abb. 135 noch einmal die Kurven für Betriebskosten einschließlich

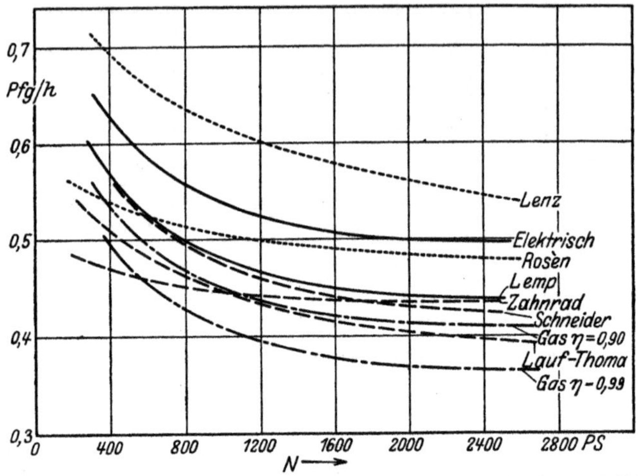

Abb. 135. Gesamtbetriebskosten der Getriebe einschl. Beförderungskosten für große Leistungen und Antriebsmotordrehzahl 450/Min.

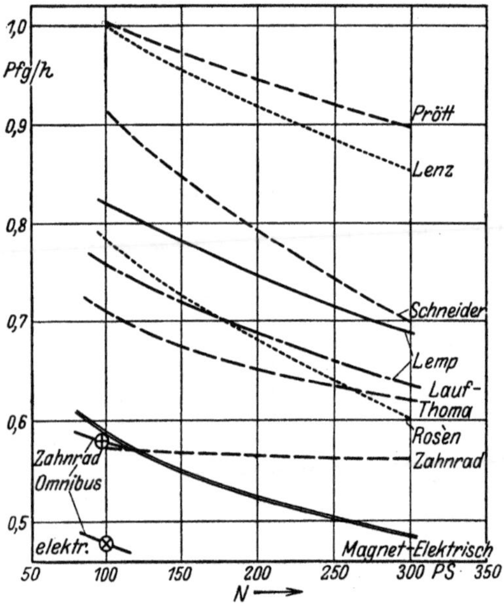

Abb. 136. Gesamtbetriebskosten der Getriebe ohne Beförderungskosten bei kleinen Leistungen und Antriebsmotordrehzahl 1000/min.

der Transportkosten für das Getriebegewicht und für das Mehr an Gewicht des Dieselmotors bei schlechten Getriebewirkungsgraden entwickelt. Die Steigerung der Dieselmotorgewichte wurde von dem Gesichtspunkt aus ermittelt, daß der höchste Getriebewirkungsgrad 0,9 beträgt. Das Mehr an Gewicht bei schlechteren Wirkungsgraden wurde als zu beförderndes Getriebegewicht betrachtet, weil der schlechte Getriebewirkungsgrad die Ursache zur Gewichtsvermehrung ist.

Wie die Rechnung zeigt, spielen die Transportkosten keine große Rolle bei den Betriebskosten. Doch ist zu berücksichtigen, daß im Jahre immerhin ein bestimmter Kapitalwert bei schweren Getrieben gegenüber leichteren verloren geht.

Wenn man z. B. eine 2000-PS-Lokomotive zugrunde legt, macht die Ersparnis an Transportkosten bei 100000 km Fahrleistung im Jahr beim Lauf-Thoma-Getriebe (aus Abb. 131 u. S. 166) gegenüber dem elektrischen Getriebe etwa folgenden Betrag aus:

$$(40 \cdot 37 \text{ M.} - 16 \cdot 66{,}6 \text{ M.} = 1500 - 1080 \text{ M.} = \text{rund } 500 \text{ M/Jahr}).$$

Bei 10% Verzinsung macht dies also einen Kapitalverlust von etwa 5000 M/Jahr aus. Doch ist hier noch das ganze Lokomotivgewicht mit maßgebend. Außerdem hängt der errechnete Wert sehr von dem gewählten Fahrwiderstand ab. Wenn man z. B. gleichen Fahrwiderstand für beide Getriebearten wählt und noch die Steigerung des Dieselmotorgewichtes infolge der Wirkungsgradunterschiede berücksichtigt, bekommt man etwa einen Kapitalverlust von 18000 M/Jahr, der die Wichtigkeit leichter Getriebe erkennen läßt.

3. Zusammenfassung.

Unter Berücksichtigung aller Faktoren, welche die Wirtschaftlichkeit der Getriebe beeinflussen, ergibt sich folgendes:

1. die Verluste in den Getrieben bilden einen großen Teil der Getriebebetriebskosten. Durch Erhöhung des Wirkungsgrades ist daher eine beträchtliche Verminderung der Betriebskosten zu erreichen, weil:

die Verlustkosten kleiner werden, ein kleinerer Dieselmotor (der kleineres Anlagekapital erfordert) gewählt werden kann und die Transportkosten kleiner werden,

2. die Kosten der Getriebe sind möglichst gering zu halten,

3. das Getriebegewicht ist möglichst klein zu wählen, weil die zu befördernden tkm im Laufe der Zeit größeren Kapitalaufwand erfordern.

4. Für die Güte der Getriebe vom Standpunkt der Betriebskosten in Pfg/PS_e und Std ergibt sich folgendes:

a) Lokomotiven (Abb. 135).

1. Für Leistungen bis etwa 800 PS ist das Zahnradgetriebe das günstigste. Dann folgen die Getriebe nach Lauf-Thoma-Art und die Gasgetriebe, die jedoch beide für diese Leistung noch nicht praktisch durchgeführt bezw. ausprobiert sind.

2. Bei den Leistungen von etwa 800—1200 PS sind sowohl Zahnrad-, Gas- und Lauf-Thoma-Getriebe gleichwertig. Doch dürfte die praktische Grenze für den Bau von Lauf-Thoma-Fahrzeuggetrieben bei 1000 PS schon überschritten sein.

3. Über 1200 PS hinaus ist das Gasgetriebe (theoretisch auch Getriebe nach Lauf-Thoma-Art) das günstigste, von dieser Grenze an können das Lemp- und Schneider-Getriebe dem Zahnradgetriebe als gleichwertig und annähernd so günstig wie das Gasgetriebe gewertet

werden. Doch muß hier darauf hingewiesen werden, daß Schneider-Getriebe mit solchen Leistungen noch nicht gebaut sind und die 500-PS-Grenze in einer Einheit noch nicht überschritten wurde.

4. Wichtig ist, daß ein Gasgetriebe bei Benutzung der Abgase als Triebmittel, also mit Wirkungsgraden von über 90% fähig ist, alle Getriebearten zu übertreffen, doch bietet die Ausgestaltung des elektrischen Getriebes mit Ausnutzung der geteilten Leistungsabgabe die Möglichkeit auch ein gutes Getriebe zu entwickeln.

5. Kapselgetriebe kommen schon aus wirtschaftlichen Gründen nicht in Frage, weil der Wirkungsgrad ungünstig ist, dies gilt auch für das Schwartzkopff-Huviler-Getriebe, dessen Kurve zwischen den Kurven für das Lenz- und Rosèn-Getriebe verlaufen dürfte.

6. Von den elektrischen Getrieben sind nur die Getriebe mit Steuerungen wie beim Lemp-Getriebe, und die Getriebe mit geteilter Leistungsabgabe bei größeren Leistungen dem Zahnrad-, Schneider- und Gasgetriebe gleichwertig.

7. Bei Betrachtung der Kurven für die Diesellokomotive mit abschaltbaren Motoren (Abb. 132, I, II) erhält man das Ergebnis, daß bei sämtlichen Lokomotiven, deren Dauerleistung nach Abb. 1 unter 40% der Höchstgeschwindigkeit beginnen soll, die anderen Übertragungsarten wirtschaftlicher sind als Diesellokomotiven mit abschaltbaren Motoren. Bei Lokomotiven mit Beginn der Dauerleistung von 40—50% der Höchstgeschwindigkeit sind Zahnrad-, Schneider-, Gas-, Lauf-Thoma- und Lemp-Getriebelokomotiven gleich wirtschaftlich, erst mit Beginn der Dauerleistung ab 50% der Höchstgeschwindigkeit werden Lokomotiven mit abschaltbaren Motoren wirtschaftlicher, doch hängt der Grad der wirtschaftlichen Verbesserung ganz davon ab, welches Drehmoment während der Anfahrt verlangt wird, weil z. B. bei 50% das maximale Drehmoment gleich dem doppelten normalen ist, während es bei Beginn der Dauerleistung bei 75% der Höchstgeschwindigkeit nur noch das 1,25fache beträgt.

b) Triebwagen (Abb. 136).

Die in Abb. 136 dargestellten Kurven zeigen, daß die Werte der Betriebskosten der einzelnen Getriebe für Triebwagen sich bedeutend mehr unterscheiden als bei Lokomotiven (Abb. 135).

Die Reihenfolge der Getriebe vom günstigsten bis zum ungünstigsten Getriebe gezählt ist:

elektrisches Getriebe mit geteilter Leistungsabgabe, Zahnrad-, Lauf-Thoma-, Rosèn-, Lemp-, Schneider-, Schwartzkopff-Huviler-, Lenz- und Prött-Getriebe.

Für Triebwagen kommen daher entweder: Zahnradgetriebe oder

elektrische Getriebe mit geteilter Leistungsabgabe sowie Lemp- und Lauf-Thoma-Getriebe in Frage.

Diese Werte gelten nur für 3000 Betriebsstunden im Jahr. Wenn die Triebwagen eine größere Betriebsstundenzahl laufen, rücken alle Kurven zusammen.

c) Omnibusverkehr.

Beim Omnibusverkehr liegen die Verhältnisse ganz anders als beim Lokomotiv- und Triebwagenverkehr. Die Motoren der Omnibusse laufen 1500—2000 Touren, damit werden die Anlagekosten für die elektrische Übertragung kleiner, weil der Generator größere Drehzahlen hat.

Außerdem kann man mit 5000—6000 Betriebsstunden rechnen, wobei zu berücksichtigen ist, daß Omnibusse mit elektrischem Getriebe etwa 11% mehr im Dienst sind als Omnibusse mit Zahnradgetriebe. Da nun die elektrischen Getriebe in erster Linie wegen der bedeutend besseren Steuerung mit dem Zahnradantrieb der Omnibusse in Konkurrenz tritt, soll der Vergleich dieser beiden Getriebe hier noch durchgerechnet werden.

Die Berechnungswerte nach Formel (7) S. 161 sind:

Zahlentafel 15.

	elektr.	Zahnradgetriebe	
h	5550	5000	Stunden
a	65	45	M/PS
η	0,88	0,88	%
p	12	22	%
k	0,382	0,447	Pfg/PSh

Man kommt hier zu dem bemerkenswerten Ergebnis, daß die elektrische Übertragung wirtschaftlicher ist als die Übertragung mit Zahnräderwechselgetrieben. Selbst wenn das Zahnräderwechselgetriebe nur halb soviel kostet, wie die elektrische Übertragung, sind beide Übertragungsarten gleich wirtschaftlich. Dies ist auf die gute Steuerung (Abb. 125 und 126) und die kleinen Unterhaltungskosten des elektrischen Getriebes zurückzuführen, und bestätigt nur die nach und nach sowohl in Amerika als auch in Europa durchdringende Erkenntnis, daß im Omnibusverkehr die elektrische Übertragung, abgesehen von den vielen Annehmlichkeiten für den Führer[1] als auch für die Reisenden, schon aus wirtschaftlichen Gründen vorzuziehen ist.

d) Mittelbare Beeinflussung der Wirtschaftlichkeit.

Die unter a—c festgestellten Ergebnisse geben wohl Vergleichswerte, können aber nicht als erschöpfend betrachtet werden, weil sie nur

[1] Nach den Erfahrungen der Pariser Omnibus-Gesellschaft ist ein Fahrer wegen des aufregenden Fahrens mit Stufengetriebe in einem Jahr verbraucht.

die mit dem Fahrzeug zusammenhängenden Kosten betrachtet. So wurde bei a und b nicht berücksichtigt, daß Fahrzeuge mit elektrischen Getrieben jährlich mehr Betriebsstunden laufen als Fahrzeuge mit anderen Getriebearten. Dadurch ist der tatsächliche Kostenanteil des ersten Gliedes der Gleichung (7) S. 161 kleiner. Weiter ist nicht in Betracht gezogen, daß wegen des kleineren Wagenparkes bei Fahrzeugen mit elektrischer Übertragung und wegen des kleinen Reparaturstandes kleinere Wagenschuppen und kleinere Werkstätten bei gleichen Betriebsleistungen notwendig sind, wodurch das erste Glied der Gleichung (7) S. 161 für Fahrzeuge mit elektrischer Übertragung wiederum verkleinert wird. Man kann daher sagen, daß die Werte der Abb. 132, 135 und 136 für die elektrische Übertragung im Verhältnis zu den anderen Übertragungsarten noch zu ungünstig bestimmt sind.

II. Erfüllung des Anfahrschaubildes, Steuerung.

Die Anfahrschaubilder der verschiedenen Getriebe sind in Abb. 63, 67, 72, 77, 85, 88, 93, 110 117 u. 124 abhängig von der Geschwindigkeit aufgetragen und früher besprochen worden. In Abb. 125 und 126 sind die drei grundsätzlich verschiedenen Steuerungsarten kontinuierliche Steuerung, halbkontinuierliche und Stufensteuerung einander gegenübergestellt. Es ist daher hier nur noch notwendig, eine kurze Zusammenfassung der Ergebnisse zu machen.

1. Nach den Abbildungen sind die Steuerungen der Getriebe der folgenden Abbildungen kontinuierlich:

Abb. 88 Schwartzkopff-Huviler-Getriebe, (S. 93).

Abb. 93 Lauf-Thoma-Getriebe und die diesem ähnliche Anfahrschaubilder der Getriebe von Hele-Shaw, Hele-Shaw-Becham, Prött, Janney und Janney-Waterburry, (S. 99—100).

Abb. 109, 110 Schneider-Getriebe, (S. 109).

Abb. 117, 125, 126 elektrische Getriebe nach Lemp, (S. 144, 145).

Abb. 147 Still-Lokomotive, Gasgetriebe-Lokomotive. (S. 121, 126).

Diese Steuerungen sind daher allen übrigen Steuerungen überlegen, insbesondere wenn sie selbsttätig auf den günstigsten mittleren Druck des Dieselmotors regeln, wie die Lemp-Steuerung.

2. Die folgenden Abbildungen erfüllen das allgemeine Anfahrschaubild, Abb. 1, in mehreren Stufen:

Abb. 63, 65 AEG-Zahnräder-Wechselgetriebe und alle übrigen Zahnräder-Wechselgetriebe, (S. 57, 61).

Abb. 70 das Soden-Getriebe, (S. 67, 71).

Abb. 77 das Zahnradgetriebe von Krupp, (S. 16, 69).

Abb. 82 Lenz-Getriebe und Rosèn-Getriebe (Abb. 90), (S. 89, 96).

Abb. 117 Zahnradantrieb für Autobusbetrieb (S. 145) und

Abb. 124 die mechanisch angetriebene Diesellokomotive mit abschaltbaren Motoren (S. 153).

3. Die elektrischen Getriebe mit Kontrollersteuerung (S. 141 und 143) nach Abb. 125 erfüllen das allgemeine Anfahrschaubild in vielen Stufen und nähern sich daher mehr oder weniger der kontinuierlichen Steuerung nach 1.

Bei der Gegenüberstellung der Steuerungen, Abb. 125 und 126, ergibt sich, daß die kontinuierliche Steuerung 1 den Antriebsmotor etwa 20% besser ausnutzt als die Steuerung nach 2 und etwa 15% besser als die Steuerung nach 3.

Die selbsttätige Steuerung mit Einstellung der Drehzahl des Dieselmotors auf den günstigsten mittleren Druck hat bessere Wirtschaftlichkeit als alle übrigen Steuerungsarten. Außerdem wird der Fahrzeugführer bei diesen Steuerungsarten bedeutend weniger in Anspruch genommen als bei den übrigen Steuerungsarten.

III. Die für die Fahrzeuge geeigneten Getriebe.

Bei dieser Betrachtung ist es am zweckmäßigsten, nicht den Betrieb sondern die Art des Fahrzeuges zugrunde zu legen, also bei der Eignung des Getriebes zwischen Lokomotiven, Triebwagen und Automobilen zu unterscheiden.

Hiernach ergibt sich folgendes:

1. Dampflokomotiven.

1. Für die Dampflokomotiven ist die vorhandene Getriebeanordnung (Parallelkurbelgetriebe) nach S. 4 und 14 und den bestehenden praktischen Erfahrungen die günstigste.

2. Bei Turbinenlokomotiven kennt man praktisch nur das Zahnrädergetriebe und die turboelektrische Anordnung (Generatormotor), doch bietet die Ausgestaltung des elektrischen Getriebes mit geteilter Leistungsabgabe S. 38 eine starke Konkurrenzmöglichkeit, weil

die Rückwärtsturbine fortfällt,

die Getriebegewichte dem Zahnradgetriebe gleichwertig sein werden und der

Lokomotivwirkungsgrad bedeutend verbessert wird, da sich der Dampfverbrauch immer auf das Minimum einstellt (s. Abb. 4).

Der hierdurch erzielte Gewinn ist bedeutend: wenn z. B. (S. 5 Abb. 4) die Turbineimmer bei der günstigsten Geschwindigkeit läuft, wird der Dampfverbrauch etwa um 30—50% verbessert gegenüber dem Dampfverbrauch bei Turbinenzahnradlokomotiven mit wechselnder Belastung. Da der Gesamtwirkungsgrad zu 10% angenommen werden kann, würde er sich auf 13—15% steigern.

2. Für Diesellokomotiven

kommt bei größeren Leistungen entweder das elektrische Getriebe mit Lemp-Steuerung oder das Zahnradgetriebe in Frage. Wenn die Praxis ergibt, daß die Flüssigkeitsgetriebe nach Lauf-Thoma-Art sich für höchste Leistungen herstellen lassen, würde diese auch für die Lokomotiven in Frage kommen. Das Schneider-Getriebe scheint für den Fahrzeugbau zu kompliziert zu sein. Das Gasgetriebe bietet bei Ausnützung der Abgase als Treibmittel und Wirkungsgraden über 90% neben dem magnetelektrischen Getriebe sehr günstige Getriebemöglichkeiten, die allerdings noch erst durchgebildet werden müssen.

Für den Rangierdienst ist mit Rücksicht auf die gute Steuerung das elektrische Getriebe mit Lemp-Steuerung zu empfehlen. Flüssigkeitsgetriebe nach Lauf-Thoma-Art kommen ebenfalls in Frage, wenn sich die Größe der geforderten Leistung praktisch im Getriebe herstellen und in der Lokomotive unterbringen läßt.

Die Diesellokomotive mit abschaltbaren Motoren und fester Übersetzung kommt nur dann in Frage, wenn sehr wenig Anfahrten notwendig sind und sehr große Zugkräfte bei großen Geschwindigkeiten (große Leistungen) gefordert werden, d. h. wenn nach dem Leistungsprogramm die Anfahrt nach mehr als 50% der Höchstgeschwindigkeit beendet sein soll.

Eine besondere Antriebsart für dieselelektrische Lokomotiven ist Krupp patentiert worden. Bei dieser ist eine dieselelektrische Gruppe und ein unmittelbarer Dieselmotorantrieb vorhanden. Die dieselelektrische Gruppe bringt die Lokomotive in Bewegung, bis der unmittelbar gekuppelte Dieselmotor anspringt und Leistung abgibt. Daraufhin wird die dieselelektrische Gruppe auf konstante Leistung eingestellt, und die Änderung der Lokomotivzugkraft- und -leistung wird durch Brennstoffregelung mit der unmittelbaren Gruppe erreicht. Da die Elektromotoren und der Generator jedoch auf Erwärmung berechnet werden müssen, kann nur von Fall zu Fall entschieden werden, ob die Lokomotive tatsächlich leichter und billiger wird, als die reine dieselelektrische Übertragung, insbesondere, weil der Motorstrom im Augenblick der Anfahrt 4—5mal so groß ausfällt als der Dauerstrom. Außerdem ist die Steuerung sehr verwickelt und für den Eisenbahnbetrieb sehr wenig geeignet; man kann daher annehmen, daß die Lokomotive sich nicht einführen wird.

3. Triebwagen.

Auf S. 170 wurde entsprechend der Abb. 136 festgestellt, daß Zahnräder-Wechselgetriebe wirtschaftlicher sind als elektrische Getriebe mit der Lemp-Steuerung, während elektrische Getriebe mit geteilter Leistungsabgabe als noch wirtschaftlicher befunden wurden als die Zahnradgetriebe. Beim Vergleich zwischen dem Zahnradgetriebe und dem Lemp-Getriebe (strichpunktierte Linie der Abb. 136) wurde jedoch nicht berücksichtigt, daß die Reparaturwerkstätten usw. bei der elektrischen Übertragung kleinere Anlagekosten und Betriebskosten erfordern, als bei Triebwagen mit Zahnradgetrieben. Hierdurch werden die Betriebskosten der Triebwagen mit elektrischer Übertragung bedeutend günstiger. Außerdem wurde auf S. 172 festgestellt, daß die Steuerung der Triebwagen mit elektrischer Übertragung bedeutend günstiger als bei Zahnradgetrieben ist, und daß hierdurch große Annehmlichkeiten sowohl für den Fahrzeugführer (der wenig ermüdet), als auch für die Fahrgäste wegen des schnellen und geräuschlosen Anfahrens zu verzeichnen sind; man kann daher ohne weiteres annehmen, daß das elektrische Getriebe den Zahnradgetrieben in Triebwagen vorzuziehen ist. Dieses wird auch durch die amerikanischen Erfahrungen, wie Abb. 137 zeigt, bestätigt. In dieser Abbildung ist die Steigerung der Inbetriebnahme von Triebwagen mit elektrischer Übertragung gegenüber solchen mit Zahnradübertragung in Amerika abhängig von den Betriebsjahren dargestellt. Während 1925 noch ungefähr 70% der in Betrieb stehenden Triebwagen Zahnradübertragung hatten, waren 1927 ungefähr 95% aller Triebwagen mit elektrischer Übertragung ausgerüstet, während nur ungefähr 5% Zahnräder-Wechselgetriebe hatten.

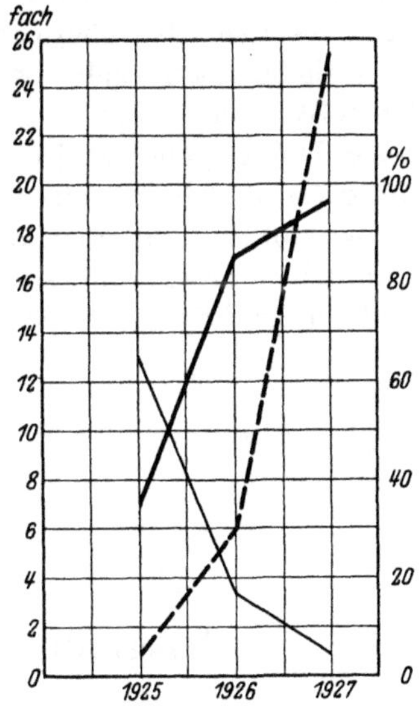

Abb. 137. Steigerung der Inbetriebnahme von Triebwagen mit elektr. und Zahnradübertragung in Amerika.

▬▬ % Sätze von der Gesamtzahl Anteil der elektr. Übertragung.
—— Desgl. Anteil der mechanischen Übertragung.
▬ ▬ Vielfach. der elektr. Übertragung gegenüber mechanischer Übertragung.

4. Omnibusse.

Auf S. 170 wurde schon festgestellt, daß für Omnibusse schon aus wirtschaftlichen Gründen nur die elektrische Übertragung gewählt werden kann. Mit Bezug auf die Steuerung wurde ebenfalls festgestellt, daß die elektrische Übertragung viel günstiger ist, als die Zahnradübertragung, so daß für Omnibusse nur die elektrische Übertragung in Frage kommt. Dieses wird auch durch amerikanische Erfahrungen bestätigt, nach welchen Omnibusse mit Zahnradübertragung durch solche mit elektrischer Übertragung zum großen Teil ersetzt worden sind.

5. Elektrische Umformerlokomotiven.

Die auf S. 133—135 beschriebenen Systeme für elektrische Umformerlokomotiven haben verschiedene Verwendungsbereiche, und es hängt von den örtlichen und anderen Verhältnissen ab, welches dieser Systeme zu wählen ist. Hier muß jedoch noch auf die Lokomotive mit Hochspannungs-Synchronmotor und Flüssigkeitsgetriebe eingegangen werden. Mit einer solchen Übertragung (Einphasen-Hochspannungsmotor + Lenz-Getriebe) hat die AEG jahrelange Versuche gemacht, die schließlich aufgegeben wurden. In Abb. 153 ist eine derartige von den SSW. zum Patent angemeldete Übertragungsart dargestellt. Bei dieser Übertragung ist jedoch zu bedenken, daß ein Hochspannungsmotor für 15 000 Volt einerseits sehr schwer wird und daß andererseits solche Motoren für den rauhen Bahnbetrieb praktisch noch nicht hergestellt worden sind, so daß für diese Übertragungsart wenig Aussicht auf praktische Durchführung besteht.

Anhang.

Ausgeführte Getriebefahrzeuge.

Nachdem die einzelnen Getriebe beschrieben worden sind, sollen noch einige Abbildungen über ausgeführte Getriebefahrzeuge gezeigt werden, denn neben der Kenntnis der einzelnen Getriebe ist es wichtig, zu wissen, wie die einzelnen Getriebe in den Lokomotiven untergebracht werden können und welche Lokomotiven bisher überhaupt schon ausgeführt worden sind. Aus diesem Grunde sind in Abb. 138—153 einzelne Getriebelokomotiven, Triebwagen usw. aufgeführt.

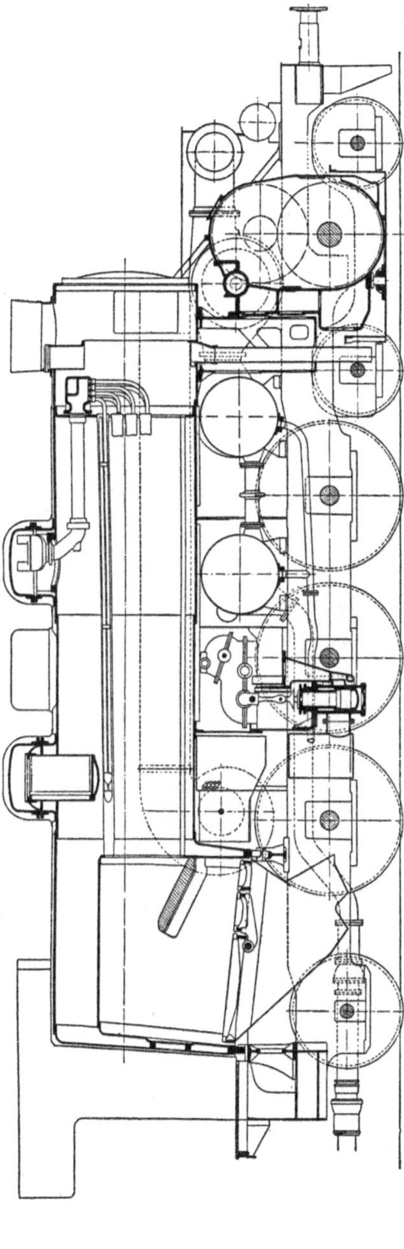

Abb. 138. K r u p p sche Turbinenlokomotive. Leistung 2800 PSe, Übersetzung 6800/300—400.
(Glasers Annalen 1924, S. 291, Kruppsche Monatshefte 1924.)

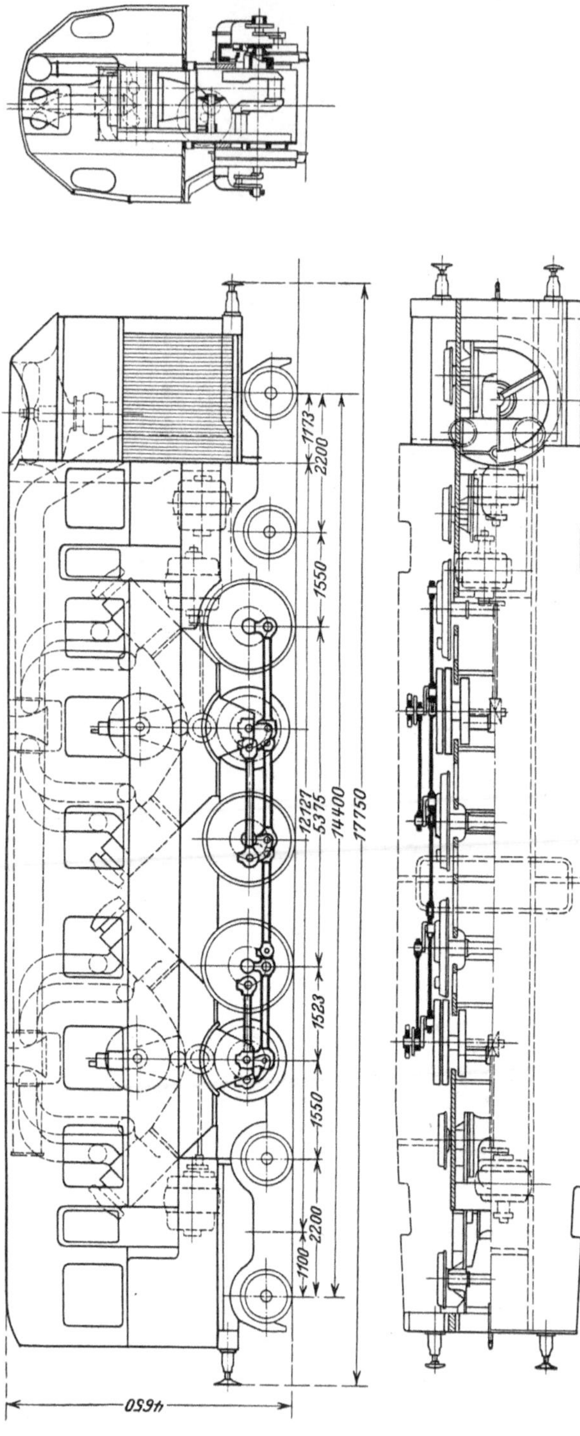

Abb. 139. Entwurf einer Diesellokomotive mit abschaltbaren Motoren und Reibungskupplung der Maschinenfabrik Eßlingen.

Achsfolge: 2 C 2
Dienstgewicht 122 t
Spurweite 1435
Leistung 3950 PS

Anfahrzugkraft 13 000 kg
Zugkraft bei 80 km 12 000 kg
Höchstgeschwindigkeit 90 km/h
Dieselmotor *V* Type 2×4 Zylinder

Dieselmotorleistung 2×2000 PS
Antrieb unmittelbar mit Rutschkupplung und Parallelkurbelgetriebe.

(Organ Fortschr. Eisenbahnwes. 1927, S. 39.)

a Dieselmotor
b Hauptkupplung
c Getriebe
g, *d*, *e* Kühlereinrichtung
f Antrieb für Kühler

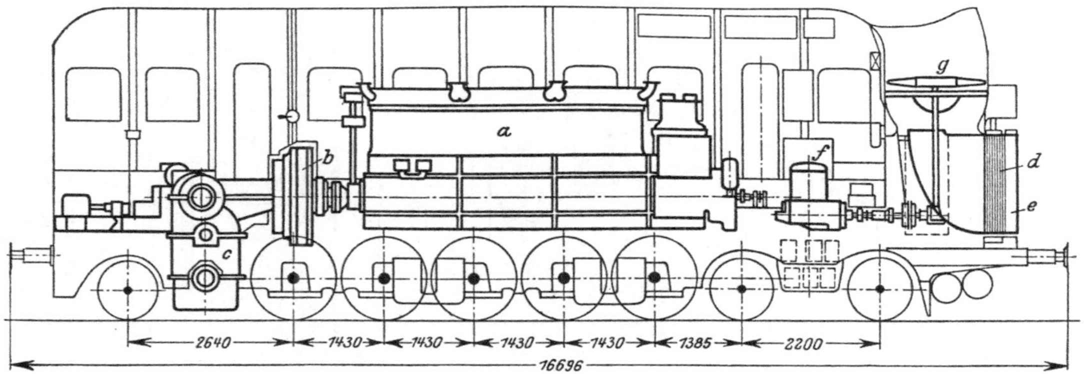

Abb. 140. Diesellokomotive mit Zahnräderwechselgetriebe.

Erbauer: Hohenzollern AG. Düsseldorf.
Achsfolge 2 E 1
Dienstgewicht 131 t
Spurweite 1524
Leistung 1200 PS
Anfahrzugkraft 18 000 kg bei 10 km
Dauerzugkraft 4350 kg bei 50 km
Höchstgeschwindigkeit 50 km/h

Dieselmotor, Erbauer: MAN.
6 Zylinder, viertakt
450 Umdr/min; 1200 PS
Bohrung 450; Hub 420
Getriebe Erbauer Krupp: Kupplung vom Magnetwerk Eisenach 1200 PS; 3 stufig.

(Z. V. d. I. 1927, S. 873 Abb. 1 und Organ 1926, S. 194.)

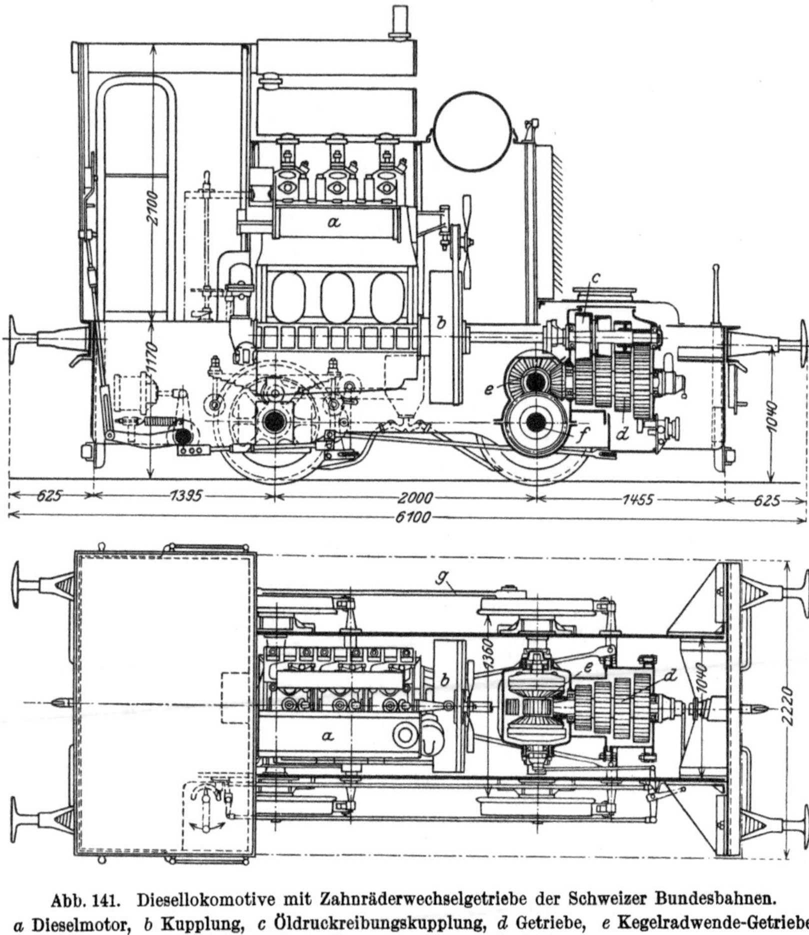

Abb. 141. Diesellokomotive mit Zahnräderwechselgetriebe der Schweizer Bundesbahnen.
a Dieselmotor, *b* Kupplung, *c* Öldruckreibungskupplung, *d* Getriebe, *e* Kegelradwende-Getriebe, *f* Blindwelle, *g* Parallelkurbelgetriebe.
Erbauer: Schweizer Lok. und Masch.-Fabrik, Winterthur (SLFW).
Achsfolge B, Dienstgewicht 16 t, Spurweite 1435, Leistung 90 PS, Zugkraft 4000 kg, Höchstgeschwindigkeit 20 km/h.
Ölmotor: Erbauer SLFW kompressorlos 90 PS; 500 Umdr/min
Getriebe: Erbauer SLFW 4 Gänge mit Öldruckreibungskupplung.
(Schweiz. Bauz. 1924, Bd. 84, S. 87.)

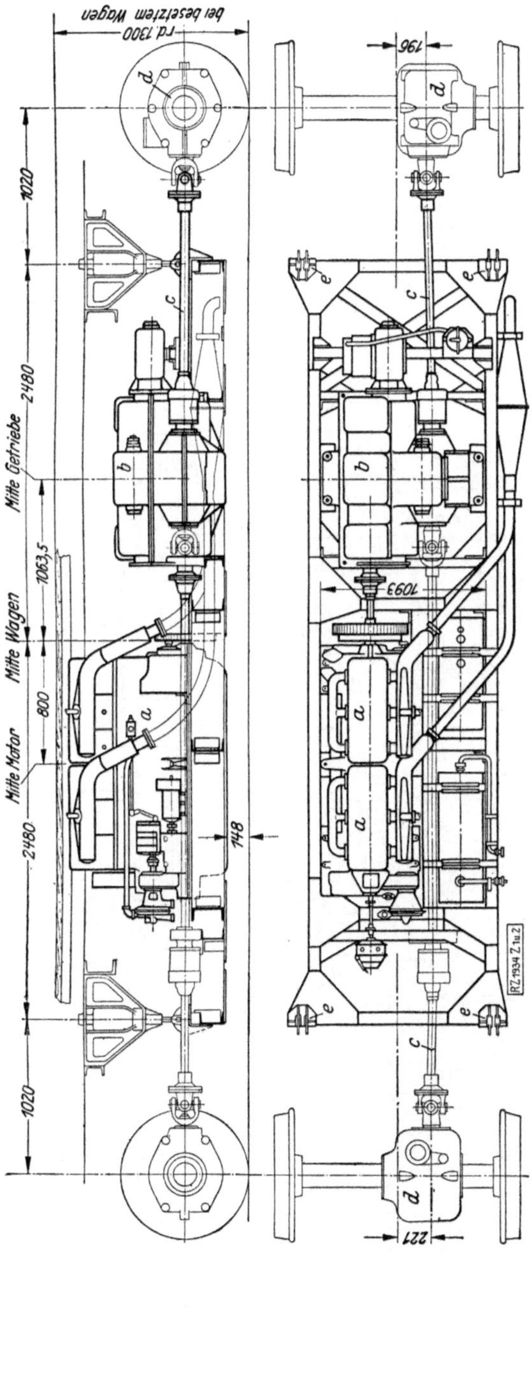

Abb. 142. Öltriebwagen mit Zahnräderwechselgetriebe für 100 PS der Triebwagenbau-A. G. Kiel. 100 PS-Maschinenanlage mit Aufhängung am Boden des Wasserkastens.
a Motor, *b* Getriebe, *c* Kardanwelle, *d* Achsantrieb, *e* Aufhängepunkte des Rahmens.
(Z. V. d. I. 1928, S. 1605.)

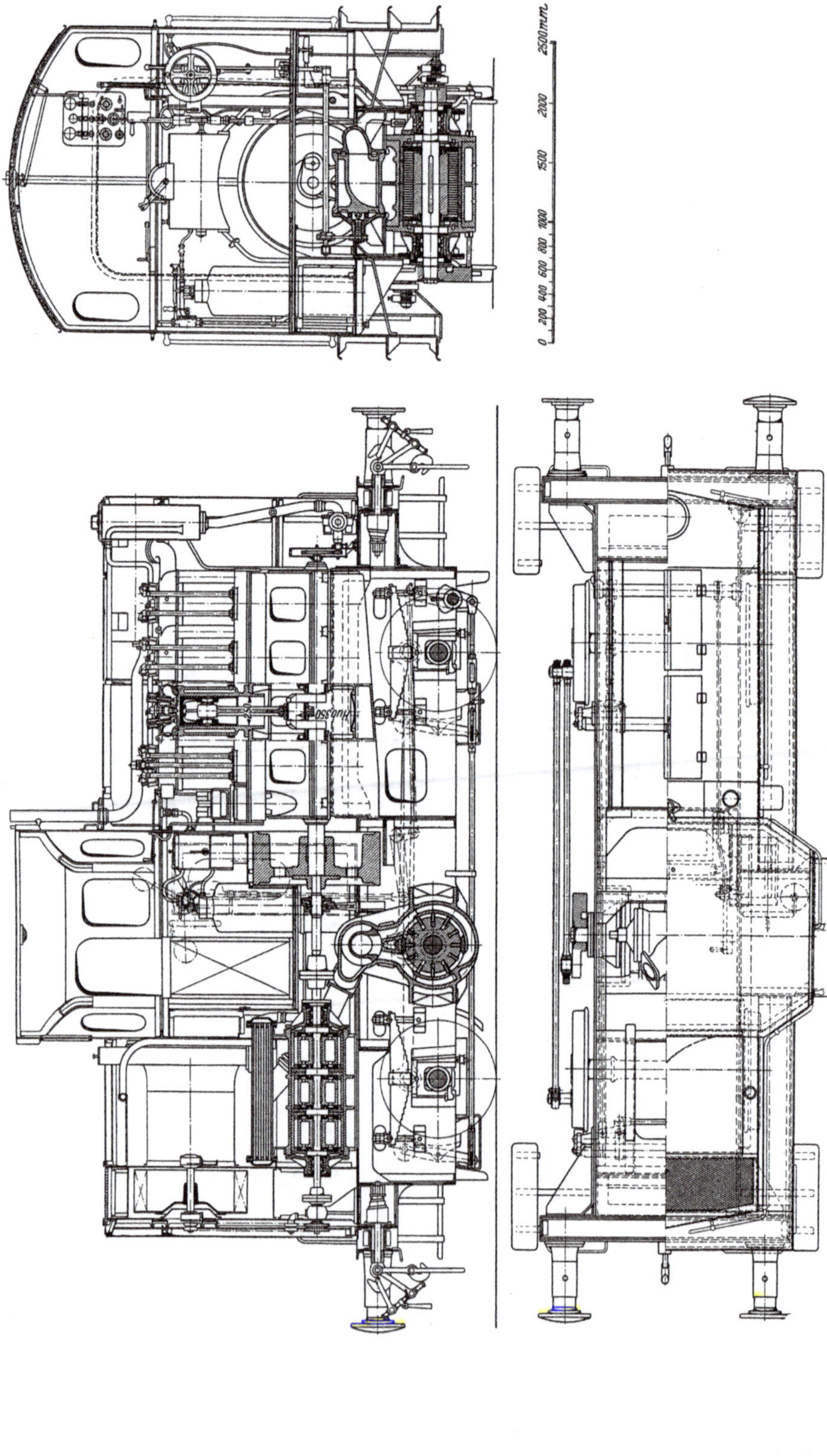

Abb. 143. Diesellokomotive mit Flüssigkeitsgetriebe Lenz. Erklärung auf Seite 183.

Erklärung der Abb. 143 auf Seite 182.

Lokomotive:

Erbauer: Masch.-Baugesellsch. Karlsruhe

Leergewicht	29 000 kg
Dienstgewicht	30 200 „
Länge über die Puffer	7 770 mm
Größte Breite	2 950 „
Größte Breite	4 150 „
Raddurchmesser	1 000 „
Fester Radstand	3 600 „
Achsfolge	B
Zugkraft	3 000 kg bei 8 km
Höchstgeschwindigkeit	24 „
Zugleistung	160 PS

Dieselmotor:

Motorenwerke Mannheim

Zylinderzahl	4
Größte Dauerleistung	160 PS
Höchstleistung	175 „
Drehzahl	375 Uml./min.
Zylinder-Durchmesser	250 mm
„ -Hub	350 „

Dieselmotor kompressolors.

Getriebe:

Lenz

Geschwindigkeiten 8, 16, 26 km/h

Dauerzugkräfte 3400, 1700, 1100 kg

(Dieselmaschinen II 1926, S. 72, Tafel 1.)

Erklärung der Abb. 144 auf Seite 184.

a Dieselmotor
b Reibkupplung
c feste Kupplung
d Pumpwerk
e Treibwerk
f Drehschieber
g Kühler
h Lüfter
i schnellaufender Vierzylinder-Vergasermotor zum Antrieb der Lüfter und der Kühlwasser-Umlaufpumpe
k Kreiselpumpe
l kleiner Hilfsverdichter
m Luftflaschen
n Verteilkasten
o Handhebel für Drehschieberentlastung
p Handrad für Drehschieberumschaltung
q Handrad zum Schalten der Reibkupplung
r Führertisch

Lokomotive:

Erbauer Berliner Masch.-A. G. von L. Schwartzkopff.

Achsfolge	1 B
Spurweite	1 435 mm
Treibraddurchmesser	1 250 „
Kurbelkreisdurchmesser	500 „
Radstand	4 400 „
größte indizierte Leistung des Motors	220 PS
größte Zugkraft am Zughaken	5 000 kg
Leergewicht	42 000 „
Dienstgewicht	44 000 „
größte Länge	10 200 mm
größte Geschwindigkeit	40 km/h.

Dieselmotor:

Görlitz

Zylinderzahl	6
Takt	4
Leistung	220 PS

(Z. V. d. I. 1928, S. 603.)

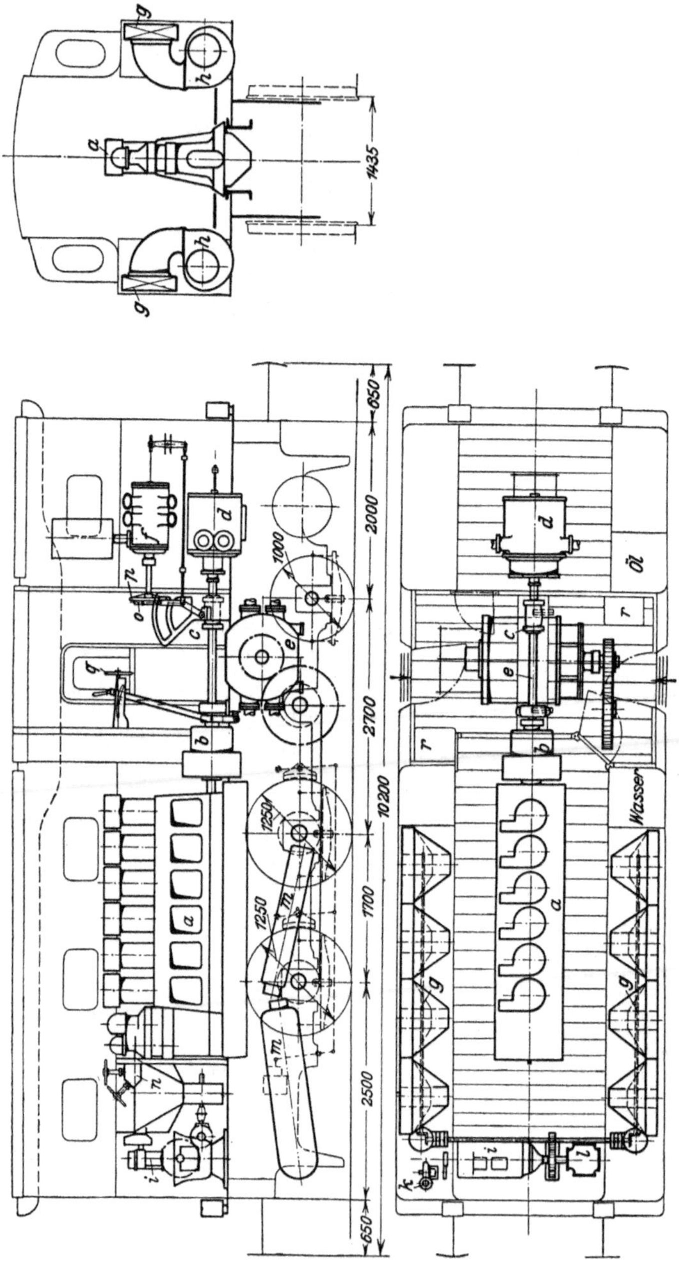

Abb. 144. Diesellokomotive mit stufenlosem Flüssigkeitsgetriebe Schwartzkopff-Huviler. Erklärung auf Seite 183.

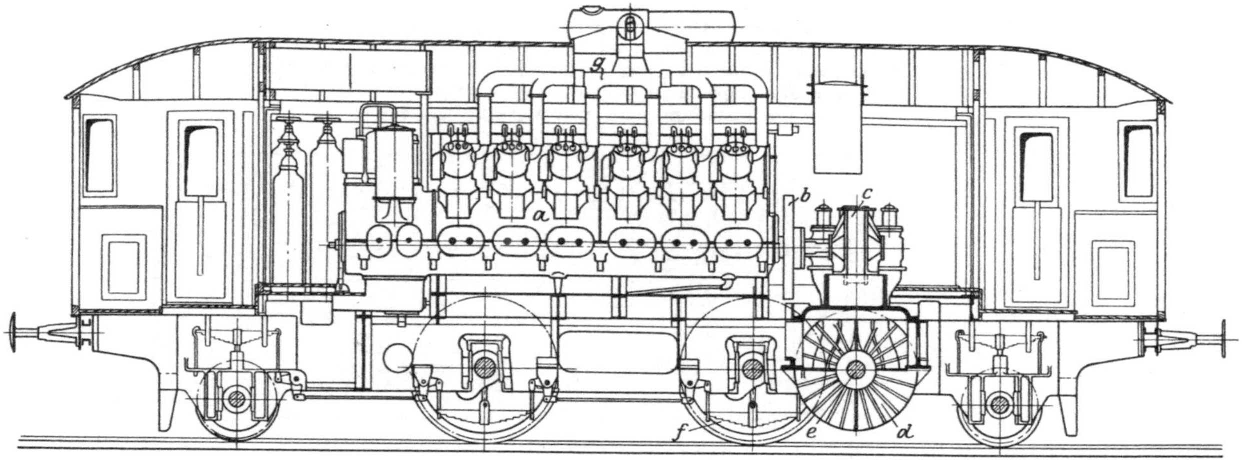

Abb. 145. Diesellokomotive mit Rosèn-Flüssigkeits-Getriebe.

a Dieselmotor, *b* Kupplung, *c* Ölgetriebe Rosèn-Pumpe, *d* Ölgetriebemotor, *e* Blindwelle, *f* Treibrad, *g* Auspuffrohre.

Lokomotive:
Erbauer Rosèn

Achsfolge	1 B 1
Dienstgewicht	47 to
Leistung	300 PS
Anfahrzugkraft	4000 kg
Höchstgeschwindigkeit	70 km/h
Spurweite	1435 mm

Dieselmotor:
Erbauer Atlas
Type V 12 Zylinder, 550 Umdr/min, 300 PS.

(Teckn. Tidskr. Mekanik 1926.)

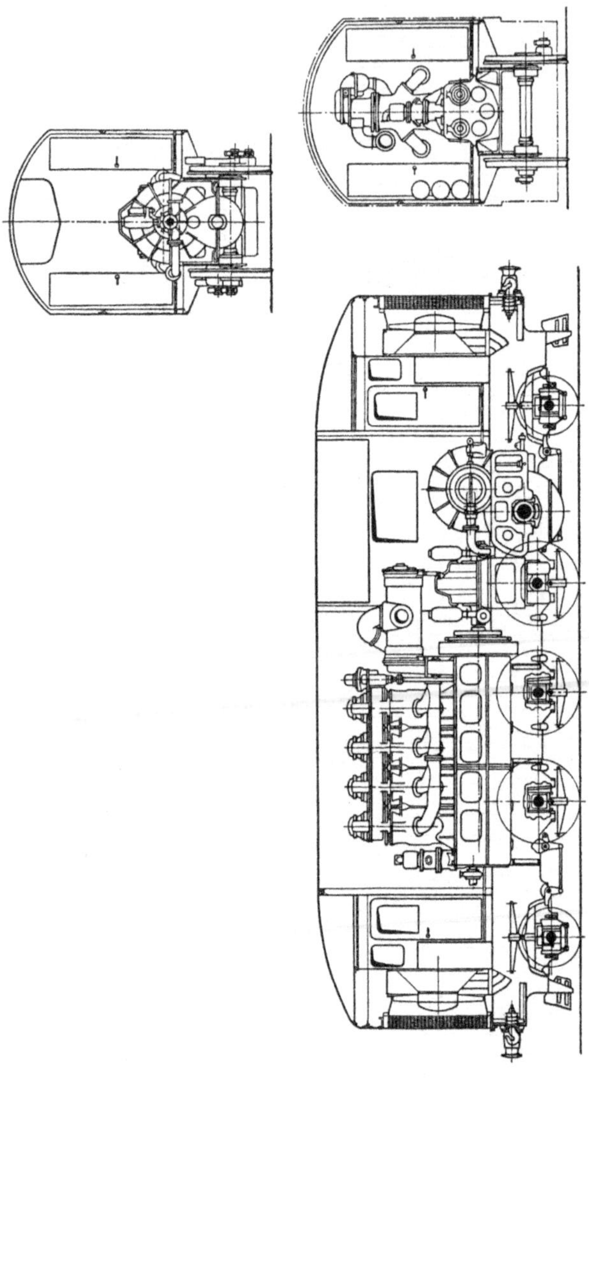

Abb. 146. Dieselokomotive mit Schneider-Flüssigkeitsgetriebe.
Erbauer: Schweizer Lokomotivenfabrik Winterthur.
Achsfolge 1 C 1, Leistung 500 PS, Zugkraft 6800 bei 18 km, Höchstgeschwindigkeit 55 km/h.
Dieselmotor: Zylinderzahl 4, Takt 2, Drehzahl 400/min, Leistung 500 PS.
Getriebe: Kolben-Flüssigkeitsgetriebe System Schneider.
(Dieselmaschinen II, S. 42.)

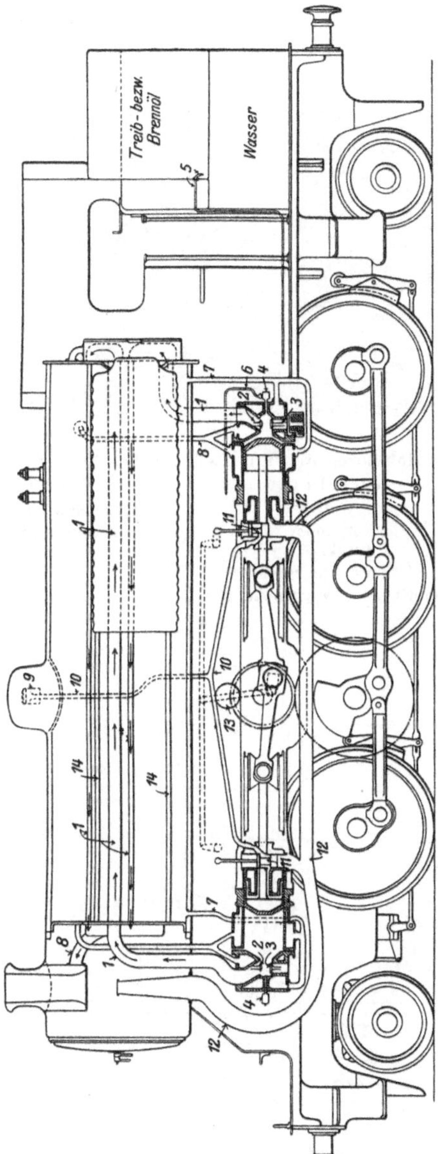

Abb. 147. Kitson-Stell-Lokomotive.

1 Auspuffrohr für Verbrennungsmaschine
2 Auslaßventil „
3 Einlaßventil „ „
4 Brennstoffventil für „
5 u. 6 Zuleitungen für Brennstoff

7 Kühlwasserzuleitung
8 Kühlableitung
9 Dampfregler
10 Dampfeinströmrohr

11 Kolbenschieber für Dampfmaschine
12 Dampfausströmrohr
13 Steuerung für Dampfmaschine
14 Heizrohre.

(Organ 1927, S. 411.)

Abb. 148. Diesel-Druckluft-Lokomotive der Maschinenfabrik Eßlingen.

Lokomotive:	Dieselmotor:	Getriebe:
Erbauer: Maschinenfabr. Eßlingen	MAN	Maschinenfabrik Eßlingen
Achsfolge 2 C 2	6 Zylinder	Druckluftgetriebe.
Spurweite 1435	4 Takt	
Leistung 1200 PS.	450 Umdr/min	

(Lokomotiv- und Waggonbau 1928, S. 19).

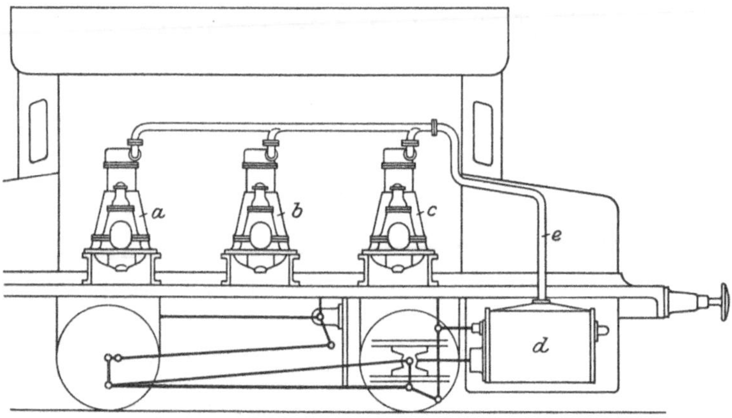

Abb. 149. Vorschlag für eine Diesel-Druckluft-Lokomotive der Maschinenfabrik Görlitz.
a, *b*, *c* Dieselmotoren
d Lokomotivzylinder für Gasgetriebe
e Rohrleitung.

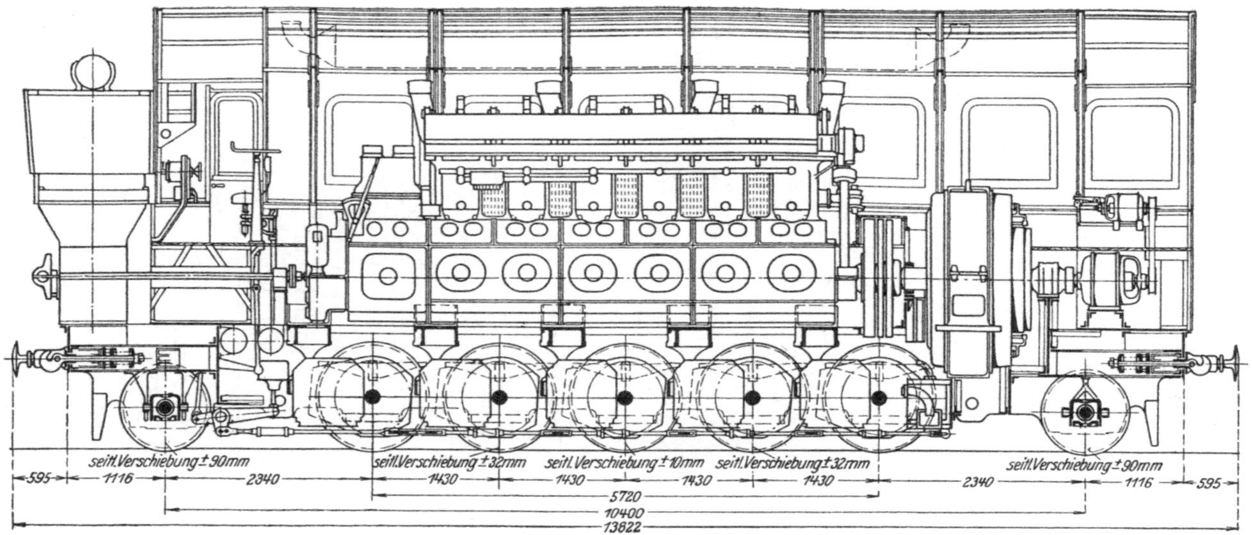

Abb. 150. Dieselelektrische Lokomotive von Lomonossoff.

Lokomotive:	Elektrische Getriebe:	Dieselmotor:
Erbauer: Maschinenfabrik Eßlingen.	BBC	MAN
Achsfolge 1 E_0 1	Generator 800 kW	6 Zylinder 4 Takt
Dienstgewicht 125 t	1000 Volt bei 450/min	450 mm Bohrung, 420 mm Hut
Spurweite 1524 mm	5 Motoren 192 PS/h	450 Umdr/min 1200 PS.
Leistung 1200 PS	Tatzlagenantrieb	
Zugkraft 15 000 kg bei 16 km/h	Übersetzung 14/86	
Höchstgeschwindigkeit 50 km/h.	Kontrollersteuerung 16 Stufen.	

(BBC-Mitteilung Baden 1925, S. 112, Organ Fortschr. Eisenbahnwes. 1927, Dieselmaschinen II S. 49.)

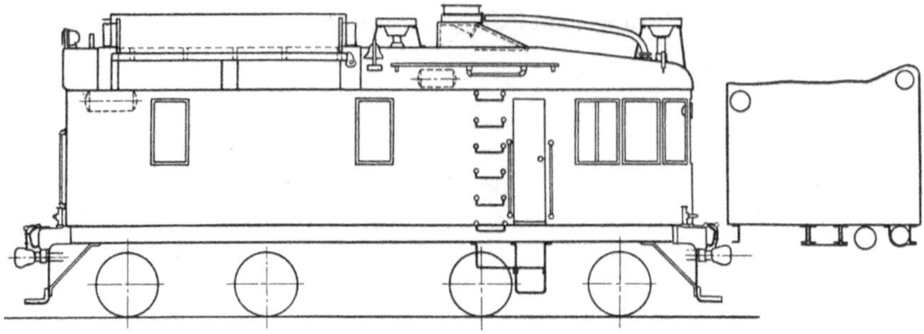

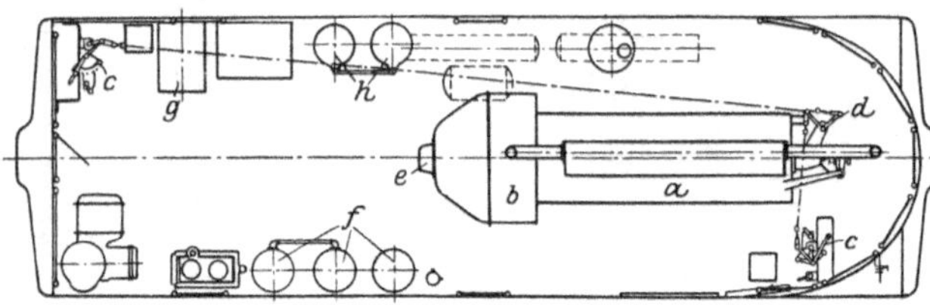

a Dieselmotor
b Generator
c Steuerung
d Brennstoffhebel
e Erregermaschine
f Brennstoffbehälter
g Batteriekasten
h Wasserbehälter

Abb. 151. Dieselelektrische Lokomotive mit Lemp-Getriebe.

Lokomotive:
Erbauer: Amer. Lok. Works.
Achsfolge A_4
Dienstgewicht 55 t
Spurweite 1435 mm
Leistung 300 PS
Zugkraft 8200 kg bei 7 km/h
Höchstgeschwindigkeit 72,5 km/h
2 Drehgestelle Radstand 2185
Länge 14 000 mm
Breite 3200 „
Höhe 4200 „

Dieselmotor:
Ingersoll Rand.
6 Zylinder 4 Takt
Bohrung 254 mm, Hub 305 mm
Drehzahl 600/min
Leistung 300 PS
V. Type.

Getriebe:
General El. Comp.
Generator-Leistung 200 kW
600 Volt bei 600/min
4 Tatzlg.-Motoren je 75 PS/h
Übersetzung 70/16
Stufenzahl ∞.

(General Electr. Review 1926 Februar, S. 673 ff.)

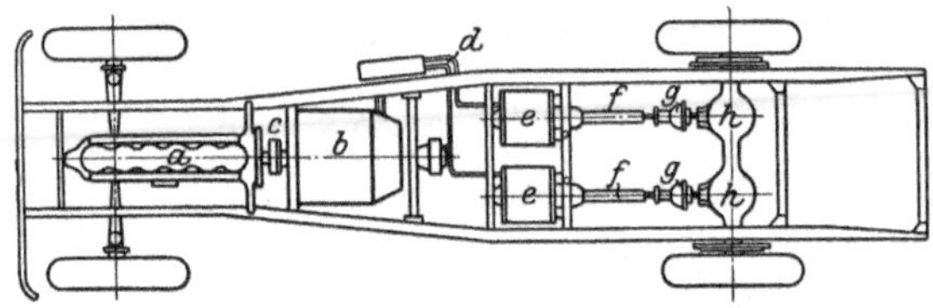

Abb. 152. Omnibus mit elektrischem Antrieb.

a Motor
b Generator
c Kupplung
d Kabel
e Elektromotoren
f Kardanwelle
g Kardangelenk
h Achsantrieb

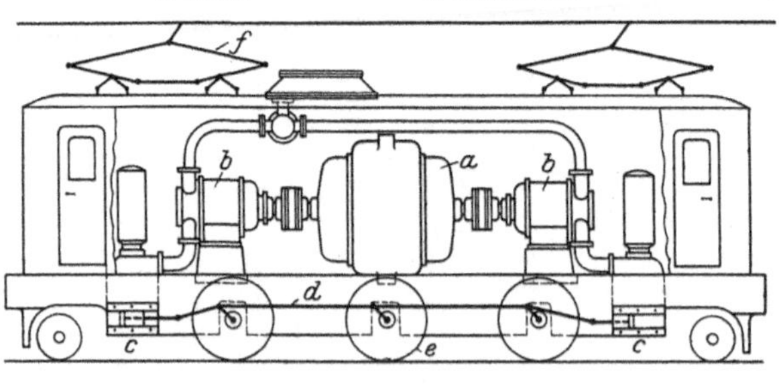

Abb. 153. Vorschlag für eine Lokomotive mit Hochspannungsmotor und Flüssigkeitsgetriebe von SSW

a Hochspannungsmotor
b Flüssigkeitsgetriebe-Pumpe
c Flüssigkeitsgetriebe-Motor
d Parallelkurbelgetriebe
e Triebrad
f Bügelstromabnehmer.

GPSR Compliance

The European Union's (EU) General Product Safety Regulation (GPSR) is a set of rules that requires consumer products to be safe and our obligations to ensure this.

If you have any concerns about our products, you can contact us on ProductSafety@springernature.com

In case Publisher is established outside the EU, the EU authorized representative is:

Springer Nature Customer Service Center GmbH
Europaplatz 3
69115 Heidelberg, Germany

Batch number: 10682411

Printed by Printforce, the Netherlands